全球个人防护装备产业技术与市场

QUANQIU GEREN FANGHU ZHUANGBEI CHANYE
JISHU YU SHICHANG

周 宏 黄献聪 田 风 傅雅慧 编 著

人民军医出版社
PEOPLE'S MILITARY MEDICAL PRESS

北 京

图书在版编目（CIP）数据

全球个人防护装备产业技术与市场/周　宏等编著．－北京：人民军医出版社，2010.3
ISBN 978-7-5091-3322-4

Ⅰ．①全…　Ⅱ．①周…　Ⅲ．①个体防护用品-研究-世界　Ⅳ．①X924.4

中国版本图书馆 CIP 数据核字（2009）第 237058 号

策划编辑：姚　磊　李玉梅　　文字编辑：陈　鹏　　责任审读：余满松
出 版 人：齐学进
出版发行：人民军医出版社　　　　　　　　　经　销：新华书店
通信地址：北京市100036 信箱188 分箱　　　邮　编：100036
质量反馈电话：（010）51927290；（010）51927283
邮购电话：（010）51927252
策划编辑电话：（010）51927300-8746
网址：www.pmmp.com.cn

印刷：北京天宇星印刷厂　　装订：京兰装订有限公司
开本：850 mm×1168 mm　1/16
印张：14　　字数：399 千字
版、印次：2010 年 3 月第 1 版第 1 次印刷
印数：0001～1000
定价：80.00 元

版权所有　　侵权必究
购买本社图书，凡有缺、倒、脱页者，本社负责调换

内容提要

  全书分为十二部分，重点阐述了全球个人防护装备技术与市场的发展趋势；系统介绍了世界先进个人防护装备企业的核心战略，产品设计理念，发达国家个人防护装备的法规建设，职业安全与健康执法机构，技术创新特点；客观分析了过去 10 年全球个人防护装备市场的竞争情况和未来 10 年的发展趋势；翔实记述了近年来全球个人防护装备产业的大事。本书数据准确，资料丰富，对帮助政府部门规划我国个人防护装备产业的发展，规范个人防护装备的科研、生产、销售、使用和责任管理，具有重要的参考价值；对指导我国个人防护装备科研机构和企业确定技术攻关方向、制定市场竞争策略具有启迪作用。本书是我国个人防护装备技术研究领域一部不可多得的学术论著。

前　言

作为抵御致伤、致害因素的最后一道屏障，个人防护装备正受到全社会的高度关注。长期以来，我国一直把个人防护装备用劳动防护用品的概念来加以规范和管理，这对保证劳动者的基本安全和健康起到了积极作用。随着人类在工业、军警、体育和休闲等领域活动的复杂性和多样性的增强，人们对防护用具、防护装备的需求出现了向高技术、多功能、系统化和时尚性发展的趋势。这种趋势得到了设计、材料、制造和测试等领域技术进步的强有力支撑。因而，现代个人防护装备技术已远远超出了劳动防护用品的概念和技术范畴，形成了可为人类活动提供综合防护的强大技术基础与动力。这一基础和动力为人类更安全地劳动和生活提供了基本保证。

虽然，我国引入个人防护装备概念已经有20多年时间了，但是，由于观念的差异和需求的滞后，我国的个人防护装备技术始终没有形成比较完备的理论体系和系统实践，从而制约了我国个人防护装备产业的技术进步和发展规模。

在当今"以人为本"的科学发展时代，保护人的生命和健康是我国个人防护装备技术工作者的崇高使命。为了牢固我国个人防护装备的现代技术基础，我们有必要了解这一领域的"标杆"们的现状，以掌握他们的产品、技术和服务发展到了什么样的水平，明确我们的差距，以思考怎样去弥合这个差距，为国家的"安全发展"尽绵薄之力。为此，我们在国家质检公益项目的支持下，对先进国家的个人防护装备产业进行了较全面的研究，基本掌握了全球个人防护装备产业的技术和市场发展现状。我们相信，本书内容将对政府规划个人防护装备产业发展、企业制定市场竞争策略、科研机构确定技术攻关重点，都会有所裨益。

本书还存在不少问题与不足，敬请业内人士给予批评指正。

全国个体防护装备标准化技术委员会副主任委员
总后勤部军需装备研究所士兵系统研究中心主任　周　宏

2010年1月

目　录

第一部分　定义和产品分类 /1

一、定义 /1
二、产品分类 /1
　　（一）传统工作服装 /1
　　（二）防护服装 /1
　　（三）呼吸防护装备 /1
　　（四）眼面部防护装备 /2
　　（五）听力保护装备 /2
　　（六）头部保护装备 /2
　　（七）坠落防护装备 /2
　　（八）其他（防护手套和安全鞋靴）/2

第二部分　全球个人防护装备产业概览 /4

一、个人防护，正从使用通用装备向使用特定解决方案转变 /4
二、需求动力 /4
三、领军企业的核心战略 /4
　　（一）产品设计 /4
　　（二）产能多样化 /5
　　（三）兼并 /5
四、价格及其销售动力 /5
　　（一）抢占先机的内部动力 /5
　　（二）电子商务——新的市场路径 /5
　　（三）价格趋势——强制性法律法规要求制造商必须遵守 /5
五、美国主要职业安全与健康执法机构简介 /6
　　（一）职业安全与健康管理局（Occupational Safety and Health Administration，OSHA）/6
　　（二）国家职业安全与健康研究所（National Institute for Occupational Safety and Health，NIOSH）/6
　　（三）煤炭安全与健康管理局（Mine Safety and Health Administration，MSHA）/6
　　（四）美国国家标准研究所（American National Standards Institute，ANSI）/6
六、展望 /7

（一）市场容量的增长 /7
　　（二）个人防护装备制造商们紧盯着新兴市场 /7
　　（三）特种防护装备被证明有着越来越高的需求 /7
附录　禽流感病毒防护手套 /7

第三部分　趋势与问题 /8

一、发达国家中的成熟市场限制了增长 /8
二、兼并与收购带来新的市场机遇 /8
三、市场发展阶段与法律法规的要求同步 /8
四、产品创新和时尚化成为流行语 /8
五、设计创新 /9
六、时尚元素的加入 /9
七、价格仍然是决定成败的关键因素 /9
八、一次性手套：一个增长的市场 /9
九、眼部伤害：一个正在引起更大关注的领域 /9
十、依法控制工业个人防护装备市场管理 /9
十一、更多的制造产业执行安全防护标准，有助于缓解个人防护装备市场的增长缓慢 /10
十二、其他问题 /10
　　（一）法律法规问题 /10
　　（二）政治环境与个人防护装备市场 /10
　　（三）全球关税与规则 /10
　　（四）产品设计应关注最终使用者的需求 /11

第四部分　全球竞争情况 /12

一、制造商们采用的竞争策略 /12
二、依据产品分类划分的全球市场领袖 /12
　　（一）眼部防护装备 /12
　　（二）听力保护装备 /13
　　（三）呼吸防护装备 /14
　　（四）坠落防护装备 /14

第五部分　美国与个人防护装备相关的法规环境 /15

一、职业安全与健康管理局（OSHA） /15
二、头部防护的相关法规 /15
三、手部和臂部防护的相关法规 /15
四、眼部防护的相关法规 /16
五、脚部防护相关的主要联邦安全法规 /16
六、对危险物品的新的管理体制 /16
七、工作场所的用电安全 /17

第六部分　产品概览　/18

一、传统工作服装　/18
二、防护服装　/18
 （一）一个定义过于宽泛但很含糊的产品领域　/18
 （二）工业需求　/18
三、呼吸防护装备　/19
四、眼/面部防护装备　/20
五、听力保护装备　/20
六、头部防护装备　/21
 （一）安全头盔　/21
 （二）盔帽　/21
七、坠落防护装备　/21
八、其他　/21
 （一）防护手套　/21
 （二）安全鞋靴　/21

第七部分　近年全球个人防护装备产业大事记　/23

一、2008年度大事记　/23
 （一）斯伯瑞安防护装备公司收购坎比瑟福国际公司　/23
 （二）斯伯瑞安防护装备公司收购美国多斯巴斯特公司　/23
 （三）雷克兰德工业公司收购夸利泰克泰尔公司　/24
 （四）霍尼韦尔公司收购诺克罗斯安全产品公司　/24
 （五）3M公司收购阿伊若欧技术公司　/24
 （六）印度莫卡姆公司和法国德尔塔普拉斯公司创立合资公司　/25
二、2007年大事记　/25
 （一）坎多弗投资公司收购卡皮托安全产品集团　/25
 （二）LS2公司收购全球服务与贸易公司　/25
 （三）凯科斯通-伊斯曼资本公司收购康尼安全产品公司　/26
 （四）塞瓦公司进行了业务扩张　/26
 （五）欧辛寇公司收购了法国马蒂塞克公司　/26
 （六）北方安全产品公司成为荷兰皇家能源化学公司的授权伙伴　/26
 （七）巴固-德洛集团公司开始以斯伯瑞安防护装备公司的新名称进行运营　/27
 （八）斯伯瑞安防护装备公司收购纳克瑞公司　/27
 （九）国际防务工业公司获得了以色列国防部的日用品采购合同　/27
 （十）德拉诺市消防局从RJF保险公司和福来曼基保险公司获得了补助金　/27
 （十一）梅思安安全设备公司从美国军方获得了价值1 510万美元的合同　/28
三、2006年大事记　/28
 （一）巴固-德洛集团公司收购巴西埃皮康公司　/28
 （二）帕米拉顾问公司收购阿伊若欧技术公司　/28
 （三）诺尔克罗斯安全产品公司收购怀特橡胶与安全产品公司　/28
 （四）梅思安安全设备公司收购帕拉克利蒂装甲与装备公司　/29

（五）凯末尔巴克公司收购西南汽车运动公司 /29

（六）陶陶消防公司收购美国菲尔维亚公司 /29

（七）欧克利公司收购眼部安全系统产品公司 /29

（八）雷克兰德工业公司收购 Rfb 乳胶产品公司 /30

（九）布觉恩克拉德公司的收购拓展了其销售渠道 /30

（十）安全生活公司与垂欧斯因公司合并 /30

（十一）梅思安安全设备公司从德国军方获得了订单 /30

（十二）班兹尔公司收购联合美国销售公司 /31

（十三）3M 收购 POMP 医疗与职业健康产品公司的安全产品部门 /31

（十四）自豪业务发展控股公司在加利福尼亚建立制造设施 /31

（十五）索诺马可斯公司给欧尤因德安全产品公司签署了一项许可协议 /31

（十六）卡皮托安全产品集团宣布收购尤尼克-康赛珀特斯公司 /31

（十七）比阮德森安全产品公司更名为布觉恩克拉德公司 /32

（十八）杜邦公司收购凯普勒安全产品集团公司 /32

（十九）梅思安安全设备公司与美国空军签订了供货合同 /32

四、2005 年大事记 /32

（一）欧第斯公司收购诺克罗斯安全产品公司 /32

（二）卡皮托安全产品集团收购 SINCO 公司 /32

（三）阿莱克赞德拉公司收购德贝尔公司 /32

（四）诺尔克罗斯安全产品公司收购金属纤维产品公司 /33

（五）雅芳橡胶公司收购国际安全仪器公司 /33

（六）国防工业公司收购凯末普拉斯特工业公司 /33

（七）阿莱克赞德拉公司收购普莱马职业服装公司 /33

（八）雷克兰德工业公司收购米夫林峡谷公司 /34

（九）安塞尔健康保健产品公司与美国儿童健康产品公司和杨基联合公司签订了供应合同 /34

（十）埃德伍德-考夫曼公司更名为斯盖洛泰克公司 /34

（十一）巴固-德洛集团公司启用新的产品和销售中心 /34

五、2004 年大事记 /35

（一）巴固-德洛集团公司与蒂姆伯兰德公司签订许可协议 /35

（二）伊格-欧图普拉斯迪克公司与伊莱克戳公司携手进军印度个人防护装备市场 /35

（三）欧辛克公司与因特斯比若公司结为伙伴关系 /35

（四）3M 公司收购亨奈尔国际公司 /36

（五）埃克塞克消防救援局延续了与布里斯多尔制服公司的合同 /36

（六）梅思安安全设备公司收购首登公司 /36

（七）巴固-德洛集团公司剥离阿布瑞亚姆公司的资产 /36

（八）巴固-德洛集团公司启动新的分销中心 /36

六、2003 年大事记 /36

（一）巴蒂-格拉乌国际公司与车斯工效技术公司签署了许可协议 /36

（二）俄罗斯乌斯托克服务协会获准制造和销售供能源工业用的工作服、鞋靴和个人防护装备 /37

　　　　（三）巴固 - 德洛集团公司收购斯科尔特克斯公司 /37
　　　　（四）阿伊若欧技术公司收购 VH 工业公司 /37
　　七、2002 年大事记 /37
　　　　（一）索诺马可斯听力健康产品公司与全国听力健康运动达成合作协议 /37
　　　　（二）罗克韦尔科学公司囊括了美国空军激光防护眼镜的合同 /38
　　　　（三）北方安全产品公司收购阿宾个人防护装备公司 /38
　　　　（四）密歇根消费者与工业服务部宣布为劳动者保护拨款 /38
　　　　（五）巴固 - 德洛集团公司与威瓦国际公司签署协议 /38
　　　　（六）国家个人防护技术实验室（NPPTL）大力促进将太空时代的技术应用于劳动者安全防护 /39
　　八、2001 年大事记 /39
　　　　（一）巴固（美国）公司与德洛安全产品公司合并 /39
　　　　（二）安塞尔公司与福特汽车公司签署协议 /39
　　　　（三）健康保护公司销售索诺马可斯解决方案（SONOMAX SOLUTION™）产品 /39
　　　　（四）安塞尔公司进行了结构重组试验 /40
　　　　（五）欧盟和加拿大推出了一个网关 /40
　　　　（六）国际安全装备协会（ISEA）发起了新的全国防护意识运动 /40
　　九、2000 年大事记 /41
　　　　（一）沃蒂克尔网络公司收购安全在线网 /41
　　　　（二）威仑安全产品供应（美国）公司加入 B2B 电子商务市场 /41
　　　　（三）斯考特健康与安全产品公司收购一些个人防护装备公司 /41
　　　　（四）美国赫里克斯听力保护公司收购 HEAR（美国）公司 /41
　　　　（五）美国赫里克斯听力保护公司收购了位于密歇根大拉珀尔德斯、圣路易斯和密苏里的多家公司 /42
　　　　（六）巴固（美国）公司收购位于维克斯波罗的铂金防护产品公司 /42
　　　　（七）CVC 资本伙伴公司收购阿尔玛集团 /42
　　　　（八）奇姆伯克利 - 克拉克集团的防护服装业务更名为奇姆伯克利 - 克拉克安全产品事业部 /43

第八部分　新产品推出与技术创新 /44

　　一、2008 年大事记 /44
　　　　（一）MCR 安全产品公司将其创新公之于众 /44
　　　　（二）MCR 安全产品公司推出了 Dallas™ 品牌的安全眼镜 /44
　　　　（三）MCR 安全产品公司推出了新型夹克式雨衣 /44
　　　　（四）斯考特健康与安全产品公司开发的 AV-2000 型封闭式面具获得 CBRN 批准 /44
　　　　（五）安塞尔公司高调推出 Gammex® 品牌的 PF XP™ 产品 /45
　　　　（六）巴塔工业公司在中欧和东欧推出了安全鞋靴 /45
　　　　（七）莫尔康母公司在印度推介 Venitex® 品牌的防护眼镜 /45
　　二、2007 年大事记 /45
　　　　（一）捷克森安全产品公司推出 OTG 安全眼镜 /45
　　　　（二）捷克森安全产品公司推出了用于听力保护的人为干扰发射机 /46

（三）AOSSafety® 品牌推出了新型口罩 /46
（四）安塞尔公司推出了单只包装的 Micro-Touch® NitraTex® 品牌的消毒手套 /46
（五）安塞尔公司推出了 Micro-Touch® NitraTex® 品牌的消毒检验手套 /46
（六）安塞尔公司推出 Encore® HydraSoft® 品牌的手术手套 /47
（七）格特威安全产品公司推出 Wheelz™ 品牌的防护眼镜 /47
（八）格特威安全产品公司推出 4□4™ 品牌的防护眼镜 /47
（九）格特威安全产品公司推出 Serpent™ 品牌的安全头盔 /47
（十）MCR 安全产品公司推出听力保护装备 /48
（十一）舒伯斯公司推出 S1 PRO 型摩托车头盔 /48
（十二）斯考特健康与安全产品公司推出 BioPak 240 型具有革命性意义的正压氧气呼吸器 /48
（十三）威尔森品牌大张旗鼓地推出新型 One-Fit™ 品牌的一次性健康口罩 /49
（十四）威尔森品牌大张旗鼓地推出新型 One-Fit™ 品牌的 NBW95 和 NBW95V 口罩 /49
（十五）安塞尔公司推出 HyFlex® 品牌的 11-920 型手套 /49
（十六）安塞尔公司推出 Gammex® 品牌的 PF 9.5 型手套 /50
（十七）安塞尔公司推出 Gammex® 品牌的 PF 系列内衬手套 /50
（十八）巴塔工业公司改进了自然系列防护鞋靴 /50
（十九）安塞尔公司推出防护手套 /50
（二十）玛帕公司推出新型防护手套 /51
（二十一）巴固 - 德洛集团公司在 Willson A800 系列安全防护眼镜上添加了着色镜片 /51
（二十二）莱明顿公司推出了新的工作性能手套系列产品 /51

三、2006 年大事记 /51
（一）3M 公司推出先进的呼吸防护系统 /51
（二）阿伊若欧公司推出了经美国国家职业安全与健康研究所（NIOSH）认证的呼吸器和过滤器滤芯 /52
（三）阿伊若欧公司推出创新的空气过滤呼吸器 /52
（四）阿伊若欧公司推出了半面具式过滤呼吸器 /52
（五）阿伊若欧公司推出新的防护风帽 /52
（六）派尔特公司推出电子听力保护产品 /52
（七）卡皮托安全产品集团推出了独特的 Rollgliss R250 型下降器 /53
（八）卡皮托安全产品集团推出了经改进的 PRO 型安全带系列产品 /53
（九）卡皮托安全产品集团扩展了全身安全带系列产品 /53
（十）卡皮托安全产品集团推出了独特的 ExoFit XP 型安全带产品 /53
（十一）卡皮托安全产品集团收购了独特概念公司 /53
（十二）卓格安全产品公司推出半面罩式防护面具 /54
（十三）布拉德公司推出高安全性空气过滤呼吸器 /54
（十四）玛帕公司推出新的涂层手套系列产品 /54
（十五）MCR 安全产品公司推出一次性防护服 /54
（十六）PRO 通信技术公司推出创新的耳罩 /54

（十七）斯考特健康与安全产品公司推出了式样新颖的面罩镜片套件 /55

（十八）斯蒂尔恩斯公司推出完美冰山救援服装 /55

（十九）梅思安安全设备公司推出了消防头盔 /55

（二十）巴固-德洛集团公司推出使用高强聚乙烯纤维制造的防切割手套 /55

（二十一）美国卓丹·大卫安全产品公司推出了 ALTRAGRIPS™ 和 All-Traction™ 两个品牌的鞋靴 /56

（二十二）克雷恩工具公司增添了防护眼镜新品种 /56

（二十三）马吉德手套与安全产品公司推出可重复使用的耳塞 /56

（二十四）伊尔布拉克声学产品公司推出了电子噪声消除耳罩 /56

（二十五）优唯斯公司推出新型可与眼镜同时使用的防护眼罩 /56

（二十六）梅思安安全产品公司推出电焊用新型开槽盔帽 /57

（二十七）巴固-德洛集团公司推出了 Airsoft 品牌的改进型耳塞 /57

（二十八）巴固-德洛集团公司推出新型安全眼镜 /57

（二十九）卡皮托安全产品集团推出了坠落保护套装新产品 /58

（三十）巴固-德洛集团公司推出新型折叠绑扎式耳塞 /58

（三十一）GPT 格兰德尔公司推出了 Glendale XC® 品牌的激光防护眼镜 /58

（三十二）北方安全产品公司推出改进型听力保护系列产品 /58

（三十三）美国威查德工业公司推出新型双焦点安全眼镜 /59

（三十四）北方安全产品公司推出经美国国家职业安全与健康研究所认证的紧急逃生呼吸器 /59

（三十五）莱迈特安全产品公司推出新型安全鞋靴 /59

（三十六）巴固-德洛集团公司推出 Bilsom Viking™系列的耳罩 /59

（三十七）斯考特健康与安全产品公司首次推出面罩防护罩 /59

（三十八）斯考特健康与安全产品公司推出 AV-3000 型保护罩 /60

四、2005 年大事记 /60

（一）巴固-德洛集团公司推出了 OPTREL 品牌的光电焊接头盔 /60

（二）梅思安安全设备公司推出 ACH 防弹头盔 /60

（三）马吉德手套与安全产品公司推出防护背心 /60

（四）马吉德手套与安全产品公司推出安全眼镜 /61

（五）优唯斯公司首次推出 Uvex Protégé™ 品牌的防护眼镜 /61

（六）优唯斯公司推出"优唯斯极品安全眼镜" /61

（七）密尔沃琪电子工具公司开发了重型安全装备 /61

（八）3M 新型焊接面具推向市场 /61

（九）格特威安全产品公司 StarLite SQUARED™ 品牌的防护眼镜进入市场 /62

（十）瑞典因特斯比若公司（Interspiro AB）推出新型自给式水下呼吸器 /62

（十一）寇肯公司推出新型安全面具 /62

（十二）AOSafety 公司推出新型安全面具 /62

（十三）梅思安安全设备公司推出全身式坠落保护安全带 /62

（十四）美国北方设计者公司推出了防护眼镜套件新产品 /62

五、2004 年大事记 /63

（一）AOSafety 公司推出了一种 GLAREX 品牌的新型防护眼镜 /63

（二）捷斯媲公司推出Ⅵ／Ⅶ马克安全头盔 /63
（三）梅思安安全设备公司推出新型 Ultra Elite® 防毒面具 /63
（四）AOSafety 公司推出了 EX 防护眼镜系列的新产品 /63
（五）捷斯媲公司推出 UV400 型安全眼镜 /64
（六）巴固-德洛集团公司推出全面罩面具 /64
（七）巴固-德洛集团公司推出全钢手套 /64

六、2002年大事记 /64
（一）美国欧塞弗公司推出了美国鹰系列安全帽 /64
（二）美国欧塞弗公司推出了 Seneca 眼镜 /64
（三）E-A-R 公司推出新型传统软质耳塞 /64
（四）AOSafety 公司推出以 FLYWEAR 命名的新型防护眼镜 /65
（五）美国梅思安安全设备公司推出 V-Gard® 品牌的安全帽 /65
（六）美国欧塞弗公司推出了新型安全帽 /65
（七）威尔斯-拉蒙特工业集团公司推出新型手套 /65
（八）优唯斯推出新型防护眼镜 /65
（九）巴固-德洛集团公司推出核生化逃生风帽 /66

第九部分　全球重要个人防护装备制造商简况 /67

一、3M 公司（美国）/67
二、阿伊若欧技术公司（美国）/67
三、阿尔法先进技术公司（美国）/67
四、安塞尔健康保健产品公司（美国）/68
五、阿文-爱斯公司（美国）/68
六、巴特尔斯-瑞格消防技术公司（德国）/68
七、伯克纳-恩威公司（比利时）/68
八、布觉恩克拉德公司（瑞典）/69
九、卡皮托安全产品集团公司（英国）/69
十、国际防务工业公司（以色列）/69
十一、卓格沃克公司（德国）/69
十二、E.D. 布拉德公司（美国）/70
十三、欧洲制服公司（德国）/70
十四、盖特威安全产品公司（美国）/70
十五、霍尼韦尔生命安全产品公司（美国）/70
十六、因特斯比若公司（瑞典）/71
十七、捷克森安全产品公司（美国）/71
十八、佳雷特集团公司（法国）/71
十九、捷斯媲公司（英国）/71
二十、克温泰特公司（挪威）/72
二十一、雷克兰德工业公司（美国）/72
二十二、拉驰维斯集团公司（英国）/72
二十三、路易斯·M·哲森公司（美国）/72

二十四、玛帕公司（法国）/73
二十五、MCR 安全产品公司（美国）/73
二十六、梅思安安全设备公司（美国）/73
二十七、穆尔戴克斯－麦特瑞克公司（美国）/74
二十八、欧伊－斯兰塔公司（芬兰）/74
二十九、太平洋头盔公司（新西兰）/74
三十、帕门特－皮垂公司（英国）/74
三十一、防护能手技术公司（马来西亚）/74
三十二、瑞斯比尔公司（英国）/74
三十三、S.E.A 集团公司（美国）/75
三十四、萨夫特－伽德国际公司（美国）/75
三十五、斯伊欧恩工业公司（比利时）/75
三十六、舒伯斯头盔公司（德国）/75
三十七、斯考特健康与安全产品公司（美国）/76
三十八、斯盖洛泰克公司（德国）/76
三十九、斯班塞特公司（英国）/76
四十、斯伯瑞安防护产品公司（美国）/76
四十一、海特泰克集团公司（英国）/77
四十二、揣克泰尔集团公司（卢森堡）/77
四十三、优唯斯安全产品集团公司（德国）/77
四十四、Z＆V 集团公司（荷兰）/77
四十五、威尔斯－拉蒙特工业集团公司（美国）/78

第十部分　全球个人防护装备市场透视 /79

一、全球个人防护装备市场总体情况 /79
　　（一）10 年来全球个人防护装备市场发展情况 /79
　　（二）未来 5 年全球个人防护装备市场发展预测 /80
　　（三）20 世纪末全球个人防护装备市场情况 /81
　　（四）全球个人防护装备市场 15 年透视 /82
二、全球传统工作服装市场发展情况 /83
　　（一）10 年来全球传统工作服装市场发展情况 /83
　　（二）未来 5 年全球传统工作服装市场发展预测 /84
　　（三）20 世纪末全球传统工作服装市场情况 /85
　　（四）全球传统工作服装市场 15 年透视 /86
三、全球防护服装市场发展情况 /86
　　（一）10 年来全球防护服装市场发展情况 /86
　　（二）未来 5 年全球防护服装市场发展预测 /88
　　（三）20 世纪末全球防护服装市场情况 /89
　　（四）全球防护服装市场 15 年透视 /90
四、全球呼吸防护装备市场发展情况 /90
　　（一）10 年来全球呼吸防护装备市场发展情况 /90

（二）未来 5 年全球呼吸防护装备市场发展预测 /92

（三）20 世纪末全球呼吸防护装备市场情况 /93

（四）全球呼吸防护装备市场 15 年透视 /94

五、全球眼／面部防护装备市场发展情况 /94

（一）10 年来全球眼／面部防护装备市场发展情况 /94

（二）未来 5 年全球眼／面部防护装备市场发展预测 /96

（三）20 世纪末全球眼／面部防护装备市场情况 /97

（四）全球眼／面部防护装备市场 15 年透视 /98

六、全球听力保护装备市场发展情况 /98

（一）10 年来全球听力保护装备市场发展情况 /98

（二）未来 5 年全球听力保护装备市场发展预测 /100

（三）20 世纪末全球听力保护装备市场情况 /101

（四）全球听力保护装备市场 15 年透视 /102

七、全球头部保护装备市场发展情况 /102

（一）10 年来全球头部保护装备市场发展情况 /102

（二）未来 5 年全球头部保护装备市场发展预测 /104

（三）20 世纪末全球头部保护装备市场情况 /105

（四）全球头部保护装备市场 15 年透视 /106

八、全球坠落防护装备市场发展情况 /106

（一）10 年来全球坠落防护装备市场发展情况 /106

（二）未来 5 年全球坠落防护装备市场发展预测 /108

（三）20 世纪末全球坠落防护装备市场情况 /109

（四）全球坠落防护装备市场 15 年透视 /110

九、全球其他个人防护装备（手套和鞋靴）市场发展情况 /110

（一）10 年来全球其他个人防护装备（手套和鞋靴）市场发展情况 /110

（二）未来 5 年全球其他个人防护装备（手套和鞋靴）市场发展预测 /112

（三）20 世纪末全球其他个人防护装备（手套和鞋靴）市场情况 /113

（四）全球其他个人防护装备（手套和鞋靴）市场 15 年透视 /114

第十一部分　世界主要国家个人防护装备市场 /115

一、美国个人防护装备市场 /115

（一）市场分析 /115

（二）美国主要个人防护装备制造商网址 /126

（三）美国制造商近年来推出的技术创新产品 /127

（四）战略公司发展 /129

（五）市场分析数据 /130

二、加拿大个人防护装备市场 /133

（一）市场分析 /133

（二）市场分析数据 /133

三、日本个人防护装备市场 /137

（一）市场分析 /137

（二）市场分析数据 /137

四、欧洲个人防护装备市场 /140
（一）市场分析 /140
（二）市场分析数据 /156
（三）欧洲主要国家个人防护装备市场分析 /163

五、亚太地区个人防护装备市场 /191
（一）市场分析 /191
（二）市场分析数据 /193

六、中东地区个人防护装备市场 /196
（一）市场分析 /196
（二）市场分析数据 /197

七、拉丁美洲个人防护装备市场 /201
（一）市场分析 /201
（二）市场分析数据 /201

参考资料 /206

第一部分

定义和产品分类

本书综述了全球个人防护装备市场研究的详细情况。其中,对全球个人防护装备市场形势进行了综合评估,并对世界主要国家和地区个人防护装备市场 2015 年前的趋势加以预测。

一、定 义

个人防护装备(personal protective equipment,PPE)是为劳动者穿着或佩戴而设计的装备,用以作为抵御工作环境伤害与危害因素的防护手段。确切地说,个人防护装备是被设计用于保护劳动者免受在工作场所接触辐射、化学、物理、机械、电力或其他伤害或职业病危害的设备、器具或用品。除脸面防护屏、安全帽、安全眼镜、安全鞋之外,个人防护装备还涵盖了诸如眼罩、耳塞、工作服、救生衣、手套和呼吸器等的装置和服装。

二、产品分类

通常个人防护装备产品可划分为 8 类。

(一)传统工作服装

"传统工作服装(traditional workwear)"系指诸如木匠和锅炉工等特定工种人员使用的锅炉工作服、连体工作服、工作裤、雨衣、围裙、罩衣等传统劳动保护服装。

(二)防护服装

"防护服装(protective clothing)"可保护人们免受来自生活和工作场合中存在的危险材料、危险元素、危险事件或危险过程等因素可能带来的伤害。防护服装还包括高可视警示服(high visibility clothing),用于保护作业场所、产品或环境(如超净工作间、不起毛服装)免受人类带来的污染和危害的服装以及用于保护人们免受伤害或危害的服装(如警用、军用和运动用途)。防护服装主要有三种类型,即化学防护服、火焰防护服装与装备、防弹衣。

(三)呼吸防护装备

呼吸防护装备(respiratory protection equipment)包括所有经过专业设计和制造的、应用于以下用途的呼吸防护装置。

- ◆ 提供对空气污染物的防护。
- ◆ 提供对固态和液态气溶胶以及气体的防护。
- ◆ 提供对病毒和细菌感染的防护。
- ◆ 提供潜水作业或运动的呼吸支持。

呼吸防护装备可限制那些散布于空气中的高浓度灰尘、蒸汽、雾霾、气体和气味与人的呼吸系统接触。个人防护装备中所指的呼吸防护装备包括工业呼吸防护装备（不含消费者和健康用品市场中销售的产品）以及消防、警察、军队和急救等行业终端用户所使用的产品。

（四）眼/面部防护装备

眼/面部防护装备（eye & face protection equipment）用于保护劳动者免受飞溅物体、酸或腐蚀剂、蒸汽或化学气体或致伤性光辐射的伤害。通常，眼部防护装备包括安全眼镜、眼罩和激光防护镜。

眼部防护装备主要供木材加工、电力、化工、机械、管道维修、轧钢、喷砂、研磨、焊接、实验室、夜间值守、拖拉机驾驶、农药喷洒等行业和工种的劳动者使用。当路经有可能损害眼部安全的区域时，承包商、参访人员和其他路过人员都应佩戴适宜的安全眼镜。

本书分析的眼部防护装备包括眼罩和安全眼镜。

面部防护装备包括焊接头盔、喷溅物和化学物质防护屏、飞溅物和冲击物防护屏。本书的研究范围仅限于工业用终端用户，不包括非工业终端用户（即执法人员、消防和军用等）。

（五）听力保护装备

听力保护装备包括所有保护听力的装置，包括佩戴于头部使用的装备和塞入耳道使用的用品。听力保护装备包括耳罩和耳塞。暴露在职业噪声环境中的劳动者会遭受听觉和非听觉方面的痛苦。

（六）头部保护装备

头部保护用品可划分为两大类：安全头盔和盔帽。安全头盔用于防护坠落物体对人体头部的冲击，分为运动安全头盔和工业安全头盔。安全头盔可与眼罩和听力保护装备配合使用。盔帽用于保护头部被刮或头发被缠绕，包括防撞帽、帽子和发网。

（七）坠落防护装备

坠落防护装备用于保护高空作业人员，防止发生人员从高空坠落引发生命安全事故。坠落防护装备种类繁多，主要包括安全带、安全绳、动能吸收器、锚固器、连接器、线带、绳索、短索（安全绳）、栏杆、救生索、升降器。

（八）其他（防护手套和安全鞋靴）

1. 防护手套 防护手套，包括全指手套、露指手套和套袖以及所有用于保护劳动者手臂和手掌的装备及附件。防护手套必须满足人们对佩戴舒适性的要求，并且应经常对其材料的老化进程加以检测。

防护手套分为两种类型：传统劳动保护手套和作业保护及安全手套。防护与安全手套是为特定工作场所设计的，产品包括了从耐用的露指手套到最轻薄的乳胶手套。作业保护及安全手套可进一步分为（非详尽的分类）：

- 使用芳纶材料（Kevlar 等）制成的防切割手套。
- 防热手套（供焊接、消防用）。
- 化学防护手套。
- 一次性防护服用手套。
- 冷防护手套。
- 病毒和细菌防护手套（棉质手套用于食品工业）。

2. 安全鞋靴 安全鞋靴是另一类重要的个人防护装备。脚部和腿部防护装备，包括所有为特定防护用途设计制造的，保护足、腿和防止人员滑倒摔伤的装备及附件。当劳动者的保护水平不能满足安全程序时，出现脚部受伤的比率高达 75%。两类主要的职业性脚部伤包括：

- ◆ 破碎、刺扎、撕裂和扭伤造成的脚部受伤。
- ◆ 摔倒、滑倒和跌落造成的脚部受伤。

需要配备脚部防护装备的工作场所和劳动者包括拆卸、建筑、园景建造、蒸汽管道装配、固体废物处理、危险废物处理和家具搬运等。

安全鞋靴包括非金属包头和钢包头的防砸、防滑、趾骨防护鞋靴，导电鞋靴，绝缘和隔热防护鞋靴，防寒鞋靴，化学和血源性病原体防护鞋靴以及疲劳防护鞋靴。其他类型的安全鞋靴还有重度体力劳动防护鞋靴，远足和运动休闲型防护鞋靴等。

第二部分

全球个人防护装备产业概览

一、个人防护，正从使用通用装备向使用特定解决方案转变

过去，因为作业场所安全措施不足、忽视劳动者的防护需要，工业界受到了沉重的打击。随着全球范围工伤事故成本的骤增以及法律法规执行力的增强，全球范围安全标准的强制性有了显著的提高。恐怖袭击和流行性传染病事件的增多，人们关于个人防护装备的意识普遍提高。由于在成熟市场中的需求已经饱和以及竞争高度激烈，个人防护装备行业的领军企业不得不拓宽他们的产品组合并开拓新的市场。

随着生产过程越来越自动化，个人防护装备产业正面临着新的挑战。个人防护装备（PPE）市场已经从一个以普通装备和部件为基础的市场，转变成为了一个以复杂系统解决方案为基础的市场，其中包括了智能化的管理系统。一旦有需求，个人防护装备制造商就可以为客户提供种类繁多的产品和定制解决方案。

二、需求动力

全球个人防护装备市场中，明显的需求动力包括：
- 在产业场所推行强制性安全标准的立法与实施。
- 产业职工安全意识的增强。
- 个人防护装备成为建筑行业职工的必备装备。
- 通过使制服和服饰成为职工随身用具不可分割的一部分来体现专业化程度。
- 零售领域的增长。
- 服务领域的增长。
- 具有冒险和危险性的活动在现代生活方式中不断增加。
- 安全与时尚相统一、保护与舒适相统一的趋势，引领个人防护装备的产品创新。

三、领军企业的核心战略

全球个人防护装备行业领军企业持续拓宽他们的产品组合和开拓新市场的努力，主要表现在三个方面：

（一）产品设计

由于越来越强调自愿符合法律法规的要求，因此产品设计正成为一个主要的市场细分标志。产品设计会在重量、时尚和舒适程度等性能方面做文章。雇员数量的增加将会为职工安全计划增加更多的预算，以便满足法律法规的要求。由于职工赔偿和保险成本的大幅度提高，这一趋势成了个人防护装备制造商的一种主要竞争手段。

（二）产能多样化

在高度竞争的个人防护装备市场上，产能多样化是制造商保持获利增长的一个主要策略。产能的增长既可以通过提高产能来实现目的，也可以采取一些诸如采办和许可协议之类的策略活动来达到目标。

（三）兼并

过去 4 年中，个人防护装备产业界合并与收购的活动有增无减。因为竞争加剧和低利润率对于小企业和小众型企业而言，意味着非常严峻的生存威胁。

四、价格及其销售动力

安全产品经销商主导着个人防护装备市场的供应物流。经销商们根据客户的需求为其提供一站式的解决方案。目录销售（catalogue sales）可以为客户提供与安全产品经销商相同的服务。直销（direct sales）与产品性能标准相关。相关影响因素包括了舒适与创新。这样的销售方式被用于销售像自给式呼吸器（SCBA）那样的产品，因为这类产品存在着明显的价格和质量差异。零售网点在满足中小企业终端客户方面发挥了关键作用。

技术进步为建设便捷的销售渠道和进行在线服务提供了条件。安全网站和许多相关网站提供在线信息和电子出版物，涵盖了从立法到产业现状以及发展前景等内容。这些新技术手段将制造商和经销商的网站联合起来，可以保证其直接购买产品而不必通过中间商。

（一）抢占先机的内部动力

不同国家的个人防护装备销售方式是不同的。欧盟模式以及以"欧洲合格评定协议议定书（PECA）"为代表的欧盟贸易促进协议的引入，减少了成员国间的贸易壁垒。欧盟内部，进口商和批发商在个人防护装备的销售中占据了重要角色。但是，每个欧盟成员国的销售方式也是不一样的。

（二）电子商务——新的市场路径

与传统销售方式相比，个人防护装备的网上销售少得可以忽略不计。制造商花很大代价去投资网络主要是为了在全球范围内营销他们的产品并寻找潜在客户。B2B 在线交易的参与者们也提供诸如电子信用证、数字认证、电子履约等的增值服务。

B2B 在线交易的参与者们通过各种各样的安全组织和机构寻求潜在客户，这些组织和机构有美国工业手套经销商协会（National Industrial Glove Distribution Association）、安全装备经销商协会（Safety Equipment Dealer Association）以及各个国家的职业健康与安全管理局。

电子商务也许是销售健康与安全装备的一种理想的媒介，经销商们对此正在进行积极的探索。实力强大的经销商都拥有自己的门户网站，向客户提供产品信息和解决方案。一些较弱的经销商则与 B2B 市场结盟接入在线交易，通过低价策略来争取更多的消费者。

（三）价格趋势——强制性法律法规要求制造商必须遵守

由于产品细分市场的局限性很大，个人防护装备市场对价格的敏感程度很高。制造商被迫挤压利润空间，而且没有任何一家公司能够对价格施加影响。眼部和听力保护装备制造商可以拥有较为理想的利润回报，而手部防护用品的制造商则面临着激烈的竞争压力。

五、美国主要职业安全与健康执法机构简介

(一) 职业安全与健康管理局（Occupational Safety and Health Administration，OSHA）

该机构的职责包括：
- 执行强制性安全与健康标准。
- 提供职业健康事务的解决方案。
- 为企业主和雇员提供降低劳动场所安全事故方面的指导和教育。
- 改进现行的健康与安全计划。
- 对职业病和可能由此引起的死亡案例进行调查。

(二) 国家职业安全与健康研究所（National Institute for Occupational Safety and Health，NIOSH）

该机构是疾病控制中心（centers for disease control，CDC）的一个组成部分，它主要负责：
- 研究疾病、伤害和致残的防护方法。
- 评估工作场所，特别是化工企业工作场所的安全风险。
- 预防职业病。
- 为劳动者保护提供意见建议。

(三) 煤炭安全与健康管理局（Mine Safety and Health Administration，MSHA）

相较其他行业，化工和煤炭行业的劳动者更多地暴露在健康危害之中。化工和煤炭行业发生的有案可查的死亡和事故较其他行业都多。1977年颁布的《联邦安全与健康法案（Federal Mine Safety and Health Act）》推进了美国煤矿工人的安全防护。正是由于这一法案的缘由，美国煤炭安全与健康管理局（MSHA）得以成立，并从美国内政部（Department of Interior）和美国劳工部（Department of Labor）手中接管了相应的执法权。

煤炭安全与健康管理局（MSHA）与职业安全与健康管理局（OSHA）的工作职责相同，只不过是它专注于煤炭工业中的劳动者安全问题。呼吸器被广泛地应用在煤炭工业企业。煤炭安全与健康管理局（MSHA）与国家职业安全与健康研究所（NIOSH）共同被授予了所有呼吸器的质量认证权。1995年6月，当职业安全与健康管理局（OSHA）的第42号美国联邦法案（CFR）第48条取代煤炭安全与健康管理局（MSHA）的第30号美国联邦法案的第11条时，这一权利被收回。

(四) 美国国家标准研究所（American National Standards Institute，ANSI）

该机构是一家非官方的、推行非强制性标准（voluntary consensus standards）的标准化组织。它对职业安全与健康管理局（OSHA）执行的强制性标准具有很强的影响力。对头部防护装备和眼面部防护用品的认证是强制性的。该机构的参与者来自：
- 学术界
- 消费者和劳动者权益代表
- 政府机构
- 工业界
- 标准研制者
- 贸易协会和学会

六、展　望

（一）市场容量的增长

个人防护装备制造商们正在收获由于亚太地区国家（特别是中国和印度）的强劲经济增长所带来的丰厚利润。这些国家的市场中有着大量的劳动力、广袤的农田，其农业工人和建筑工人普遍未受到应有的职业安全保护。这个世界上人口最多的地区存在着巨大的潜在市场。由于大量终端用户的安全意识已经有了很大程度的提高以及价格对促进市场具有很强的敏感性，市场已被证明需求是非常大的。伴随着复杂制造过程的提升，恐怖袭击威胁的出现以及西方国家在国土安全方面的支出不断加大等因素的刺激，个人防护装备市场将受到进一步的激励。

（二）个人防护装备制造商紧盯着新兴市场

发达国家中的成熟市场正驱动着个人防护装备制造商，去考虑使用非传统的方法把产品销售到诸如农业、建筑与建设、健康服务、酒店宾馆、食品餐饮以及公共场所等新应用领域之中。由于对恐怖袭击的关注越来越高以及为应对公众灾难事件而采取的宣传教育，引发了人们高度的国家安全和生命安全意识，这些都会在很大程度上牵动全球个人防护装备需求的增长。

（三）特种防护装备被证明有着越来越高的需求

由于工作场所防护需求的复杂性增强以及对安全装备特殊性能创新需求的增长，特种防护装备的需求一直在不断提高。制造商们也在持续地关注特种防护装备市场，以缓解价格竞争的压力并提升利润空间。特种防护装备，如斯伯瑞安防护装备公司（Sperian Protection）开发的核生化防护风帽等在军事领域存在着很大的需求。其他用于防护炭疽、神经毒气、疯牛病和SARS病毒等危害的特种防护装备也非常受欢迎。诸如透气透湿层压和涂层织物、聚乙烯涂层织物、高强力粘胶织物以及阳光防护织物等高技术纺织品正在寻求更多的接受者，用于防护摩擦、辐射和紫外线的伤害。

附录　禽流感病毒防护手套

由H5N1高致病性病毒引发的禽流感（avian influenza）正在鸟类中快速传播。人类禽流感的传染途径主要是通过污染物接触和病毒吸入。虽然，至今尚未发现禽流感在人－人之间进行传染的案例，但是病毒的基因突变完全可以使其成为现实。屠宰和搬运疑似感染的鸟类、搬运死鸟以及对鸟类进行尸体解剖等活动都存在很高的传染风险。液体防护手套可以防护禽流感。废物处理手套非常结实并且可以防止摩擦、撕裂或切割引发的隐患。功能性需求和机械强力指标是选择适宜的防护手套的两项重要指标。

第三部分

趋势与问题

一、发达国家中的成熟市场限制了增长

发达国家的个人防护装备市场已经非常成熟。美国和欧洲等国家和地区有严厉的法律法规去处理任何执行安全保护方面的失误。发达国家的劳动者有着很强的安全意识，个人防护产品市场趋于饱和。更高水平的市场渗透制约着发达国家个人防护装备市场的增长。

发达国家的制造商们正在拼命地抓住一对孪生的机遇，即：既在相对成熟的市场中努力提高市场份额，同时销售便宜的进口产品。制造商们正在努力通过收购和寻求小生态市场的办法，来妥善处理增长缓慢和高度竞争带来的价格跳水问题。

二、兼并与收购带来新的市场机遇

个人防护装备产业中的每个细分市场都被少数几个参与者所占据。这为兼并与收购活动提供了一个拓展市场份额和获得新市场的机会。当赢得竞争的过程更短、获得新市场更快时，制造商们能够获得更佳的业务增长。2001年巴固集团（Group Bacou SA）和德洛集团（Christian Dalloz SA）的兼并事件，是产业内部兼并风潮的先驱。合并与收购也促使制造商们去关注一个正变得越来越重要的新兴领域，即通过产品与概念的一体化向客户提供完整的安全危害防护解决方案。

三、市场发展阶段与法律法规的要求同步

个人防护装备市场呈现出与商品生命周期规律相同的趋势。市场通常被法律法规的修订所驱动，修订法律法规是为了强制性地要求雇主为雇员提供适宜的个人防护装备，以确保劳动者安全并保证保险的可信性。近来，虽然产业界并未见到出台更多的新法律法规和新标准，但是，在防护服装领域，特别是消防服、化学防护服和防弹衣等产品的标准，不断有重要的补充和修订。

例如，发达国家对多功能防护用品的严格立法以及发展中国家对多功能防护用品兴趣的增长，引发了对阻燃织物和纤维的需求。使用先进织物材料制成的防护服装正在逐渐取代传统工作服。先进织物材料主要有三项应用：消防员服装、工业防护用品和职业赛车手服装。

四、产品创新和时尚化成为流行语

个人防护装备产业，特别是防护服装和装备部件，正在经历着一次更高水平的产品创新。所有的创新都是为了提高产品的防护性能、使用舒适性、耐用性、外观设计和便携性等功能和性能。

五、设计创新

制造商们广泛采用计算机辅助设计（CAD）和计算机辅助制造（CAM）技术进行产品的设计与制造，计算机辅助设计与制造（CAD/CAM）技术改进了设计过程、缩短了生产时间、提高了产品质量。计算机辅助设计系统（CAD）被用于安全鞋靴的风格设计、原型仿真、三维造型可视化、材料需求确定和物理性能仿真。为了保持客户的兴趣，制造商们正在通过推出创新的设计和新技术来扩展他们的产品系列。例如，自给式呼吸器中添置了通信、全球定位和监视器等附加功能。

六、时尚元素的加入

时尚元素的加入促进了人们对主动降噪耳罩、安全眼镜和安全鞋靴等产品的需求。安全眼镜需求的提高，主要是由于劳动者更愿意炫耀最新的时尚设计，从而加快了安全眼镜的更新速度。卡特皮勒安全鞋靴（Caterpillar）和马丁大夫（Dr.Martens）这两个因制造安全鞋靴出名的品牌，已将其带有时尚设计元素的产品推广到了消费者休闲市场。

七、价格仍然是决定成败的关键因素

由于产品细分市场十分有限，个人防护装备市场具有高度的价格敏感性。虽然消费者非常关注时尚元素、品牌和舒适性等因素，但是，当他们最终作出采购决策时，价格仍然是具有决定性作用的因素。

八、一次性手套：一个增长的市场

由于"婴儿潮"期间出生的一代人对美容整形和健康服务的需求很强烈，这一需求驱动着一次性手套需求的增长。传统的粉末型天然橡胶乳胶（NRL）手套可能引起蛋白质过敏反应，因此，消费者正在转而使用无粉末天然橡胶乳胶和合成材料制成的手套。这一转变使一次性手套制造商们欢欣鼓舞，因为他们有了更大的增长机遇。在美国，健康服务领域8%～12%的员工对乳胶有过敏反应，这给制造商们生产低蛋白质含量的一次性手套提供了机遇。为了满足生产蛋白质含量尽可能低、可降低皮肤与乳胶接触概率的手套的需求，制造商们应该研发新的制造工艺和技术。

九、眼部伤害：一个正在引起更大关注的领域

高居不下的眼伤事故依然是安全生产法律法规的一个主要关注点。为了降低生产活动引发的眼部伤害，促进眼部防护用品的应用，美国职业安全与健康管理局（OSHA）一直在制定相关指南。制造商们正致力于在防护用品的设计研发上下功夫，以使他们的产品更具吸引力，并且可以防御来自生产活动之中以及之外的伤害。

十、依法控制工业个人防护装备市场管理

近年来，国家职业安全与健康研究所（NIOSH）和职业安全与健康管理局（OSHA），在美国工业个人防护装备市场的执法管理方面发挥了积极作用。他们被视为落实法律法规的重要角色。

十一、更多的制造产业执行安全防护标准，有助于缓解个人防护装备市场的增长缓慢

由于产业界的雇工率下降，导致了工业个体防护装备市场的增长缓慢。为了维持销售，个人防护装备生产企业和商家已将其关注点转移到终端用户。由于职业安全与健康管理局（OSHA）在确保装备性能满足防护功能需求的前提下，对产品设计标准采取了较为宽松的政策，因此，个人防护装备市场已经出现了增长的势头。此外，雇员和雇主都被要求对其不使用高质量的个人防护装备负责。职业安全与健康管理局（OSHA）修订了1994年颁布的标准，以强调个人防护装备制造商、雇主和雇员各自的责任。

十二、其他问题

（一）法律法规问题

与个人防护装备市场相关的法律法规问题，是职业安全与健康管理局（OSHA）根据美国联邦法案1910.132《个人防护装备-29》修订的标准。所修订的标准包括：

- 个人防护装备系统选择程序。
- 提高教育与训练水平。
- 减少使用有缺陷和破损的个人防护装备。

已修订或正在修订的与特定细分市场相关的标准包括：

- ANSI 89.1-1986，头部防护。
- 国家职业安全与健康研究所（NIOSH）对第42号美国联邦法案第84款的修正。
- ANSI Z 87.1-1989，眼／面部防护。

（二）政治环境与个人防护装备市场

政治环境反映了产业状况。健康与安全管理体制是个人防护装备市场的关键因素。1995年，"安全与健康促进与规范改革法案（safety and health improvement and regulatory reform act）"的实施具体表现为预算削减，包括撤消煤炭安全与健康管理局（MSHA）和国家职业安全与健康研究所（NIOSH）的机构调整以及从强制执行到咨询管理的变化。政治体制的变化影响着整个产业战略。例如，1995年克林顿总统批准了包括以下内容的职业安全与健康管理局（OSHA）改革方案：

- 常识规则。
- 强调合作伙伴。
- 强化常识。

（三）全球关税与规则

美国工业个人防护装备市场不仅服务本国市场而且服务全球市场。关贸总协定（General Agreement on Tariffs and Trade，GATT）和北美自由贸易协定（North American Free Trade Agreement，NAFTA）铲除了贸易壁垒。美国国家标准研究所（ANSI）和职业安全与健康管理局（OSHA）一直与欧洲CE认证和加拿大标准协会（Canadian Standards Association，CSA）等机构进行密切合作，开展国际认证服务。

（四）产品设计应关注最终使用者的需求

制造商们为了使劳动者获得舒适性和高水平的防护性而开发个人防护装备，这使最终用户的需求得到了比较好的满足。关键因素包括：

- 个人防护装备标准强调雇员和管理层共同承担维护工作场所安全与健康的责任，因为没有两者的共同努力，很容易违反职业安全与健康管理局（OSHA）的规定。
- 被认可产品的涉及范围。
- 提供舒适、新颖和运动型的设计。

第四部分

全球竞争情况

发达国家的个人防护装备市场是非常成熟的市场，其特点是主要竞争者之间的充分竞争。由于产品差异化程度低和价格敏感性高，制造商们在扩大市场份额方面面临着很大的困难。

一、制造商们采用的竞争策略

制造商们采用如下竞争策略来扩展市场份额：
- 冒险进入新市场。
- 在产品创新方面下功夫。
- 提供"一站式销售"服务模式。制造商们通过组织一个单一的、包括全系列产品的交货、订货和发票服务在内的机构来为用户服务。
- 在产品中加入时尚元素以强调消费者的时尚意识。
- 突出质量、品牌或特定产品特征，如色彩。
- 提高自动化水平以及对劳动密集活动进行外包。
- 通过合并和收购将竞争者的产品置于自己的管理范畴。
- 寻找适宜的市场。
- 尝试通过电子商务市场向更多的消费者销售产品。

二、依据产品分类划分的全球市场领袖

激烈竞争的个人防护装备市场为屈指可数的全球性制造商们所控制，他们与区域市场领袖们一起凭借着他们令人羡慕、齐全完备的系列化产品在市场上发号施令。

斯伯瑞安防护装备公司（Sperian Protection）在全球眼／面部防护装备和坠落防护装备市场上占据着最高的市场份额。

阿伊若欧公司（Aearo Technologies Inc.）控制着全球听力保护装备市场，而3M公司则继续保持着它在全球呼吸防护装备市场上的领导地位。

（一）眼部防护装备

根据2004—2006年销售额递减的顺序，全球眼部防护装备制造商排名顺序为：巴固-德洛集团公司（Bacou-Dalloz Group，2007年更名为Sperian Protection）、阿伊若欧公司（Aearo Technologies Inc.）、捷克森安全产品公司（Jackson Safety，Inc.）、优唯斯公司德国分公司（Uvex Safety，Inc.）以及包括MCR安全产品公司（MCR Safety）、梅思安安全设备公司（MSA）、诺克罗斯安全产品公司（Norcross Safety Products LLC）、斯考特健康与安全产品公司（Scott Health and Safety）等企业在内的其他制造商。

公司名称	2004年市场份额	2005年市场份额	2006年市场份额
巴固-德洛集团公司（Bacou-Dalloz Group）	27.32	27.41	27.46
阿伊若欧公司（Aearo Technologies, Inc.）	8.76	8.83	8.87
捷克森安全产品公司（Jackson Safety, Inc.）	8.01	8.05	8.13
优唯斯公司德国分公司（Uvex Safety, Inc.）	5.78	5.84	5.93
其他	50.13	49.87	49.61

（二）听力保护装备

根据2004—2006年间销售额递减的顺序，全球听力保护装备制造商排名顺序为：阿伊若欧公司（Aearo Technologies, Inc. 2008年被3M公司收购）、巴固-德洛集团公司（Bacou-Dalloz Group，2007年更名为Sperian Protection）、诺克罗斯安全产品公司（Norcross Safety Products LLC，2008年被Honeywell公司收购）以及包括3M公司、德尔塔普拉斯公司（Delta Plus Group）、捷斯娘公司（JSP Ltd.）和梅思安安全设备公司（MSA）等企业在内的其他制造商。

公司名称	2004年市场份额	2005年市场份额	2006年市场份额
阿伊若欧公司（Aearo Technologies, Inc.）	30.17	30.23	30.31
巴固-德洛集团公司（Bacou-Dalloz Group）	20.49	20.54	20.63
诺克罗斯安全产品公司（Norcross Safety Products LLC）	3.19	3.24	3.32
其他	46.15	45.99	45.74

(三) 呼吸防护装备

根据2004—2006年间销售额递减的顺序，全球呼吸防护装备制造商排名顺序为：3M公司，梅思安安全设备公司（MSA），斯考特健康与安全产品公司（Scott Health and Safety），巴固－德洛集团公司（Bacou-Dalloz Group，2007年更名为Sperian Protection），卓格沃克公司（Drägerwerk AG & Co. KGaA）以及包括穆尔戴克斯－麦特瑞克公司（Moldex-Metric AG & Co. KG）、巴特尔斯－瑞格消防技术公司（BartelsRieger Atemschutztechnik GmbH & Co）、BLS集团公司（BLS Group）、诺克罗斯安全产品公司（Norcross Safety Products LLC，2008年被Honeywell公司收购）和斯安德思卓姆安全产品公司（Sundström Safety AB）等企业在内的其他制造商。

公司 名 称	2004年市场份额	2005年市场份额	2006年市场份额
3M公司	38.12	38.19	38.23
梅思安安全设备公司（MSA）	14.89	14.96	15.05
斯考特健康与安全产品公司（Scott Health and Safety）	13.05	13.12	13.23
巴固-德洛集团公司（Bacou-Dalloz Group）	10.26	10.31	10.38
卓格沃克公司（Drägerwerk AG & Co. KGaA）	8.73	8.82	8.86
其 他	14.95	14.60	14.25

(四) 坠落防护装备

根据2004—2006年间销售额递减的顺序，全球坠落防护装备制造商排名顺序为：巴固－德洛集团公司（Bacou-Dalloz Group，2007年更名为Sperian Protection），卡皮托安全产品集团（Capital Safety Group，2007年被Candover Investments收购）以及包括海特泰克集团公司（The Heightec Group, Ltd.）、诺克罗斯安全产品公司（Norcross Safety Products LLC，2008年被Honeywell公司收购）、帕门特-皮垂公司（Pammenter & Petrie, Ltd.）和斯班塞特公司（SpanSet UK, Ltd.）等企业在内的其他制造商。

公司 名 称	2004年市场份额	2005年市场份额	2006年市场份额
巴固-德洛集团公司（Bacou-Dalloz Group）	28.31	28.38	28.47
卡皮托安全产品集团（Capital Safety Group）	23.89	24.02	24.13
梅思安安全设备公司（MSA）	4.63	4.70	4.75

第五部分

美国与个人防护装备相关的法规环境

一、职业安全与健康管理局（OSHA）

1970年颁布的职业安全健康法案（The Occupational Safety and Health Act）旨在确保美国全体劳动者能够在安全健康的工作环境中工作。根据这一法案，成立了隶属于美国劳工部（US Department of Labor）的职业安全与健康管理局（OSHA），负责职业安全健康方面的信息管理、调查研究和教育训练等工作，并负责强制性行业标准的批准。

职业安全与健康管理局（OSHA）依法制定标准，要求雇主为雇员提供安全健康的工作环境，以避免那些可被识别的危险造成人员的死亡或伤害。职业安全健康法案也要求劳动者将所有安全健康标准应用到他们的工作中去。

二、头部防护的相关法规

职业安全与健康管理局（OSHA）颁布的第1926.100号和第1910.135号标准，规定工作在危险的导电环境中的劳动者，或面临坠落物体威胁的劳动者必须佩戴硬质盔帽或防护头盔。

按照职业安全与健康管理局（OSHA）的要求，这些防护头盔应该能够吸收冲击给头部带来的震动，防止被坠落物体穿透，防水，带有适宜的使用说明以及怎样和什么时间去更新头盔的悬挂装置和头箍。每个劳动者都应该对其工作环境加以研究，以便识别那些如果不佩戴头盔可能导致他们的头部受到伤害的事故危险。

防护头盔必须符合ANSI Z89.1-1986号标准的性能要求，并且被划分为三个类别：

A类：用于高能量物体的撞击防护和相对低电压的绝缘防护，主要应用于矿山、建筑、造船、林业和制造等行业。

B类：用于带电作业人员对高压电电击的防护。这类头盔能够防止20 000 V高压电的电击并可以防止坠落物体的伤害。

C类：这类头盔主要用于防止劳动者的头部与固定物体发生碰撞，能够防止尖锐物体的穿刺和抵御冲击。这类头盔基本上是采用铝材为原料制造的，设计上充分考虑到佩戴的舒适性和轻便化。

当这些头盔的壳体和边缘因暴露于热、化学腐蚀、紫外线或其他辐射而出现破损的痕迹时，或当悬挂系统出现破裂和其他老化现象的痕迹时，或者当悬挂系统不能在支撑盔壳与头之间保持2.54 cm（1英寸）的距离时，应该考虑及时加以更新和替换。

三、手部和臂部防护的相关法规

手套、听力保护装备和眼部防护装备是应用最为广泛的三类个人防护装备。这些产品在健康保健、制造、食品加工、建筑、半导体制造和钢铁冶炼等行业中被广泛应用。

骨折、裂伤和脱臼是最常见的手臂部伤害，其给美国企业界造成的高昂代价在各类事故中名列前茅。很多伤害都是由皮肤吸收了有害物质、热烧伤、严重摩擦、化学烧伤和其他类型的损伤造成的。劳动者应该根据使用条件的特点，来选择适宜的防护手套产品。使用条件包括从事何种作业，对使用周期的要求等。

建筑行业相关标准规定，如果劳动者自备防护装备，他们应当对这些装备的性能适宜性、维护状态和卫生性负责。

大多数制造商采用不同方式为劳动者提供手臂切割防护，包括提供具有良好隔热性能的套袖。根据职业安全与健康管理局（OSHA）有关致病菌的规定，必须为劳动者提供最高质量的手套以及不沾粉末的人造材料手套。

四、眼部防护的相关法规

眼部防护是个人防护装备中最重要的一类产品。安全眼镜的设计一直以来受到时尚和价格两个因素的强烈影响。职业安全与健康管理局（OSHA）的资料表明，大部分的眼部伤害都可以通过使用适宜的防护眼镜而得以避免。职业安全与健康管理局（OSHA）要求，雇主有责任对工作场所进行初步的危害评估，以确定对于不同的工作岗位是否提供了数量足够、性能合格的防护眼镜或眼护具。

根据美国国家标准研究所（ANSI）制定的眼部防护标准，防护眼镜、防护眼罩、面罩和焊接防护头盔的制造商们必须执行 ANSI Z87.1-1998 标准，进行耐大质量物体冲击和高速度冲击性能的测试。

在选择安全眼镜之前，应该根据抗冲击标准、有效范围、可调整边撑、可替换镜片、使用的材料、目标市场和零售价格等因素对拟购买的眼镜进行评估。根据职业安全与健康管理局（OSHA）的规定，安全眼镜必须具有对冲击、液体飞溅和强光辐射的防护功能。

根据特定的情况和使用目的，人们应该使用可调节镜架防护眼镜或眼罩来保护他们的眼睛，有时可能还需要使用脸面护屏来保护眼睛。防护眼镜的购买应考虑质量、舒适性、雇员反馈、视光学、适宜性和设计风格等因素。

五、脚部防护相关的主要联邦安全法规

职业安全与健康管理局（OSHA）制定的第 1910.132（d）号标准：工厂内伤害因素评估。

职业安全与健康管理局（OSHA）制定的第 1910.132 号标准：脚部职业防护通用要求。

职业安全与健康管理局（OSHA）制定的第 1910.132（f）号标准：劳动者训练和对防护鞋靴达标程度的满足。

六、对危险物品的新的管理体制

2002 年颁布的《危险物品和爆炸物储存环境条例（The Dangerous Substances and Explosive Atmospheres Regulation，DSEAR）》，等均采用了两个欧洲条例中的安全内容。这两个欧洲的安全条例是：《化学物质条例（The Chemical Agents Directive)》和《爆炸物储存环境条例（The Explosives Atmosphere）》。《危险物品和爆炸物储存环境条例（DSEAR）》涉及非常广泛的活动和物质，诸如：原油、汽油和可燃气体以及在储存桶和罐上的高温作业；自然释放的甲烷事故处理；可燃物品或溶剂的储存、使用和展示以及石化和化工产品的制造加工等。

《危险物品和爆炸物储存环境条例（DSEAR）》要求雇主在开始进行任何涉及危险物品的工作计划之前，必须进行风险评估。并且，要求雇主确保所有风险都能按照广泛认同的安全管理级别得到控制。

2003年6月30日以后，所有可能出现爆炸物的场所都被分级为危险区域，并按照一个特定安全与控制体制加以管理。《危险物品和爆炸物储存环境条例（DSEAR）》还要求对控制意外、事故和应急的新措施加以说明，其中应包括专门的训练计划。

七、工作场所的用电安全

根据职业安全与健康管理局（OSHA）个人防护装备使用要求的规定，工作在有潜在用电安全危害场所的劳动者必须配发和使用适宜的防护装备。

美国消防协会（National Fire Protection Association，NFPA）也制定了一个关于工作场所用电安全要求的标准——NFPA 70E。该标准包含了对闪光电弧、冲击电弧和维修作业的特定要求以及对特定装备的安全要求，并对相关个人防护装备产品系列作了规范。

尽管电伤害事故发生的数量比例较其他职业性伤害要低，但是包括法律成本、保险成本、诉讼开支、医疗费和罚款在内的经济损失却是惊人的。

装备缺陷、不安全环境和不安全行为，这三者被认为是隐藏在用电危害背后的主要问题。不安全行为是不适宜的行为或缺乏训练所致，这一因素占了事故原因的2/3。为了减少不安全行为，应实行一个综合的用电安全计划，其中应包含适宜的程序和为了减少坏的行为习惯而采取的行为修正措施。

第六部分

产品概览

一、传统工作服装

"传统工作服（traditional workwear）"，系指诸如木匠和锅炉工等特定工种人员使用的锅炉工作服、连体工作服、工作裤、雨衣、围裙、罩衣等传统劳动保护服装。

二、防护服装

（一）一个定义过于宽泛但很含糊的产品领域

"防护服装（protective clothing）"，可保护人们免受其生活和工作场合中存在的危险材料、危险元素、危险事件或危险过程等因素可能带来的伤害。防护服装还包括高可视警示服（high visibility clothing），用于保护作业场所、产品或环境（如超净工作间、不起毛服装）免受人类带来的污染和危害的服装以及用于保护人们免受伤害或危害的服装（如警用、军用和运动用途）。防护服装主要有三种类型，即：化学防护服、火焰防护服装与装备、防弹衣。

防护服装是使用纤维、机织或编织织物、纱线、非织造织物、膜以及专用涂层等材料制造的。其他可用来制造防护服装的材料有：

- **纸质织物** 由纸质织物制成的一次性服装，可用于防护有害飞溅液体和尘埃。
- **再生羊毛和棉花** 使用再生棉花和羊毛制成的防护服穿着舒适，可用于制成防火服并可适应不同工作场所的温度。再生棉花和羊毛制成的防护服可用于摩擦、尘埃、坚硬和粗糙作业表面的防护。
- **帆布** 紧密编织的织物可防止在使用尖锐、沉重和粗糙材料作业时可能给人造成的挫伤和切割伤。
- **皮革** 皮革制成的防护服被广泛用于防护火焰和干热对人造成的伤害。
- **橡胶、橡胶涂层织物、合成橡胶和塑料** 用这些材料制成的防护服可用来防护某些化学物质和酸类物质对人的伤害。

（二）工业需求

欧洲、日本和美国的防护标准并不相同。达成能够一致接受和遵循的规范和标准是需要时间的。许多组织和团体都在为了实现这一目标制定着富有意义的标准，他们包括：美国消防协会（NFPA）、美国联邦环保署（EPA）、美国材料试验协会（ASTM）、美国国家标准研究所（ANSI）和国际标准化组织（ISO）以及一些其他国际团体。

三、呼吸防护装备

呼吸防护装备（respiratory protection equipment）包括所有经过专业设计和制造的、应用于以下环境的呼吸防护装置：

- ◆ 提供对空气污染物的防护。
- ◆ 提供对固态和液态气溶胶以及气体的防护。
- ◆ 为穿着者提供对病毒和细菌感染的防护。
- ◆ 用于潜水作业或运动。

呼吸防护装备可限制那些散布于空气中的高浓度的灰尘、蒸汽、雾霾、气体和气味与人的呼吸系统接触。当通风柜或中央通风设施等公用工程设施出现故障时，都必须使用呼吸器。呼吸器必须符合职业安全与健康管理局（OSHA）有关呼吸防护标准的规定，并且必须预先经过环境健康与安全部门的批准。

需要使用呼吸防护的劳动者应该通知环境健康与安全部门，对其作业环境的危害进行评估并对相应的呼吸防护计划进行注册。呼吸防护计划应包括有关呼吸器选择、雇员训练、劳动者健康评估、呼吸器检查、适宜装配、使用记录保存和维护等方面的规定。每个使用呼吸防护装备的劳动者都应有适合自己使用呼吸防护装备。劳动者可以使用由不同制造商生产的呼吸防护装备，这样可以保证更好地符合他们各自的脸型特征需求。

留有鬓角和胡须的劳动者必须使用特殊呼吸防护装备，通用的呼吸防护装备不能对其面部进行密封防护。例如：有源供气式防护服和有源供气式头罩。应给戴眼镜的劳动者装备全罩式面具，使得眼镜框能被适宜地放入面具中。

市场上可以买到的呼吸防护装备品种繁多，从简单的防尘口罩到用于危险环境的非常复杂的装备。可分为如下几类：

1. 防尘口罩（dust masks） 防尘口罩是经过专业设计，通过遮住佩戴者的鼻子和嘴，防止空气中的粉尘或其他有害物质被吸入人体的一次性用品。

防尘口罩由贝壳状的防护层和弹性紧箍带组成，紧箍带的作用是使口罩与脸部贴合尽可能的严密。也有少数防尘口罩是口髭型的，这种形状可以暴露出褶皱，以防护更大面积的表面区域；同时，这种口罩还安装了一个阀，用以减小呼气阻力，降低肺部所承受的压力。一般的防尘口罩是供暂时使用的，持续使用时间不宜过长。少数特殊的防尘口罩经过了特殊设计是可以长时间使用的。

2. 空气净化呼吸器（air purifying respirators, APRs） 空气净化呼吸器可以过滤空气中的污染物，防止污染物进入佩戴者的呼吸系统。全面罩式空气净化呼吸器用于防护整个脸部免受有害气体侵害，而半罩式空气净化呼吸器则专门设计用来防止呼吸系统被有害气体侵害。

3. 有源空气净化呼吸器（powered air purifying respirators, PAPRs） 有源空气净化呼吸器使空气在到达佩戴者的面部之前，强制性地通过一个过滤滤芯。吹风机不仅可以降低佩戴者肺部的呼气阻力，还可以有效地提高空气过滤效率。

4. 自给式呼吸器（self contained breathing apparatus, SCBA） 自给式呼吸器可为使用者提供一个独立且持续的氧气供给环境。使用这种呼吸器就像背着一个背包，氧气瓶被固定在背具上。通过流量限制器控制，氧气通过一条管子被送到面罩里。

5. 供气式呼吸器（airline respirators） 供气式呼吸器通过一根空气管线从外部较远距离的气源处获得可呼吸的空气。这些位于较远处的气源，既可以是一台工业用空气压缩机，也可以是工厂的工业供气管道，还可以是压缩空气瓶。

供气式呼吸器主要用于对劳动者具有很高危险性的工作环境里。这些高危工作环境可能缺氧或者存在着危险气体。这样的工作环境通常来说都是局部隔绝的。使用供气式呼吸器时，使用者不能自由活动。

典型的应用都是特定性质的作业，如喷砂处理。

6. 紧急逃生呼吸用具（emergency escape breathing apparatus，EEBA） 紧急逃生呼吸器用于一旦发生危险的紧急情况下，可提供一定时间的呼吸防护。市场销售的紧急逃生呼吸器中的压缩空气罐可以维持 5 ~ 10 min 的空气供应。

四、眼／面部防护装备

眼／面部防护装备(eye & face protection equipment)用于保护劳动者免受飞溅物体、酸或腐蚀剂、蒸汽或化学气体或致伤性光辐射的伤害。眼伤占所有工伤事故的 4%。眼／面部防护装备还被广泛用于某些家用、职业和休闲活动。

眼／面部防护装备的品种非常多，如：安全眼镜、可调镜架防护眼镜、面部护屏、防冲击眼镜、侧面防护罩、焊接护具和激光防护眼镜等。

眼／面部防护装备可供木工、电工、机械师、机工、管道修理工、钣金工、喷砂工、研磨工、焊工、实验室试验人员、仓库搬运工、拖拉机操作手和农药喷洒工等岗位的劳动者使用。当通过一个标明着存在眼部危害因素的区域时，承包商、访问者或其他通行者应佩戴适宜的防护眼镜。

有助于促进眼／面部防护装备增长的因素：
- 产品设计时尚化。
- 劳动者具有时尚意识。
- 人们对眼部防护法律法规的了解和接受。
- 市场营销行动。

五、听力保护装备

听力保护装备包括一切保护听力的装备，包括佩戴在耳道外部和在耳道内部使用的。听力保护装备主要是耳罩和耳塞。暴露于工业噪声环境中的劳动者会遭受听觉或非听觉方面的痛苦。

听觉损伤可以是永久性的也可以是暂时性的。暴露于高分贝的噪声环境中时，会导致听觉疲劳或暂时性失听。听觉疲劳是可以恢复的。长时间地暴露于高分贝的噪声环境，会使听觉疲劳转变成为永久性失听。

以下原因导致劳动者暴露于强噪声环境：
- 以分贝（dBA）衡量的噪声水平。
- 每个劳动者暴露于噪声环境中的持续时间。
- 噪声是由一个噪声源产生，还是由多个噪声源产生的？
- 劳动者是否会在有着不同噪声强度的几个工作场所间换班？

总之，在给劳动者配发听力保护装备之前，噪声越强的环境中，劳动者的暴露时间应该越短。右表说明了劳动者在工作场所可允许的暴露于噪声的持续时间和声强水平。暴露于脉冲噪声或冲击噪声（瞬时的高声强暴露）的最大限值是 140 dBA。脉冲噪声或冲击噪声的例子，包括冲床，由起爆火药驱动的射钉枪以及由落锤等机械设备引起的噪声。

每天的暴露时间（h）	以慢响应 dBA 计的声强水平
8	90
6	92
4	95
3	97
2	100
1.5	102
1	105
1/2	110
1/4 或更少	115

六、头部防护装备

头部防护装备分为两类：安全头盔和盔帽。

（一）安全头盔

安全头盔用于防护坠落物体对人体头部的冲击，分为运动安全头盔和工业安全头盔。安全头盔可与防护眼罩或听力保护装备配合使用。头盔由盔壳和悬挂系统两部分组成。通过在盔壳和悬挂系统之间保持一个空间，可保证佩戴时头部通风。

全球生产工业安全头盔的领先国家或地区有：意大利、中国、德国、瑞典、中国台湾和美国。防护头盔的终端用户包括消防员、骑手、骑自行车的人和滚轮滑冰者、赛车手（只能使用赛车防冲击头盔）以及建筑工地和其他场所的劳动者（工业安全头盔）。防护头盔还被用于诸如从事无舵雪橇、滑雪、攀登、赛艇、伞翼滑翔和冰球等运动项目的运动者。

（二）盔帽

盔帽用于保护头部被刮或头发被缠绕。盔帽包括防撞帽、帽子和发网。防撞帽可以保护头部不被从短距离掉落的小物体砸伤。防撞帽还可以保护劳动者被流水线上缓慢移动的物体碰撞而造成的伤害。

七、坠落防护装备

坠落防护装备用于保护从事高空作业的人员，防止发生人员从高空坠落引发生命安全事故。坠落防护装备种类繁多，产品包括安全带、安全绳、动能吸收器、锚固器、连接器、线带、绳索、短索（安全绳）、栏杆、救生索、升降器。

八、其 他

（一）防护手套

防护手套包括全指手套、露指手套和套袖以及所有用于保护劳动者手臂和手掌的装备及附件。防护手套必须满足人们对佩戴舒适性的要求，并且应经常对其材料的老化进程加以检测。

防护手套分为两种类型：传统劳动保护手套和作业保护及安全手套。作业保护及安全手套是为特定工作场所设计的，产品包括了从耐用的露指手套到最轻薄的乳胶手套。作业保护及安全手套可进一步分类为（非详尽的分类）：

- 使用芳纶材料（Kevlar 等）制成的防切割手套。
- 防热手套（供焊接、消防用）。
- 化学防护手套。
- 一次性防护服用手套。
- 冷防护手套。
- 病毒和细菌防护手套（棉质手套用于食品工业）。

（二）安全鞋靴

防护鞋靴是另一类重要的个人防护装备。脚部和腿部防护装备包括所有经过为特定防护用途而设计制造的，保护脚、腿和防止人员滑倒摔伤的装备及附件（不论是否可拆卸）。当劳动者的保护水平不能满足安全规程的要求时，出现脚部受伤的比率高达 75%。两类主要的职业性脚部伤包括：

- 破碎、刺扎、撕裂和扭伤造成的脚部受伤。
- 摔倒、滑倒和跌落造成的脚部受伤。

需要配备脚部防护装备的工作场所和劳动者包括：拆卸、建筑、园景建造、蒸汽管道装配、固体废物处理、危险废物处理和家具搬运等。

安全鞋靴包括非金属包头和钢包头防砸、防滑、趾骨防护鞋靴，导电鞋靴，绝缘和隔热防护鞋靴，防寒鞋靴，化学和血源性病原体防护鞋靴以及疲劳防护鞋靴。其他类型的安全鞋靴还有耐用劳动防护鞋靴，远足和运动休闲型防护鞋靴。

第七部分

近年全球个人防护装备产业大事记

一、2008年度大事记

（一）斯伯瑞安防护装备公司收购坎比瑟福国际公司

为强化其在坠落防护装备产品组合方面的优势，斯伯瑞安防护装备公司（Sperian Protection）收购了位于英国的坎比瑟福国际公司（Combisafe International AB）。坎比瑟福国际公司是世界领先的高空作业安全和门禁系统制造商之一。所收购的业务将作为斯伯瑞安防护装备公司的坠落防护装备部门进行运营。6 300万欧元的收购价，是与公司商业建筑、基础设施以及坠落安全防护系统的上市股票价值相配的。这一交易还把斯伯瑞安防护装备公司送上了一个在中东和北欧地区更有利的业务平台。坎比瑟福国际公司原来的拥有者是瑞士菲亚福德集团（Swedish Fairford Group）。

（二）斯伯瑞安防护装备公司收购美国多斯巴斯特公司

美国多斯巴斯特公司（doseBuster USA，Inc.）在个人噪声剂量测量仪研究领域具有非常重要的地位。这一收购拓展了斯伯瑞安防护装备公司（Sperian Protection）智能听力保护解决方案的选择范围。美国多斯巴斯特公司始建于2000年，拥有先进的暴露灵巧护听器（exposure smart protector）专利技术和产品。暴露灵巧护听器是传统护听器与个人噪声剂量测定仪相结合的产物。这种产品被用于诸如金属摩擦、采矿、石油化工和天然气等噪声密集的行业。收购的业务将作为斯伯瑞安防护装备公司听力保护业务部门的一部分进行运营，斯伯瑞安防护装备公司听力保护业务部门还包括 Howard Leight 和 Nacre 两个品牌。

(三) 雷克兰德工业公司收购夸利泰克泰尔公司

雷克兰德工业公司 (Lakeland Industries, Inc.) 是世界知名的防护服装制造商，它以 1 300 万美元的价格收购了巴西的夸利泰克泰尔公司 (Qualytextil SA)。这一收购使雷克兰德工业公司的足迹踏入了国际防护服装市场（除北美地区以外的）新的地理区域。夸利泰克泰尔公司始建于 1999 年，是世界领先的防护服装制造商，主要产品有：绝缘服、电弧防护服、消防战斗服、防护服装用铝质和熔融金属线、化学防护服、防水作业服和职业服装等。

(四) 霍尼韦尔公司收购诺克罗斯安全产品公司

霍尼韦尔公司 (Honeywell International, Inc.) 支付 12 亿美元，成功完成了对位于美国伊利诺伊州的诺克罗斯安全产品公司 (Norcross Safety Products LLC) 的战略性收购。诺克罗斯安全产品公司的个人防护装备业务，被整合进了霍尼韦尔公司生命安全事业部的自动控制解决方案计划部门 (Automation and Control Solutions' Life Safety Division)，并作为霍尼韦尔安全产品公司进行运营。诺克罗斯安全产品公司的防护鞋靴、防护盔帽、空气净化呼吸器、高压作业套袖和手套、消防战斗服和电弧闪光防护技术和产品居世界领先水平。其产品以 Pro-Warrington™、North®、Fibre-Metal®、Morning Pride、Salisbury、KCL 和 Servus 等知名品牌进行销售。这一收购交易的完成，使霍尼韦尔公司的生命安全产品业务，即商业防火系统、烟和气体探测、个人防护装备和远程健康监测技术和产品占据了全球领导地位。

(五) 3M 公司收购阿伊若欧技术公司

3M 公司 (Minnesota Mining and Manufacturing Co) 收购了世界领先的个人防护装备制造商阿伊若欧技术公司 (Aearo Technologies, Inc.)。阿伊若欧技术公司以 AOSafety®、Peltor® 和 E-A-R® 等品牌销售头戴通信装置、听力保护设备、防护面罩、硬质盔帽、防护眼镜和坠落防护装备等产品。这一收购将眼部防护、听力保护和坠落防护装备技术并入了 3M 公司的呼吸防护产品业务，拓展了其在环境安全和职业健康技术方面的产品组合。3M 公司期望通过收购阿伊若欧技术公司能够使其为建筑、军用和工业市场提供范围更广的个人防护装备产品。

（六）印度莫卡姆公司和法国德尔塔普拉斯公司创立合资公司

印度莫卡姆公司（MallcomLtd．India）和法国德尔塔普拉斯公司（Delta Plus Group France）创立了名为"德尔塔普拉斯－莫卡姆（Delta Plus Mallcom Safety Pvt，DPMSPL）"的合资公司。这一合资公司使用 Tiger Steel®、Panoply® 和 Venitex® 三个品牌在印度次大陆从事个人防护装备的销售。

二、2007 年大事记

（一）坎多弗投资公司收购卡皮托安全产品集团

坎多弗投资公司（Candover Investments PLC）是一家私人直接投资公司。它花了相当于4亿1千5百万英镑的现金，收购了位于英国生产坠落防护装备的卡皮托安全产品集团（Capital Safety Group）。卡皮托安全产品集团生产建筑、通讯和石油化工等行业使用的救生索、锚固栓和安全带等产品，在市场上以两个著名品牌——Protecta 和 DBI-SALA 销售，其市场主要在北美地区。坎多弗投资公司是一家欧洲的私营投资公司，其投资行为主要是进行价值 5 亿欧元以上的大中型产权买卖。

（二）LS2 公司收购全球服务与贸易公司

LS2 公司（Lancaster Systems & Solutions，LS2 Inc.）收购了全球服务与贸易公司（Global Service & Trade，GST Inc.）。全球服务与贸易公司提供警察和保安等执法人员使用的防护装备、装具以及户外服装。

(三）凯科斯通-伊斯曼资本公司收购康尼安全产品公司

凯科斯通-伊斯曼资本公司（Caxton-Iseman Capital，Inc.）以4 800万美元的金额，从K+K America公司手中收购了康尼安全产品公司（Conney Safety Products LLC）。康尼安全产品公司的总部设在威斯康星州的梅蒂森（Madison），从事安全装备的市场销售。凯科斯通-伊斯曼资本公司是一家私人投资公司。这一收购可以帮助凯科斯通-伊斯曼资本公司去开拓一些尚未得到开拓的市场。

（四）塞瓦公司进行了业务扩张

捷克共和国的塞瓦公司（Cerva Export Import）投入约1 000万欧元，将其业务拓展到匈牙利、波兰和俄罗斯。这项投资被期待着能增加25%的年销售额。塞瓦公司是俄罗斯沃斯托克服务公司（Vostok-Servis）的一部分，主要业务是个人安全装备的生产。

（五）欧辛寇公司收购了法国马蒂塞克公司

欧辛寇公司（Ocenco Incorporated）收购了法国马蒂塞克公司（Matisec S.A.）。马蒂塞克公司从事个人防护装备的生产，其产品适合于在与核能、细菌、化工、海洋、消防和军事相关的行业使用。这一收购为欧辛寇公司向法国市场渗透以及提高其产品组合的能力提供了机会。

（六）北方安全产品公司成为荷兰皇家能源化学公司的授权伙伴

北方安全产品公司（North Safety Products）成为荷兰皇家能源化学公司（Royal DSM NV）的全球授权合作伙伴。根据授权协议，北方安全产品公司负责使用Dyneema®品牌的高强高模聚乙烯纤维开发和销售，用于防护摩擦和切割的手部防护产品。

(七) 巴固-德洛集团公司开始以斯伯瑞安防护装备公司的新名称进行运营

巴固-德洛集团公司（Bacou-Dalloz Group）是一家全球性的重要个人防护装备制造商，宣布自 2007 年 8 月 20 日开始更名为斯伯瑞安防护装备公司（Sperian Protection）。更名决定是巴固-德洛集团公司增长战略和品牌建设计划的一部分内容。Sperian 品牌将为公司带来一整套新颖的企业形象。

斯伯瑞安防护装备公司使用 Howard Leight®、Uvex®、Sperian 和 Miller® 四个品牌销售个人防护装备产品。

(八) 斯伯瑞安防护装备公司收购纳克瑞公司

斯伯瑞安防护装备公司（Sperian Protection）收购了纳克瑞公司（Nacre AS）。这一收购不仅扩大了斯伯瑞安防护装备公司听力保护装备领域的产品组合，而且有利于强化其在智能听力保护产品和军用市场上的地位。收购后，纳克瑞公司作为斯伯瑞安防护装备公司听力保护业务的一部分进行运营。

斯伯瑞安防护装备公司在全球智能听力保护装备市场上扮演着主要角色。纳克瑞公司从事语音通信技术产品和先进电子耳塞式听力保护装备的设计与制造。QUIETPRO® 是纳克瑞公司使用的注册商标。

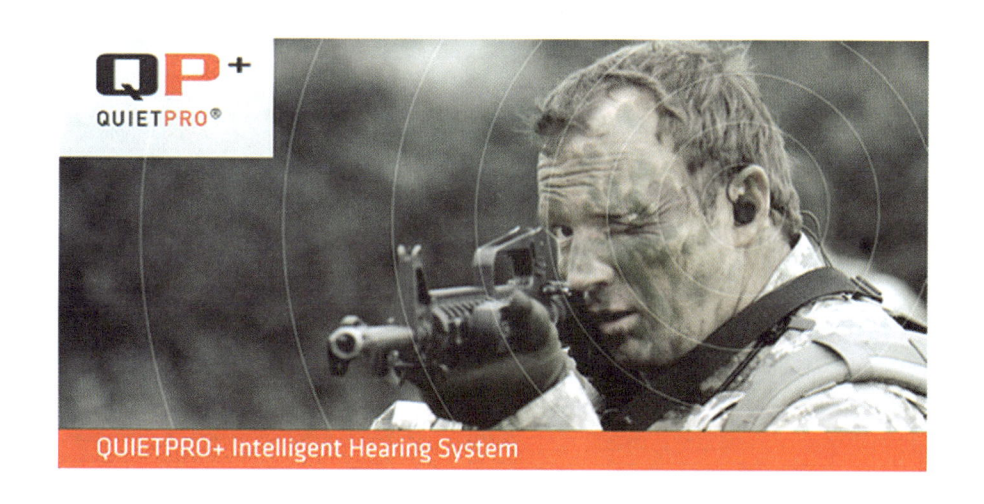

(九) 国际防务工业公司获得了以色列国防部的日用品采购合同

国际防务工业公司（Defense Industries International，Inc.）获得了以色列国防部（Israeli Defense Ministry）400 万美元的军用和民用防护装备及日用品的采购合同。该订单包括防弹衣、干燥储存装置和个人用具。

(十) 德拉诺市消防局从 RJF 保险公司和福来曼基保险公司获得了补助金

德拉诺市位于美国加利福尼亚州南部。该市的消防局获得了一笔 7 580 美元的补助金，为消防员购买自给式呼吸器（SCBA）。自给式呼吸器也称为"空气背包（air pack）"，它由压缩空气瓶和一个面具组成。自给式呼吸器可为在充斥着火焰、烟尘和有害物质的污染环境中工作的消防员提供持续、可呼吸的压缩空气。新型轻质自给式呼吸器可满足美国消防协会（National Fire Protection Association）的标准，它带有头戴监示器可在电源和气源处于低位时向消防员发出警告。自给式呼吸器还具有诸如"PASS"装置那样的关键时刻救生功能，当消防员没有感知自己已经处于紧急时刻或受伤时，这些救生装置将会发出警报。

（十一）梅思安安全设备公司从美国军方获得了价值1 510万美元的合同

梅思安安全设备公司（Mine Safety Appliances，MSA）从美国陆军和美国国防部获得了一项总价值为1 510万美元生产防弹头盔的合同。该公司是美国陆军军用头盔的供应商之一。它生产的先进作战头盔（advanced combat helmet）采用新颖的轻量化设计，在具有复杂的弹道保护功能的同时，可使士兵感到头盔佩戴更加稳定、舒适、环境感知性更好。

三、2006年大事记

（一）巴固-德洛集团公司收购巴西埃皮康公司

巴固-德洛集团公司（Bacou-Dalloz Group）宣布了收购巴西埃皮康公司（Epicon）的计划，埃皮康公司是生产和销售一次性口罩的专业公司。这一收购是巴固-德洛集团公司向拉丁美洲进行业务渗透的计划的一部分。巴固-德洛集团公司一直为提高其在拉美市场上的制造能力和竞争力做着不懈的努力。

（二）帕米拉顾问公司收购阿伊若欧技术公司

帕米拉顾问公司（Permira Advisers Ltd.）宣布收购全球知名的防护产品设计制造厂商阿伊若欧技术公司（Aearo Technologies, Inc.），收购金额为7亿6千5百万美元。

（三）诺尔克罗斯安全产品公司收购怀特橡胶与安全产品公司

诺尔克罗斯安全产品公司（Norcross Safety Products LLC）是安全产品控股公司（Safety Products Holdings, Inc.）的一部分。它收购了世界知名的防护服装制造商——怀特橡胶与安全产品公司（White Rubber/Safety Line Corp）。

（四）梅思安安全设备公司收购帕拉克利蒂装甲与装备公司

梅思安安全设备公司（MSA）是世界著名的健康与安全装备设计制造商。它以3 000万美元的金额收购了帕拉克利蒂装甲与装备公司（Paraclete Armor & Equipment）。这一收购使梅思安安全设备公司增加了防弹衣系列产品，为其开辟了通向军用和执法人员用防护产品市场的道路。

（五）凯末尔巴克公司收购西南汽车运动公司

凯末尔巴克公司（CamelBak Products LLC）是比亚斯蒂姆斯公司（Bear Steams Cos，Inc.）的一家子公司。它收购了西南汽车运动企业公司（Southwest Motorsports Enterprises，Inc.）。西南汽车运动企业公司是世界领先的贴身作战手套制造商，是美国军队贴身手套的一级供应商之一。

（六）陶陶消防公司收购美国菲尔维亚公司

陶陶消防公司（Total Fire Group）是诺尔克罗斯安全产品公司（Norcross Safety Products LLC）的一家子公司。它收购位于美国亚拉巴马州欧哈塔奇镇（Ohatchee）的救援人员和消防员防护服装专业制造商——美国菲尔维亚公司（American Firewear，Inc.）。这一收购使陶陶消防公司成为了其产品领域最大的制造商，同时，还使其成为了能够提供满足化学、生物、辐射和核防护系统（CBRN-rated systems）产品要求的供应商。

（七）欧克利公司收购眼部安全系统产品公司

欧克利公司（Oakley，Inc.）以总值1亿1千万的价格，收购了位于美国的眼部安全系统产品公司（Eye Safety Systems，Inc.）的资产。这一举措与欧克利公司扩张其核心光学产品业务的战略计划相吻合。眼部安全系统产品公司生产执法人员用、军用和消防员用产品，弥补了欧克利公司军用眼部防护产品品种不全的缺陷。

（八）雷克兰德工业公司收购 Rfb 乳胶产品公司

雷克兰德工业公司（Lakeland Industries，Inc.）用 340 万美元的价格收购了 Rfb 乳胶产品公司（Rfb Latex Pvt，Ltd.）的乳胶手套业务和资产。Rfb 乳胶产品公司在印度生产工业用乳胶手套。

（九）布觉恩克拉德公司的收购拓展了其销售渠道

作为拓展销售渠道的举措，布觉恩克拉德公司（Björnkläder AB）收购了 CARE 诺德公司（CARE Nord AB）、卡尔诺德伦德公司（Carl Nordlund AB）和克努公司（Kenu AB）。布觉恩克拉德公司把收购到的门店与其现有的、以 Grolls 为品牌的门店整合在了一起。CARE 诺德公司在于墨澳（Umeä）和谢莱福特澳（Skellefteä）地区的门店，是瑞典最大的个人防护装备和劳动防护服的专业销售门店。

（十）安全生活公司与垂欧斯因公司合并

安全生活公司（Safe Life Corp）与垂欧斯因公司（Triosyn Corp）合并组成了新的安全生活公司，新公司旨在为人们提供防病毒微生物危害的先进技术。通过对专利、财务和技术战略的多样化组合，新成立的公司旨在通过提供高性能的产品，开展空气过滤、油漆和喷涂、伤病管理和液体纯化方面的研发、制造和销售，这些领域的高性能产品可以保护环境和人类免于遭受细菌污染的侵害。

（十一）梅思安安全设备公司从德国军方获得了订单

欧洲梅思安安全设备公司（MSA Eruope）是总部设于美国的梅思安安全设备公司（MSA）的欧洲分支机构，它从德国军队获得了一项价值 930 万美元的合同。根据合同规定，欧洲梅思安安全设备公司（MSA Eruope）将为德国陆海空军人员提供新型防毒面具系统以及相配套的过滤器、备件和防护镜头。使用高性能改性橡胶材料制成的 M2000 型核生化防护系统（NBC protection system M2000）防毒面具，可对化学战剂的伤害进行有效防护。M2000 型核生化防护系统防毒面具的性能，满足德国军事科学研究院（German Military Sciences Institute）制定的规范要求，并获得了德国陆海空军专家们的认可。

（十二）班兹尔公司收购联合美国销售公司

班兹尔公司（Bunzl Plc）是世界知名的从事清洁、卫生、健康产品和餐饮设备营销业务的企业。它收购了位于美国特拉华州威明顿市（Wilmington, Delaware）的联合美国销售公司（United American Sales, Inc.）。联合美国销售公司是建筑和工业领域个人防护装备的专业经销商。除了收购联合美国销售公司之外，班兹尔公司还收购了摩根斯考特公司（Morgan Scott, Inc.），上述两项收购的总金额为1亿仟零7拾万美元。这一收购给班兹尔公司带来了一波新的潜在发展机遇的浪潮。

（十三）3M收购POMP医疗与职业健康产品公司的安全产品部门

3M公司（Minnesota Mining and Manufacturing Co）收购了巴西POMP医疗与职业健康产品公司（Brazilian POMP Medical and Occupational Health Products LLC）的安全产品部门。这一收购使得3M公司得以以POMP品牌向巴西消费者销售可重复使用耳塞、护手霜和防护眼镜的产品。

（十四）自豪业务发展控股公司在加利福尼亚建立制造设施

自豪业务发展控股公司（Pride Business Development Holdings, Inc.）是一家世界领先的防护服装制造商，在加利福尼亚建立了技术最为先进的防护服装生产设施。这一举措使得公司可以开拓这一区域的防弹衣产品市场。新建设的设施可满足进行设计、生产、存储、运输和其他管理活动的需要，从而确保公司能够更好地满足市场需求。

（十五）索诺马可斯公司给欧尤因德安全产品公司签署了一项许可协议

索诺马可斯听力健康产品公司（Sonomax Hearing Healthcare, Inc.）开始履行一项与欧尤因德安全产品公司（Oilind Safety）签署的向美国市场供应听力保护产品的许可协议。这一交易与索诺马可斯听力健康产品公司有关提升其在美国市场的存在的战略计划是相一致的。

（十六）卡皮托安全产品集团宣布收购尤尼克-康赛珀特斯公司

世界坠落防护装备市场上的知名企业，卡皮托安全产品集团（Capital Safety Group）宣布收购加拿大尤尼克-康赛珀特斯公司（Unique Concepts, Ltd.）。尤尼克-康赛珀特斯公司是一家坠落防护装备的制造商，其专注于空间救援装备的制造。这一收购是卡皮托安全产品集团业务战略的一个组成部分，该战略旨在对已经建立的知名品牌，如DBI-SALA、PROTECTA、FIRST和SINCO以及Exofit牌坠落防护装具、UCL牌先进系列五部件组合式吊重机系统和旋臂救援系统装备等进行集成整合，通过提供解决方案来促进业务发展。

（十七）比阮德森安全产品公司更名为布觉恩克拉德公司

比阮德森安全产品公司（Berendsen Safety AB）是瑞典一家著名的个人防护装备制造商，现更名为布觉恩克拉德公司（Björnkläder AB）。但是，该公司拥有的名为 Grolls 的销售商店的名字并未变更。

（十八）杜邦公司收购凯普勒安全产品集团公司

世界著名的杜邦公司（E. I. DuPont）计划进入防护服装市场。为此，它收购了凯普勒安全产品集团公司（Kapper Safety Group, Inc.）。凯普勒安全产品集团公司是美国的一家防护服装制造商。作为这一交易的一部分，杜邦公司将在美国市场上生产和销售防护服装装备。

（十九）梅思安安全设备公司与美国空军签订了供货合同

梅思安安全设备公司（MSA）是世界个人防护装备市场上的一个重要角色，它与美国空军签订了一项非常重要的供货合同。该合同是向美军人员提供最新设计制造的防护装备，如呼吸面具。

四、2005 年大事记

（一）欧第斯公司收购诺克罗斯安全产品公司

欧第斯投资伙伴公司（Odyssey Investment Partners LLC）是世界领先的个人防护装备制造商，它收购了诺克罗斯安全产品公司（Norcross Safety Products LLC）。诺克罗斯安全产品公司在世界主要个人防护装备供销商排名中名列前茅。这一交易在一家投资集团的协助下得以完成。这家投资集团通过约翰·汉考克人寿保险公司（John Hancock Life Insurance Company）、泰马然资本合伙公司（Trimaran Capital Partners）和 CIVC 合伙公司将资金注入进来。这宗总价值 4 亿 9 仟 5 百万美元的收购不包括任何管理层的变更。

位于美国伊利诺伊州的诺克罗斯安全产品公司运营着遍布世界的各种设施，公司个人防护装备产品中的许多品种都具有很高的知名度，特别是那些用于电力、工业和消防等领域的产品。

（二）卡皮托安全产品集团收购 SINCO 公司

SINCO 是工业安全网公司（Safety Industrial Net Company）英文名称首个字母的缩写，该公司专业制造工业用安全网。这一收购举动，进一步巩固了卡皮托安全产品集团（Capital Safety Group）作为全球坠落防护装备市场综合服务供应商的地位。

（三）阿莱克赞德拉公司收购德贝尔公司

阿莱克赞德拉公司（Alexandra, plc）收购了德贝尔公司（de Baer, plc）。这一收购包括了德贝尔公司全资拥有的英国分公司、瑞马克有限公司（Rimac Limited）、爱尔兰分公司和形象发展有限公司（Image Development Limited）的全部资产。德贝尔公司是从事运输、旅游、医院、休闲和工业用品的设计开发服务业务的企业。这一价值 450 万英镑的收购，拓展了阿莱克赞德拉公司在爱尔兰市场的份额。

（四）诺尔克罗斯安全产品公司收购金属纤维产品公司

诺尔克罗斯安全产品公司（Norcross Safety Products LLC），是一家世界知名的防护装备制造商和经销商。金属纤维产品公司（Fiber-Metal Products Company）是设计、制造高级头部防护装备的专业企业。诺尔克罗斯安全产品公司收购了金属纤维产品公司。收购之后，金属纤维产品公司被整合进了诺尔克罗斯安全产品公司的工业防护装备业务。这一收购的增效作用已在诺尔克罗斯安全产品公司的生产、营销和消费者服务方面明显地显现出来。这一收购也使得诺尔克罗斯安全产品公司成为了拥有巨大的消费者基础、可以提供市场导向的产品的行业巨人。

（五）雅芳橡胶公司收购国际安全仪器公司

雅芳橡胶公司（Avon Rubber PLC）以2 270万美元的价格收购了国际安全仪器公司（International Safety Instruments, Inc.）。这一收购有助于雅芳橡胶公司利用国际安全仪器公司的技术对其产品进行改进。这一交易还使雅芳橡胶公司进入了应急服务和军用装备市场的销售网络。

雅芳橡胶公司是核生化呼吸防护装备的供应商，其产品被用于包括核工业在内的高风险环境中。国际安全仪器公司是自给式呼吸器（SCBA）的主要制造商，公司还生产应急服务用的热成像仪。

（六）国防工业公司收购凯末普拉斯特工业公司

国防工业公司（Defense Industries International, Inc.）是一家全球领先的军民用个人防护装备系统的制造商。国防工业公司收购了以色列干法储存系统制造商，凯末普拉斯特工业公司（Chemoplast Industries）的全部资产。这一收购使国防工业公司得以将其著名的个人防护装备产品推广到以色列市场。作为这一交易的补充，凯末普拉斯特工业公司的全部运营基地将被整合进国防工业公司的全球运营体系。

（七）阿莱克赞德拉公司收购普莱马职业服装公司

阿莱克赞德拉公司（Alexandra, plc）以399万英镑的价格收购了普莱马职业服装公司（Prima Corporate Wear, Ltd.）。普莱马职业服装公司是一家主要设计生产交通运输和保安服装的职业服装制造商。

（八）雷克兰德工业公司收购米夫林峡谷公司

雷克兰德工业公司（Lakeland Industries，Inc.）是总部位于美国的世界知名防护服装制造商，它以 158 万美元的价格收购了另一家防护服装制造商——米夫林峡谷公司（Mifflin Valley，Inc.）。通过这一收购，雷克兰德工业公司将米夫林峡谷公司的所有业务整合进了自己的防护服装业务体系。

（九）安塞尔健康保健产品公司与美国儿童健康产品公司和杨基联合公司签订了供应合同

安塞尔健康保健产品公司（Ansell Healthcare Products LLC，简称"安塞尔公司"）与两家美国公司——美国儿童健康产品公司（Child Health Corporateion of America）和杨基联合公司（Yankee Alliance），签订了两笔大额合同。这两笔带有风险的大额合同要求安塞尔公司向另外两家购买企业提供通用防护手套和外科手术用手套。

（十）埃德伍德-考夫曼公司更名为斯盖洛泰克公司

位于德国的埃德伍德-考夫曼公司（Eduard Kaufmann GmbH）是欧洲一家著名的个体防护装制造商，现已把公司名称更改为斯盖洛泰克公司（Skylotec）。更名举动并未给公司的管理或产品拓展带来任何的变化。

（十一）巴固-德洛集团公司启用新的产品和销售中心

为了进一步巩固其在亚洲市场的存在，巴固-德洛集团公司（Bacou-Dalloz Group）这个全球个人防护装备市场的领导者，投资约 200 万欧元在上海市的松江园区建立了一个新的生产和销售中心。依托这一新的制造和销售中心，巴固-德洛集团公司可以向中国消费者销售新的听力、呼吸、眼面部防护装备和防护服装。销售中心的建立也使巴固-德洛集团公司的仓储容量增加了 1 倍。

五、2004 年大事记

（一）巴固-德洛集团公司与蒂姆伯兰德公司签订许可协议

巴固-德洛集团公司（Bacou-Dalloz Group）与世界知名的户外鞋靴、服装和用具制造商——蒂姆伯兰德公司（Timberland Company）签订了许可协议。根据协议条款，巴固-德洛集团公司可以在欧洲向 Timberland PRO™ 品牌系列产品市场供货并拓展该市场。Timberland PRO™ 品牌系列产品是为专业工作人士提供经过整合的鞋靴、服装和用具。

在欧洲、中东和非洲市场上，巴固-德洛集团公司和蒂姆伯兰德公司将共同设计、制造和销售 Timberland PRO™ 品牌系列的产品。

（二）伊格-欧图普拉斯迪克公司与伊莱克戳公司携手进军印度个人防护装备市场

伊格-欧图普拉斯迪克公司（egger-Otoplastik Labortechnik GmbH）是一家制造耳模（ear moulds）的德国企业。该公司宣布与位于印度晨奈（Chennai）的伊莱克戳公司（Electro NICS）携手进军印度个人防护装备市场。这一举措是其进军印度个人防护装备市场总体战略的一个组成部分。根据协议，伊格-欧图普拉斯迪克公司将为印度制造商提供技术和原料，供其生产用于制造护听器的耳模。伊格-欧图普拉斯迪克公司的举措，目的是抓住印度个人防护装备市场过去几年间开始增长而产生的第一桶金。

（三）欧辛克公司与因特斯比若公司结为伙伴关系

位于美国的欧辛克公司（Ocenco, Inc.）是制造国防、采矿和海洋领域所需逃生呼吸器的国际知名企业。它与位于瑞典的因特斯比若公司（Interspiro AB）及其分公司结为伙伴关系。伙伴关系的形成使新成立的欧辛克-因特斯比若集团（Ocenco-Interspiro Group）成为了世界上最大的呼吸防护制造商。这一举措使欧辛克-因特斯比若集团拓展其在呼吸防护装备市场份额的同时，可将原属两家公司的知识和经验整合起来。

（四）3M 公司收购亨奈尔国际公司

以技术多样化闻名于世的 3M 公司收购了亨奈尔国际公司（Hornell International）包括商标和专利在内的股本。3M 公司的个人防护装备产品举世闻名，而位于瑞典的亨奈尔国际公司则是焊接用个人防护装备的全球知名供应商。3M 公司期望通过这一收购加速其在全球个人安全防护产品市场中的增长。

（五）埃克塞克消防救援局延续了与布里斯多尔制服公司的合同

埃克塞克消防救援局（Essex County Fire and Rescue Service）将与布里斯多尔制服公司（Bristol Uniforms）签订的个人防护装备租赁物保养合同延长了 7 年。埃克塞克消防救援局是东英格兰地区（East Anglia）最大的消防救援局。这一合同包括了消防防护装备以及品种繁多的产品。这项合同的延长使得埃克塞克消防救援局能够从布里斯多尔制服公司得到包括消防战斗服装、手套、头盔和头套等产品的租赁品保养计划的好处和服务。

（六）梅思安安全设备公司收购首登公司

梅思安安全设备公司（MSA）与首登公司（Sorden AB）达成了收购协议。首登公司是全球领先的工业、执法和军用被动电子听力保护装备制造商。首登公司成立于 1989 年，生产与梅思安安全设备公司安全防护产品相配套的先进听力保护装备。首登公司设计制造的模块化集成通信系统与梅思安安全设备公司的先进作战头盔相匹配，该头盔系统目前已为美国陆军所装备。梅思安安全设备公司是世界领先的安全防护装备制造企业，它的产品和服务可以为工作在极端严酷环境中的人们提供安全和防护。

（七）巴固-德洛集团公司剥离阿布瑞亚姆公司的资产

阿布瑞亚姆公司（Abrium）是巴固-德洛集团公司（Bacou-Dalloz Group）的附属分销商。巴固-德洛集团公司宣布将阿布瑞亚姆公司的资产剥离给巴特勒资本伙伴公司（Butler Capital Partners）。巴特勒资本伙伴公司是一家投资公司。完成资产剥离后，巴固-德洛集团公司将更多地专注于个人防护装备的设计和制造活动。

（八）巴固-德洛集团公司启动新的分销中心

巴固-德洛集团公司在法国的夏龙南方索恩河（Chalon-sur-Saône）启动了一个新的分销中心，以更好地为欧洲、中东和非洲三地构成的大区域（EMEA region）提供服务。

六、2003 年大事记

（一）巴蒂-格拉乌国际公司与车斯工效技术公司签署了许可协议

位于美国加利福尼亚的巴蒂-格拉乌国际公司（Body Glove International）和车斯工效技术公司（Chase Ergonomics, Inc.）签署了一项许可协议，作为他们关注热心体育运动的老客户的战略的一部分。协议允许车斯工效技术公司使用巴蒂-格拉乌国际公司的标识，制造和销售包括护肘、护膝、安全眼镜和氯丁橡胶材料透气关节护具等产品。此外，双方将在产品设计方面开展积极的合作。

车斯工效技术公司是专业从事个人防护装备设计的企业。DECADE$^®$ 和 Gelpact^{TM} 是车斯工效技术公司专有的撞击防护材料技术的品牌。巴蒂-格拉乌国际公司在氯丁橡胶材料手机壳和水上运动衣设计领域居世界领先地位。

（二）俄罗斯乌斯托克服务协会获准制造和销售供能源工业用的工作服、鞋靴和个人防护装备

俄罗斯乌斯托克服务协会（The Vostok Service Association Восток-Сервис）是一家纺织和轻工产业的企业联盟，其被获准可向能源工业企业销售其制造的个人防护装备、工作服和鞋靴等产品。俄罗斯乌斯托克服务协会拥有 16 家可为各行各业提供制鞋、缝纫和纺织等产品制造的工厂。

（三）巴固-德洛集团公司收购斯科尔特克斯公司

作为强化其在消防服务和国内应急准备市场中的地位的战略计划的实施，巴固-德洛集团公司以 1 仟 5 百万美元的价格收购了斯科尔特克斯公司（Securtex）。巴固-德洛集团公司是世界领先的个人防护装备制造商。斯科尔特克斯公司是北美地区位居第三的阻燃防火服装制造商。这一收购使得巴固-德洛集团公司能够向其客户提供范围更加广泛的产品。

（四）阿伊若欧技术公司收购 VH 工业公司

VH 工业公司（VH Industries）是专业制造坠落防护装备的公司，在美国以 SafeWaze® 品牌销售产品。阿伊若欧技术公司（Aearo Technologies, Inc.）位于美国印第安那州首府印第安那波利斯市，是世界领先的个人防护装备和能量吸收产品制造与供应商。对 SafeWaze® 品牌的收购给了阿伊若欧技术公司一个迈向新的安全产品市场的重要机会。

七、2002 年大事记

（一）索诺马可斯听力健康产品公司与全国听力健康运动达成合作协议

索诺马可斯听力健康产品公司（Sonomax Hearing Healthcare, Inc.）与全国听力健康运动（National Campaign for Hearing Health, NCHH）达成合作协议。该运动强调唤起人们关于听力问题的意识，并为那些处于高听力伤害风险中的人们和那些受到听力损失的人们提供服务。促成这一合作的目的是要彻底消除娱乐环境或工业场所的噪声污染给人们带来的听力损失。

作为合作的一项成果，索诺马可斯听力健康产品公司将在其听力保护技术的索诺马可斯解决方案

(SONOMAX SOLUTION™)产品上突出显示 NCHH 的标识。索诺马可斯解决方案技术与 SONO-PASS™ 软件技术协同作用，可使索诺马可斯品牌的耳机在通信过程中具有监测有害噪声的功能。索诺马可斯解决方案（SONOMAX SOLUTION™）产品可做到内耳道听力保护，这样能让使用者得到更佳的使用效果。

索诺马可斯听力健康产品公司与全国听力健康运动为唤起人们防止遭受"有毒噪声"伤害而造成听力损失的意识做着不懈的努力。

（二）罗克韦尔科学公司囊括了美国空军激光防护眼镜的合同

罗克韦尔科学公司（Rockwell Scientific Company LLC，RSC）是一家拥有专门技术的企业，它承接电子信息技术方面的定制研发。本年度，它承接了来自美国空军的激光防护眼镜的研制加工合同。这项总金额 280 万美元的合同要求罗克韦尔科学公司，利用其制造过程和专有技术为美国空军研制军用飞机机组乘员使用的激光防护眼镜。

激光防护眼镜可以防止激光伤害引起的人眼永久性致盲或暂时性致盲。机组乘员可以在白昼和夜间，在没有视觉畸变的条件下观察飞行仪表和观看飞机外部的景象。罗克韦尔科学公司的激光眼防护技术使用了光学薄膜涂层和吸收染料的协同作用技术，可以对电磁光谱中的红外和可见光部分的不同波段的激光进行有效的防护。

（三）北方安全产品公司收购阿宾个人防护装备公司

北方安全产品公司（North Safety Products Europe）收购了位于荷兰的阿宾个人防护装备公司（Arbin Personal Protection）。阿宾个人防护装备公司从事诸如呼吸器、坠落保护和化学防护服装等的个人防护装备的开发和制造业务。

北方安全产品公司是 NSP 国际公司（NSP International）的一个事业部。NSP 国际公司是一家重要的个人防护装备制造商。这一收购拓宽了北方安全产品公司在呼吸器和化学防护服装领域的产品选择余地。

（四）密歇根消费者与工业服务部宣布为劳动者保护拨款

密歇根消费者与工业服务部（Michigan Department of Consumer & Industry Services，CIS）宣布了总额为 100 万美元的为 18 个咨询教育与训练（Consultation Education and Training，CET）项目的拨款。这些拨款项目旨在为劳动者提供更好的健康和安全条件。雇主们实施这一劳动者保护战略，提高了以增加赢利为目的的生产效率。

拨款的目的旨在推动密歇根职业安全与健康管理局（OSHA）战略计划所确定的目标得以实现，这些目标包括对从事筑路和农业劳动的工人劳动安全计划的推进，听力保护，灾害识别与防御，家庭护理与保健工人的培训，工效学培训与背部安全，工作场所的骚乱防御，消防员应急介入团队的训练以及新招募工人的安全与健康训练。

（五）巴固 - 德洛集团公司与威瓦国际公司签署协议

巴固 - 德洛集团公司（Bacou-Dalloz Group）与威瓦国际集团公司（Viva International Group）签署了一项排他性协议，旨在使用 Harley-Davidson 的品牌来生产安全眼镜。威瓦国际集团公司是哈特里 - 戴维森汽车公司（Harley-Davidson Motor Company）的一家官方授权合作商。Harley-Davidson 品牌是品种繁多的安全眼镜产品中的先锋产品，是限量版的 HD100 系列产品。该系列产品的特点是其所具有的空气动力学设计。全包边、光洁的镜架做了明亮、金属银处理。镜架包括了一个蓝色的镜片，上面刻有 Harley-Davidson 品牌的名字以及剑与盾构成的标识。

(六) 国家个人防护技术实验室 (NPPTL) 大力促进将太空时代的技术应用于劳动者安全防护

美国国家职业安全与健康研究所 (NIOSH) 所属的国家个体防护技术实验室 (National Personal Protective Technology Laboratory, NPPTL) 正在积极推动将太空时代的技术引入到劳动者安全防护领域中来。美国国家职业安全与健康研究所 (NIOSH) 的呼吸器认证计划要求呼吸器的设计要符合美国联邦标准。在符合美国能源部 (Department of Energy)、欧洲动物实验替代方法合作联盟 (EPAA) 和美国职业安全与健康管理局 (OSHA) 的规定之前，所有呼吸器产品都必须经过美国国家职业安全与健康研究所 (NIOSH) 的认证。呼吸器的标准必须符合美国联邦的标准，而其他个人防护装备产品则只需符合美国消防协会 (National Fire Protection Association) 和美国国家标准研究所 (American National Standards Institute) 这样的民间机构的标准规范。

八、2001 年大事记

(一) 巴固 (美国) 公司与德洛安全产品公司合并

巴固 (美国) 公司 (Bacou USA) 与德洛安全产品公司 (Dalloz Safety) 合并，创立了在全球个人防护装备产业中具有领导地位的巴固-德洛集团公司 (Bacou-Dalloz Group)。巴固-德洛集团公司将原有两家公司的全部设施整合为一个整体运营。

(二) 安塞尔公司与福特汽车公司签署协议

安塞尔公司与福特汽车公司 (Ford Motor Co) 签署了一项向福特汽车公司的制造厂独家提供防护手套的排他性协议。协议保证安塞尔公司向福特汽车公司和其区域经销商推荐适宜的产品，以保证降低福特汽车公司生产中出现的手部伤害事故。协议还要求安塞尔公司与福特汽车公司合作，降低在福特汽车公司制造厂中的防护手套的库存。降低防护手套库存的合作首先从福特汽车公司在美国的制造厂开始。

(三) 健康保护公司销售索诺马可斯解决方案 (SONOMAX SOLUTION™) 产品

健康保护公司 (Health Conservation, Inc.) 是北美市场上一家主要的移动听力保护服务供应商，它积极促进听力保护计划以唤醒美国产业工人对听力保护的意识。健康保护公司在美洲蒙特利尔地区、加拿大和一些财富500强公司，销售具有创新意义的索诺马可斯解决方案（SONOMAX SOLUTION™）产品。

世界健康组织（World Health Organization）将"有毒噪声"认定为"严重的健康伤害"。聋哑研究基金（The Deafness Research Foundation）声称，由于听力损失引起的低就业和失业会造成每年高达25亿美元的损失，其中的20亿美元被用于福利和残疾人计划。

索诺马可斯解决方案（SONOMAX SOLUTION™）产品可为在工作环境中受到有毒噪声伤害和长期处于噪声环境而导致听力损失的某些行业的工人提供有效的防护。这种产品的突出特点是，每个听力保护者都很容易适应，耳机容易维修，佩戴特别舒适，在有毒噪声环境中通过电台适配或声波过滤可使通信效果大大改善，听力保护效果可达数分钟。

（四）安塞尔公司进行了结构重组试验

安塞尔公司在其物流和制造领域进行了一项结构重组试验。该公司将外科手术手套的生产、包装和消毒等作业从美国本部转移到了马来西亚和斯里兰卡。该公司还将其编织手套的生产从美国转移到了墨西哥的新工厂，并且将所有区域的市场营销、销售和支持团队合并成更少的区域。

（五）欧盟和加拿大推出了一个网关

欧洲劳动健康与安全局（The European Agency for Health and Safety at Work）与加拿大职业健康与安全中心（Canadian centre for Occupational Health and Safety，CCOHS），推出了域名为www.eu-ccohs.org的网关。该网关提供来自加拿大和欧盟成员国的职业安全与健康信息。该网关提供的关键职业安全与健康信息主要关注诸如"产品有毒性""先进经验""统计""科研"与"立法"等方面的议题。除了提供来自加拿大和欧盟的信息之外，该网关还提供链接了来自加拿大各省、联邦和各区域层级的政府机构的安全与健康信息。该网关还包含了一些相关网址的链接。世界各地的人们都可以访问这个网关，他们可以直接接入并收集来自所选择国家的最好的健康与安全经验。

（六）国际安全装备协会（ISEA）发起了新的全国防护意识运动

国际安全装备协会（International Safety Equipment Association，ISEA）发起了一项新的全国防护意识运动，目的是推进个人防护装备在隧道、机场、路桥等工程建设项目上的应用。

这项运动的内容包括：现行状态下使用个人防护装备的达标情况，在国际安全装备协会的网站上建立一个专门关注建筑用个人防护装备的网关，为防护伤害需要使用什么样的个人防护装备提供指南，成立道路建设工程安全装备使用者理事会，编辑发行建筑行业时事通讯，为远程安全提供专用工具的操作训练，为建筑行业贸易杂志撰写文章以及参与建筑行业贸易展览会。

九、2000 年大事记

（一）沃蒂克尔网络公司收购安全在线网

沃蒂克尔网络公司（VerticalNet）收购了安全在线网（Safety Online，www.safetyonline.com），并且重新推出了新的网关。安全在线网是一个安全专业领域的电子商务网关。这一网关既为供应商和客户提供技术信息，也提供有关法规、产品与服务，以及合作和项目管理方面的信息。

（二）威仑安全产品供应（美国）公司加入 B2B 电子商务市场

威仑安全产品供应（美国）公司（Vallen Safety Supply，USA）与一家 B2B 电子商务市场公司——Supplyforce.com 结成了合作伙伴。Supplyforce.com 还提供一体化的供应链解决方案。Supplyforce.com 的特长是其在北美地区有超过 300 家代理商，其中在北美地区有 2 500 家经销商和一个超过 20 亿美元的存货价值。

在这个电子商务平台上有超过 50 家经销商提供种类繁多的安全与健康产品。这个电子商务平台将传统经销系统的力量与 B2B 电子商务解决方案的效率结合在了一起。

（三）斯考特健康与安全产品公司收购一些个人防护装备公司

斯考特健康与安全产品公司（Scott Health and Safety，Ltd.）为了实现其满足消防市场对产品品种齐全性的需求，制定了自己的产品整合战略，并依照所制定的战略收购一些个人防护装备公司。

（四）美国赫里克斯听力保护公司收购 HEAR（美国）公司

美国赫里克斯听力保护公司（Helix Hearing Care of America Corp，HCA）收购了位于凤凰城的 HEAR（美国）公司（HEAR USA）。HEAR（美国）公司在范围广阔的集成化网关中建立了平台，在听力保护工业电子商务市场上具有举足轻重的角色。赫里克斯听力保护公司通过其配备有种类齐备的高技术助听装置和设备的听力保护门诊，来帮助人们改进他们的听觉能力。

通过这一收购，赫里克斯听力保护公司（HCA）拓展了几个与听力保护相关的重要网关。公司的服务标志以及注册的 HEAR USA® 标识凸显了公司作为一个重要的在线和下线听力保护服务商的地位。

（五）美国赫里克斯听力保护公司收购了位于密歇根大拉珀尔德斯、圣路易斯和密苏里的多家公司

美国赫里克斯听力保护公司（Helix Hearing Care of America Corp，HCA）是一家重要的听力健康保护技术公司，它收购了位于密歇根大拉珀尔德斯（Grand Rapids）、圣路易斯和密苏里的多家公司。这些收购行动是公司为获得规模经济效益而实施的扩张计划的一部分。美国赫里克斯听力保护公司（HCA）管理着北美地区的一个拥有105家门诊部的业务网络，并为其提供市场营销服务。这105家门诊部中有54家通过"音频软件（Audio Software）"技术，开设在加拿大，"音频软件（Audio Software）"技术在软件技术领域处于领先地位。

借助浏览服务器技术的"音频软件（Audio Software）"，通过互联网促进了网络技术的吸收，由此改进了遍布不同地域的门诊部之间的通信。这项技术在帮助开发诸如市场营销、病员管理会计解决方案等方面的新的网关基础应用，起到了很强的帮助作用。这项技术提供了对关键信息的可接入性，降低了劳动负荷，提高了信息的利用效率和连续性。

（六）巴固（美国）公司收购位于维克斯波罗的铂金防护产品公司

巴固（美国）公司（Bacou USA，Inc.），一家重要的个人防护装备制造商，收购了位于北卡罗来纳州维克斯波罗（Wilkesboro）的铂金防护产品公司（Platinum Protective Products，Inc.）。铂金防护产品公司主要制造和销售防切割和防摩擦编织手套。巴固（美国）公司于1999年购买了最佳舒适手套公司（Perfect Fit Glove Co，Inc.）和SCHAS循环产业公司（SCHAS Circular Industries，Inc.），旨在拓展其手部防护产品的业务。通过收购铂金防护产品公司，巴固（美国）公司在SCHAS循环产业公司设在维克斯波罗（Wilkesboro）的制造工厂里生产Perfect Fit品牌的无缝编织手套，这大大提高了其产能。

（七）CVC资本伙伴公司收购阿尔玛集团

CVC资本伙伴公司（CVC Capital Partner）收购了阿尔玛集团（The Almar Group）。阿尔玛集团是欧洲一家重要的防护鞋靴生产商。收购之前，CVC资本伙伴公司还收购了另一家防护鞋靴生产商——加拉特公司（Jalatte）。这两起收购都旨在为CVC资本伙伴公司建立其在个人防护装备市场上的强有力地位服务，使其能在欧洲安全鞋靴市场上占据1/4的市场分额。

阿尔玛集团和加拉特公司共同强化了其国际销售网络，并使其物流和消费者服务部门得到了改进。这标志着一个具有良好声誉和高水平管理团队的泛欧集团的开创。

（八）奇姆伯克利-克拉克集团的防护服装业务更名为奇姆伯克利-克拉克安全产品事业部

奇姆伯克利-克拉克集团（Kimberly-Clark Group）的防护服装业务更名为奇姆伯克利-克拉克安全产品事业部（Kimberly-Clark Safety Division）。公司期望其能在个人防护装备市场的一些新领域中获得增长。

第八部分

新产品推出与技术创新

8

一、2008 年大事记

(一) MCR 安全产品公司将其创新公之于众

MCR 安全产品公司(MCR Safety)将其保护在危险环境中工作的劳动者的一系列创新的安全产品解决方案公之于众。这些解决方案都应用了创新技术。

(二) MCR 安全产品公司推出了 Dallas™ 品牌的安全眼镜

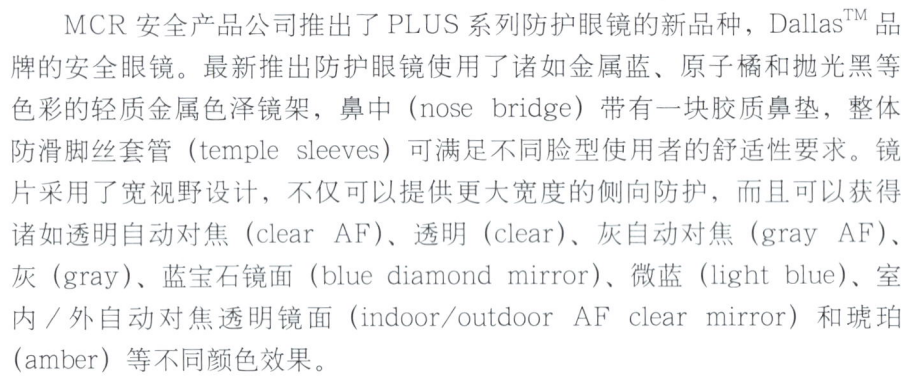

MCR 安全产品公司推出了 PLUS 系列防护眼镜的新品种,Dallas™ 品牌的安全眼镜。最新推出防护眼镜使用了诸如金属蓝、原子橘和抛光黑等色彩的轻质金属色泽镜架,鼻中(nose bridge)带有一块胶质鼻垫,整体防滑脚丝套管(temple sleeves)可满足不同脸型使用者的舒适性要求。镜片采用了宽视野设计,不仅可以提供更大宽度的侧向防护,而且可以获得诸如透明自动对焦(clear AF)、透明(clear)、灰自动对焦(gray AF)、灰(gray)、蓝宝石镜面(blue diamond mirror)、微蓝(light blue)、室内/外自动对焦透明镜面(indoor/outdoor AF clear mirror)和琥珀(amber)等不同颜色效果。

(三) MCR 安全产品公司推出了新型夹克式雨衣

MCR 安全产品公司推出了一款夹克式、亮绿色的高可视性雨衣,其性能达到了美国国家标准研究所(ANSI)标准的三级水平。这种雨衣采用透气聚氨酯涂层的牛津聚酯织物制成,织物经过 Refexite® 品牌的微棱材料进行整理。经过这样的整理,提高了雨衣在恶劣气候中使用的舒适性和可视性。该雨衣可提供 4 种型号。

(四) 斯考特健康与安全产品公司开发的 AV-2000 型封闭式面具获得 CBRN 批准

斯考特健康与安全产品公司(Scott Health and Safety)开发的 Scott AV-2000 型封闭式面具,通过了美国国家职业安全与健康研究所(NIOSH)的"化学/生物/辐射/核(CBRN)"性能评价。该面罩用于与一款空气净化呼吸器(APR)配套,该款呼吸器现在被应用于两种"化学/生物/辐射/核(CBRN)"使用环境中,即消防和应急响应用的自给式呼吸器(SCBA)以及洗消和伤员鉴别归类用的空气净化呼吸器(APR)。通过性能

评价后,"第一响应人"只要使用 Scott AV-2000 型面具就可以参加任何类型的救援活动,这样就可以大大减少对有"化学／生物／辐射／核(CBRN)"性能评价要求的面具的储备量。Scott AV-2000 型封闭式面具由灰色阻水罩、1 型芳纶材料头罩、CBRN 滤毒罐和 Scott CBRN 40 mm 适配器等配件组成。

(五)安塞尔公司高调推出 Gammex® 品牌的 PF XP® 产品

安塞尔公司推出了属于 Gammex® 品牌手术手套系列的 Gammex™ PF XP™ 手套。这种新型手套采用了"蛋白质和内源性过敏减低溶滤(protein and endogenous allergen reduction leaching,PEARL)"技术。这种技术可以降低人体皮肤接触到手套生产过程中添加的促凝剂残留物而引发皮炎的概率。Gammex® PF XP™ 手套非常适于医院中的药剂师使用,因为它可以对抑制细胞生长的渗透作用进行有效的防护。这种手套在进行抑制细胞生长准备作业过程中具有优异的灵敏性和舒适性。

(六)巴塔工业公司在中欧和东欧推出了安全鞋靴

巴塔工业公司(Bata Industrials)在中欧和东欧市场上推出了经过 CE 标准认证的安全鞋靴。这些鞋靴使用了钢质包头,有些品种还使用了钢质中底,主要是为了在劳动场所中提供防护。此外,公司推介了一种命名为 FireMaster 的消防靴。这一产品的推出,是巴塔工业公司试图深刻介入中东欧个人防护装备市场的总体战略的一个组成部分。公司已经与斯洛伐克、捷克、斯洛文尼亚和波兰的经销商们建立了伙伴关系。

(七)莫尔康母公司在印度推介 Venitex® 品牌的防护眼镜

莫尔康母公司(Mallcom India Ltd.)在印度推出了超过 15 款的 Venitex® 品牌的系列防护眼镜。通过莫尔康母公司的销售网络,该系列的防护眼镜产品在印度全国都可以买到。该系列的防护眼镜产品可以满足在危险环境中工作的劳动者的安全防护需求。

二、2007 年大事记

(一)捷克森安全产品公司推出 OTG 安全眼镜

捷克森安全产品公司(Jackson Safety, Inc.)是一家个人防护装备和焊接装备的制造商。它推出了可与近视眼镜同时佩戴的安全防护眼镜(over-the-glass,OTG safety spectacle)。OTG 安全防护眼镜有烟雾镜面(smoke mirror)、户内／户外(indoor/outdoor)和透明(clear)三种镜片样式。OTG 安全防护眼镜拥有防雾涂层。OTG 安全防护眼镜的特性包括:4 度的基础曲率、整体的侧向防护以提高安全性。OTG 安全防护眼镜可以很方便地与大多数医学处方眼镜相适配。OTG 安全防护眼镜的新颖设计可以防止视力损伤相互干扰,并且由于它采用了一种超舒适的设计,因而可适宜不同脸型的人们佩戴。

(二) 捷克森安全产品公司推出了用于听力保护的人为干扰发射机

捷克森安全产品公司是一家个人防护装备和焊接装备的制造商。它推出了用于听力保护的人为干扰发射机，它既是调频调幅立体声收音机，又是听力保护器。这种人为干扰发射机采用了工效学设计，使用同一个开关即可执行启动／关闭和音量调节的功能，使用单一按钮进行频道选择，一个调频／调幅转换开关，对电路部分采用了防潮壳体。这款新型听力保护器使用 2 节寿命长达 300 h 的 AA 电池。嵌入人为干扰发射机的调频调幅立体声收音机在屏蔽工作场所有害噪声的同时，可让使用者收听他们所喜欢的体育、音乐或新闻广播节目。使用者即便带着手套也可以操控人为干扰发射机。人为干扰发射机的噪声衰减率（noise reduction rating，NRR）为 NRR25，适合于在中等噪声环境中起保护作用。这种新听力保护产品可被用于森林、露天作业和工厂的车间。

(三) AOSSafety® 品牌推出了新型口罩

AOSSafety® 品牌推出了新款增强褶裥 N95 型微粒防护口罩（pleats plus N95 particulate respirators）。新款口罩有一个褶裥设计，可提供更大的过滤表面积，并能保证在不破坏脸面部密封的前提下嘴部可更容易地运动。新款口罩的适应性很强，使用了低阻过滤材料,使用舒适且使用寿命较长。AOSSafety® 和 Pleat Plus 都是阿伊若欧公司（Aearo Technologies Inc.）的注册商标。

(四) 安塞尔公司推出了单只包装的 Micro-Touch® NitraTex® 品牌的消毒手套

安塞尔公司推出了单只包装的 Micro-Touch® NitraTex® 品牌的消毒手套。单只包装允许手套被用于只需要一只消毒检验手套的非手术程序中。新的包装形式拓宽了公司的丁腈橡胶防护手套系列产品。

(五) 安塞尔公司推出了 Micro-Touch® NitraTex® 品牌的消毒检验手套

安塞尔公司在其丁腈橡胶防护手套产品系列中推出了 Micro-Touch® NitraTex® 品牌的消毒检验手套。这种新型手套的特点包括：接触时有触感的指尖、长度达 12 英寸（1 英寸 = 0.0254 米）的袖口、优良的弹性、优异的化学防护和抗穿刺防护以及极高的灵敏性。这种手套由 100% 的丁腈橡胶材料制成，不含乳胶成分，因此不会造成乳胶引起的过敏。乳胶手套表面添加有太白粉来润滑皮肤和乳胶接触部分。乳胶和生物蛋白是相溶的，如果不用太白粉，时间久了皮肤就会因为乳胶而过敏，十分难受。而有些人对太白粉也有过敏反应。新推出的这款手套也不含太白粉，从而降低了由于接触太白粉而产生的干燥、刺激、粘黏和过敏反应。该款手套的性能满足美国国家食品药品监督管理局的标准(FDA-QSR)和美国材料测试学会的标准(ASTM D6913)。市售的 Micro-Touch® NitraTex® 品牌消毒检验手套是蓝色的，分为大、中、小三个号。经 γ 射线消毒的手套适用于非手术作业活动、体力劳动和搬运活动。

（六）安塞尔公司推出 Encore® HydraSoft® 品牌的手术手套

安塞尔公司推出了 Encore® HydraSoft® 品牌的手术手套。这种手套的独特性能，是它具有保持水分和防止由于皮肤干燥而引起过敏与刺激的能力。这款手套含有丙三醇和二甲基硅油，这两种物质可使手部保持湿润。丙三醇可有效保持水分，而二甲基硅油则可以降低皮肤的干燥程度。该款手套采用了 SureFit™ 技术，该技术是一种感染控制方法。这种感染控制方法为手术室作业活动提供了一种防护措施。这种技术也可以防止当穿着可阻隔液体渗透的手术长袍时手套袖口的滚落。这款手套很容易穿戴，并且允许采用双层穿戴。

（七）格特威安全产品公司推出 Wheelz™ 品牌的防护眼镜

格特威安全产品公司（Gateway Safety, Inc.）在其防护眼镜系列产品中推出了 Wheelz™ 品牌的防护眼镜。该款眼镜是一款安全眼镜与普通眼镜的结合体，它具有时尚性、舒适性和对灰尘的优异防护性能。该款眼镜的镜架采用柔性、软质材料支撑。镜架设计中使用了 Whirlwind™ 通风系统，可使空气在光学腔室中进行循环，进而降低结雾。使用了单片、宽视野镜片的 Wheelz™ 品牌防护眼镜，有三款不同颜色的镜架可供选择，即：透明镜架、墨绿色镜架和黑色镜架。透明镜架眼镜使用透明镜片或透明防雾镜片。轻焊接时使用的墨绿色镜架眼镜，使用了近红外过滤值为 5.0 和近红外遮光号为 3.0 的镜片。黑色镜架眼镜则使用灰色、银镜色、蓝镜色、银镜防雾、蓝镜防雾或灰色防雾镜片。该眼镜的佩戴定位采用一根弹性头绳，可以保证舒适的适体性。

（八）格特威安全产品公司推出 4□4™ 品牌的防护眼镜

格特威安全产品公司在其防护眼镜系列产品中推出了 4□4™ 品牌的防护眼镜。四周包边轻质镜架可支撑双碳酸酯防刮镜片。该系列产品使用了舒适的脚套（temple tip）和嵌入式鼻中（nose bridge）。该系列产品的镜架款式有运动型、标准型和时尚型。运动款防护眼镜使用了一个配有光亮镜面镜片的银色镜架，光亮镜面镜片带有地平线蔚蓝、晚霞红、标准纯银或闪光绿等色泽以及相应的脚丝套。标准款防护眼镜采用黑色镜架和配有多种颜色选择的镜片，可选的镜片有灰、透明、透明防雾、透明输入输出镜面（clear in-out mirror）、蓝色镜面等颜色以及灰色防雾镜片。时尚款防护眼镜采用石材质感的材料作为镜架，有抛光花岗岩质感的或红色大理石质感的；镜片颜色有诸如银色镜面和透明输入输出镜面（clear in-out mirror）等颜色。4□4™ 品牌的系列防护眼镜外观粗犷且时尚，适于在恶劣的工作环境中使用。

（九）格特威安全产品公司推出 Serpent™ 品牌的安全头盔

格特威安全产品公司推出 Serpent™ 品牌的具有通风透气效果的安全头盔。该款头盔的特性在于，它采用了 CoolSense™ 品牌的空气流动系统、引

人瞩目的蛇头形状的盔型设计、防雨水的雨水槽、六点固定尼龙悬挂系统、具有吸湿功能的缓冲前额垫以及带有棘轮和针锁的头围调节机构。头围的可调范围为 6-5/8″ 和 8-1/4″。CoolSense™ 品牌的空气流动系统由 6 个开在盔顶突起部位的通风孔组成，该系统可使头部产生的热量排出，使佩戴者感到凉爽。Serpent™ 品牌安全头盔采用高密度聚乙烯材料制成，重量 371 g（13.1 盎司），有 10 种可选择的颜色。该系列的头盔符合美国国家标准研究所标准（ANSI Z89）规定的 C 类 I 型的性能要求，但其不适用于高压带电作业环境。

（十）MCR 安全产品公司推出听力保护装备

MCR 安全产品公司在其个人防护装备产品组合中推出了听力保护装备产品系列。该系列产品由一系列的耳塞组成。产品包装非常适合销售网点终端展示或在工作场所配发。该系列听力保护装备的最初产品是 EPDU32、EPDC32 和 EPRC25 三种型号的耳塞。EPDU32 型耳塞是一种采用解缚柔软聚氨酯泡沫材料制成的一次性、可延展的耳塞；每个可作为分配器使用的包装盒中包装了 200 付 EPDU32 型耳塞；每 10 个分配器包装盒装成一箱。EPDC32 型耳塞是一种采用捆扎、柔软聚氨酯泡沫材料制成的一次性、可延展的耳塞；每个可作为分配器使用的包装盒中包装了 100 付 EPDC32 型耳塞；每 20 个分配器包装盒装成一箱。EPRC25 型耳塞是一种可重复使用的耳塞，它采用了模型硅橡胶材料和一种特殊的法兰音响效果设计；每个可作为分配器使用的包装盒中包装了 100 付 EPDC25 型耳塞；每 4 个分配器包装盒装成一箱。

（十一）舒伯斯公司推出 S1 PRO 型摩托车头盔

舒伯斯公司（Schuberth GmbH）推出了 S1 PRO 型摩托车头盔。该头盔具有优异的飞行音响学效果。由于其采用了卓越的空气动力学设计，即使高速行驶，亦可确保安全。

（十二）斯考特健康与安全产品公司推出 BioPak 240 型具有革命性意义的正压氧气呼吸器

斯考特健康与安全产品公司（Scott Health and Safety）推出 BioPak 240 型具有革命性意义的、可在长达 4 h 的时间里进行密闭循环呼吸的呼吸器（closed circuit breathing apparatus, CCBA）。可密闭循环呼吸的呼吸器（CCBA）可为在对生命和健康造成直接危害（immediately dangerous to life and health, IDLH）的环境中工作的人们提供呼吸防护。对生命和健康造成直接危害（IDLH）的环境包括铁路事故、污染、建筑结构垮塌、城市搜索与救援、隧道解救或垮塌以及那些要求使用 A 级完全密封服装的场合。该呼吸器采用了一种 CO_2 洗刷系统设计的专利保护技术，这种设计采用了可以快速启动的固体吸附剂和一种冷却交换方式。在不打破呼吸循环状态下穿用时，可对固体吸附剂和冷却交换剂进行更换。这种呼吸器的其他功能还包括：在电源和氧气即将耗尽、冷却活性炭罐丢失和温度升高等危险状态下发出听觉、视觉和机械警告。为使呼吸器能够舒适地支撑在臀部，背架系统可根据人体尺寸进行调节并配有衬垫，工效学性能很好且全寿命成本很低。该呼吸器由不锈钢树脂增强材料制成。通过斯考特健康与安全产品公司授权的经销商网络，该呼吸器可在"第一响应人（first responder）"、工业安全和军用市场上获得。

（十三）威尔森品牌大张旗鼓地推出新型 One-Fit™ 品牌的一次性健康口罩

斯伯瑞安防护产品公司（Sperian Protection）所属威尔森（Willson®）呼吸器产品部门推出了两款新型随弃式口罩，即 One-Fit™ 品牌的 HC-NB095 型杯形健康口罩（one-Fit™ HC-NB095 molded cup）和 HC-NB295F 型箱状褶皱健康口罩（one-Fit™ HC-NB295F flat fold）。

HC-NB095 型杯形健康口罩使用了耐用性好的过滤媒介和一种刚性外壳，即使在潮湿状态下外壳仍能保持很好的刚性。

HC-NB295F 型箱状褶皱健康口罩使用了轻质薄膜层，以形成一种柔软的过滤面具。

两种口罩都不含乳胶和硅橡胶，符合美国国家职业安全与健康研究所（NIOSH）有关 N95 型口罩的标准以及美国疾病控制中心（CDC）关于 M 型结核菌暴露控制的指南要求。上述产品被美国食品药品监督管理局(FDA)批准，可用作手术口罩和防御诸如 SARS 和 H5N1 型禽流感之类的病毒。这两种口罩也达到了美国材料与测试协会（ASTM）有关飞溅物和液体防护的标准，因而适用于手术室、急诊室和重症监护病房，可有效防止与病人的唾液、血液和其他体液产生接触。

（十四）威尔森品牌大张旗鼓地推出新型 One-Fit™ 品牌的 NBW95 和 NBW95V 口罩

斯伯瑞安防护产品公司所属威尔森（Willson®）呼吸器产品部门推出了两种单一型号杯形、随弃式口罩，即 One-Fit™ 品牌的 NBW95 型口罩和 NBW95V 型口罩。这两种口罩都采用了耐用性过滤媒介和一种能够在潮湿条件下保持形状的刚性壳体。当它们被快速连接到外部边缘时，头部固定绳带不会引起人的不舒适感。这两种口罩都不含乳胶成分，重量非常轻，并可适用于很宽泛的脸部尺寸和形状。两种口罩都符合美国疾病控制中心（CDC）有关结核分枝杆菌（M.Tuberculosis）暴露控制的指南要求、美国职业安全与健康研究所（NIOSH）N95 标准，并且能够对 SARS 病毒和 H5N1 型病毒禽流感进行防护。

（十五）安塞尔公司推出 HyFlex® 品牌的 11-920 型手套

安塞尔公司在其 HyFlex® 品牌系列下推出了 11-920 型手套。这种手套可满足操作沾油金属部件的需要。这种手套采用了安塞尔公司的握把技术（ansell grip technology™），即在手套涂层中使用显微通道，从而帮助其转移湿度和油质，进而使手套能够为使用者提供舒适、安全的握持功能。手套的防油涂层可防止油质的渗透和穿透。

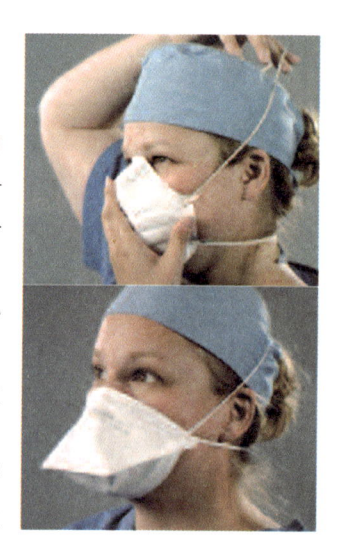

（十六）安塞尔公司推出 Gammex® 品牌的 PF 9.5 型手套

安塞尔公司推出 Gammex® 品牌的 PF 9.5 型手术手套。这种手套的尺寸为 9.5，是欧洲最大号的手术手套。Gammex® 品牌的 PF 9.5 型采用了"蛋白质和内源性敏感物质减低浸析技术（protein and endogenous allergen reduction leaching, PEARL technology）"。这种技术能降低可析出蛋白质的含量，使乳胶敏感的概率尽可能降低。这种产品是根据那些持刀进行关键手术、需要使用非常舒适的外科手套的外科医生们的需求专门研制的。

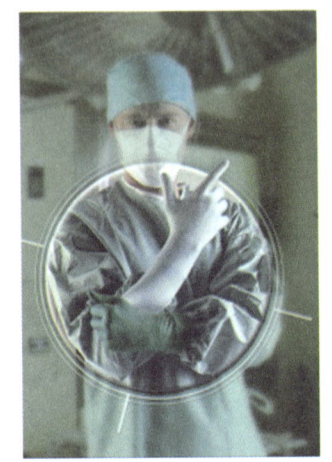

（十七）安塞尔公司推出 Gammex® 品牌的 PF 系列内衬手套

安塞尔公司推出 Gammex® 品牌的 PF 系列内衬手套，可供穿戴双层手套使用。Gammex® 品牌 PF 系列内衬手套的颜色采用了深绿色，其制造采用了 HydarSoft® 技术。HydarSoft® 技术由无味、中性、湿润剂、皮肤友好润肤露和二甲基硅油组成。HydarSoft® 技术有助于防止皮肤对不友好物质过敏和产生干燥。这种手套还采用了聚氨酯材料衬里，这种衬里包含亲水性元素和疏水性元素，有助于在手术期间快速更换手套，并且可以在湿润状态下把手套戴上。Gammex® 品牌 PF 系列乳胶内衬手套采用了"蛋白质和内源性敏感物质减低浸析技术（PEARL technology）"，这种技术能降低可析出蛋白质的含量，使乳胶敏感的概率尽可能降低。这种内衬手套是安塞尔公司推行在外科手术中使用双层手套计划的一部分内容，该计划旨在将医护人员面临的感染危险降到尽可能低的程度。

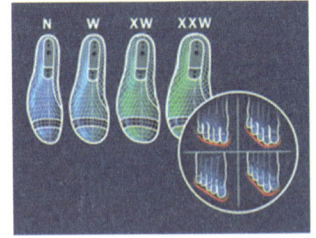

（十八）巴塔工业公司改进了自然系列防护鞋靴

巴塔工业公司推出了自然系列（the natural collection）鞋靴产品的改进版。对该系列鞋靴的改进主要体现在两种新型鞋底上。这两种鞋底能提供适宜的防滑性能，可满足大多数工业作业场所的地板防滑要求，并有助于防止脚扭伤。自然系列鞋靴产品符合欧盟标准和国际标准（EN/ISO 20345）的要求。该系列产品的特点是，双密度聚氨酯鞋底，耐高低温（140℃高温、-20℃低温），可改进脚部循环条件的热塑性聚氨酯楦腰，防酸、防油、防切割的 TriTech Plus 鞋底，4 种脚宽鞋型（N、W、XW、XXW），热塑性聚氨酯包头，易卷曲系统，起震动吸收作用的通道系统，具有可呼吸和湿气排除功能的皮革衬里。

（十九）安塞尔公司推出防护手套

安塞尔公司推出一系列诸如 AlphaTec™、Touch N Tuff® 和 PowerFlex 80-400® 等品牌的防护手套，这些手套分别有针对性地解决紧握、出汗、化学产品暴露或极端温度等条件下的手部保护和便利作业问题。与市售同类手套不同，采用了"安塞尔紧握技术（ansell grip technology™）"的 AlphaTec™ 系列产品，具有更强的对油质/潮湿物品的握持能力；Touch N Tuff® 系列飞溅物防护手套可防止存在于润滑剂中的脂肪烃的危害；PowerFlex 80-400® 系列手套能在 -30℃ 以下的低温环境中使用。

（二十）玛帕公司推出新型防护手套

玛帕公司（MAPA Spontex，Inc.）推出了一系列诸如 TRILITES 984 CP 型、Fluotex344 型和 Fluonit 468 型的防护手套。新颖的 TRILITES 984 CP 型一次性手套是采用一种独特的三元聚合物制造的，例如，可以是丁腈橡胶（nitrile）、天然橡胶和氯丁橡胶（neoprene）的共聚物。Fluotex344 型手套是唯一的一种可在市场上买到的氟橡胶（fluoroelastomer）增强手套。Fluonit 468 型手套由氟橡胶和丁腈橡胶制成，可对碱性化合物、酸、脂肪族化合物、高溶解性芳香族溶剂、酒精或液氯等化学物质具有超强的防护性能。Fluotex344 型和 Fluonit 468 型的防护手套在许多工业作业场所得到广泛应用，包括金属除油、污染现场消除、石油化工精炼以及喷漆等行业。

（二十一）巴固-德洛集团公司在 Willson A800 系列安全防护眼镜上添加了着色镜片

通过增加蓝色和琥珀色镜面着色镜片，巴固-德洛集团公司提高了其新近推出的 Willson A800 系列安全防护眼镜的功能性。这些镜片即使在灰蒙蒙的条件下也能够提供清晰的视野，并符合美国国家标准研究所（ANSI）的安全标准。蓝色着色镜片是诸如建筑、环境美化工程、公共设施作业以及铺盖屋顶等户外作业人员的最佳选择。除了真实颜色识别外，这种着色镜片降低了由于阳光和眩光引起的视疲劳和眼压。

（二十二）莱明顿公司推出了新的工作性能手套系列产品

莱明顿公司（Remington）是世界著名的射击与高性能传动机构与装备制造商，设计并推出了新的有效使用期更长的"莱明顿工作性能手套（remington work performance gloves）"。新手套在其操控传动机构、装备、材料和机器等的通用功能性之外，提供了一些附加的功能。新系列手套包括 RG-10 型易穿脱手套、RG-11 型通用手套、RG-12 型覆胶手套和 RG-13 型覆胶手套。

三、2006 年大事记

（一）3M 公司推出先进的呼吸防护系统

通过增加新的颗粒过滤器使用寿命指示器，3M 公司推出了新型先进呼吸防护系统，该系统是基于其受欢迎的"3M™ Adflo™ 呼吸保护系统（3M™ adflo™ respiratory protection system）"技术研发的。这种指示器可以确定适宜的替换过滤部件中过滤材料的时间，这不仅提高了运行时间，也提高了马达和电池的寿命。一旦出现低气流供应的情况，Adflo 涡轮增压装置上的安全报警器就会向使用者发出警报，如果使用者不顾警告继续使用，该装置将会自动关闭。

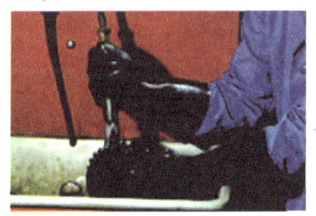

（二）阿伊若欧公司推出了经美国国家职业安全与健康研究所（NIOSH）认证的呼吸器和过滤器滤芯

阿伊若欧公司（Aearo Technologies Inc.）展示了其经美国国家职业安全与健康研究所（NIOSH）认证的 M-TAC™ 品牌系列的军用呼吸器，该呼吸器与防雾空气流系统、宽视野双层眼罩和一体式饮水管集成在一起。经美国国家职业安全与健康研究所（NIOSH）认证的过滤器滤芯，对一些工业有毒化学物质有效，并且可满足美国军用标准（MIL-PRF-51560）对过滤化学战剂用 C2A1 型滤毒罐滤芯的要求。阿伊若欧公司是 M-TAC™ 和 AOSafety™ 两个已申请商标保护产品的授权经营商。

（三）阿伊若欧公司推出创新的空气过滤呼吸器

阿伊若欧公司在其受欢迎的 AOSafety™ 品牌下推出了两种独特的空气过滤呼吸器——QuickLatch Flex™ 和 QuickFit™。QuickLatch Flex™ 型呼吸器可与所有的脸型尺寸完美地适配，并且在闩锁打开从脸部滑落和闩锁关闭与脸部密合时，可提供更高的舒适性。QuickFit™ 型呼吸器是一种全面罩式呼吸器，它的佩戴与解脱只需把 QuickDial QuickFit™ 装置关闭或拉开即可。两种产品使用了 AOSafety™ 品牌 8000 系列产品通用的卡口式滤芯和过滤器。

（四）阿伊若欧公司推出了半面具式过滤呼吸器

阿伊若欧公司推出了其经美国国家职业安全与健康研究所（NIOSH）认证的 Singular™ 品牌的半面罩式过滤呼吸器。这种呼吸器带有单一可替换过滤器；双过滤呼吸阀设计使呼气更加容易，舒适性比传统双滤盒呼吸器高出 1 倍。

（五）阿伊若欧公司推出新的防护风帽

阿伊若欧公司推出了 QuickFit™ 品牌的新型超大尺寸防护风帽，它采用美国杜邦公司生产的化学防护材料制成。这种防护风帽可罩住穿戴者的肩部和头部，其采用的 QuickDial QuickFit™ 装置可确保 QuickFit™ 呼吸器的快速佩戴。

（六）派尔特公司推出电子听力保护产品

派尔特公司（Peltor）推出了两种基于"数字声音抑制芯片技术（digital sound suppression™，DSS™）"的电子听力保护产品——TacticalSport 和 TacticalPro。这种芯片提供了更快的对有害噪声的抑制以及足够的声音复制。TacticalSport 型产品适用于对狩猎、射击运动和工业作业等场所有害噪声的防护，而 TacticalPro 型产品适用于那些长时间暴露于有害冲击噪声中的人员使用。

（七）卡皮托安全产品集团推出了独特的 Rollgliss R250 型下降器

卡皮托安全产品集团（Capital Safety Group）是一家全球知名的救援与高空作业安全解决方案供应商。它推出了独特的 Rollgliss R250 型下降器。在从高处下落的过程中，这种下降器可以提供更强的控制能力。这种下降器是一种简单、紧密和轻重量的个人撤离系统，可进行精准控制，其具有的能减低恐惧感的特性减少了由于不正确操作而造成事故的风险。

（八）卡皮托安全产品集团推出了经改进的 PRO 型安全带系列产品

卡皮托安全产品集团推出了经过彻底升级和完全重新设计的 PROTECTA PRO 型安全带系列产品。重新设计的 PROTECTA PRO 型安全带系列产品的硬件质量很轻，多种带有内嵌填充的型号，这些设计都使得产品更加轻便和舒适。这些新的安全带在坠落制停（fall arrest）、定位、恢复与爬升等方面的性能非常好。PROTECTA PRO 型安全带系列产品可满足美国职业安全与健康管理局（OSHA）、美国国家职业安全与健康研究所（NIOSH）、欧盟（CE）和加拿大标准协会（CSA）等全球性标准的要求。

（九）卡皮托安全产品集团扩展了全身安全带系列产品

通过引入 DBI-SALA 品牌旗下的"Delta™ Ⅱ 型安全带（Delta™ Ⅱ harness）"，卡皮托安全产品集团扩展了其全身安全带产品系列。Delta™ Ⅱ 型系列安全带产品的特性是，编码的快速连接塑料扣件、弹性负荷后拉 D 形环以及可选择性拆卸、可洗涤的填充物。

（十）卡皮托安全产品集团推出了独特的 ExoFit XP 型安全带产品

卡皮托安全产品集团在其知名品牌 DBI-SALA 旗下，推出了下一代 ExoFit XP 型安全带产品。ExoFit XP 型安全带产品具有五个方面的特点：采用三维网状编织填充，重量轻；可拆卸腿垫和背垫；通过颜色进行编码的快速连接皮带扣；冲击指示器；弹性负荷、立式背部 D 形环。

（十一）卡皮托安全产品集团收购了独特概念公司

卡皮托安全产品集团收购了世界著名的坠落保护和空间救援装备制造商——独特概念公司（Unique Concepts LTD，UCL）。这一收购使得卡皮托安全产品集团可以将 SINCO 解决方案网络集成进自己的业务体系，从而可以向市场提供完整的坠落防护装备系列产品。卡皮托安全产品集团已经成为了五个先进品牌的系统集成商。这五个先进品牌和它们所推广的产品分别是：ExoFit 安全带、SINCO 解决方案网络、旋臂救援系统工具、独特概念公司（UCL）的先进系列五套件吊重机系统以及 Delta™ Ⅱ 型安全带。

（十二）卓格安全产品公司推出半面罩式防护面具

卓格安全产品公司（Dräger Safety AG & Co. KGAA）是卓格沃克公司（Draegerwerk AG）的子公司。它推出了 X-plore 4700 型和 X-plore 2100 型半面罩式防护面具。这种面具可满足众多工业作业场所的防护需求。采用高性能材料制造的 X-plore 4700 型半面罩式防护面具可以提供对蒸汽、颗粒和气体的防护。X-plore 2100 型半面罩式防护面具，是一种可重复使用的半罩式面具，它是为那些长期在尘埃环境中连续作业的人们特别设计的。这两种面具可以在充满尘埃的环境中为使用者提供对液体和固体尘埃的防护。可替换滤芯设计使 X-plore 2100 型半面罩式防护面具从一种一次性使用的防尘面具，变成了一种完美的可替换面具。

（十三）布拉德公司推出高安全性空气过滤呼吸器

布拉德公司（E. D. Bullard Company）推出了其具有最高级别安全性（intrinsically safe, IS）的电动空气过滤呼吸器（powered air purifying respiratory，PAPR）。PA30IS 型呼吸器可有效防止功率骤增和电火花产生。PA30IS 型呼吸器最适合在那些存在潜在爆炸风险的环境中使用，它对喷漆和制药行业的职工是一种福音。

（十四）玛帕公司推出新的涂层手套系列产品

玛帕公司（MAPA Spontex, Inc.）推出了一个新的涂层手套产品系列。这些手套上涂覆了聚氨酯和泡沫氯丁橡胶。ULTRANE 涂层手套有三种款式：Ultrane Grip 554、Ultrane Plus 557 和 Ultrane Classic 550 与 551。

（十五）MCR 安全产品公司推出一次性防护服

MCR 安全产品公司（MCR Safety）推出了一个新的以 CovTech™ 品牌命名的一次性防护服系列产品。这种防护服采用具有优异抗撕裂和延展性能的可呼吸、柔软织物制成。具有防静电功能的材料，可以防止危险颗粒、尘埃、气溶胶和水基液体化学物质对穿着者造成伤害。

（十六）PRO 通信技术公司推出创新的耳罩

PRO 通信技术公司（Pro Tech Communications, Inc.）推出了 NoiseBuster® 品牌的"电子噪声消除（electronic noise canceling，ENC）"耳罩。这种耳罩在轻型建筑市场上特别适用。与传统被动防噪声耳罩不同，新型电子噪声消除（ENC）耳罩对很宽频谱的噪声提供防护作用，即使是对工业作业场所中马达、发动机、风扇运转产生的低频噪声也能形成有效的防护。电子低频噪声消除技术改进了防护水平，并且允许使用者听到包括说话和警告信号在内的关键声音。

（十七）斯考特健康与安全产品公司推出了式样新颖的面罩镜片套件

斯考特健康与安全产品公司是泰蔻消防与安全呼吸系统公司（Tyco Fire & Security Breathing System）的一个业务部门。它推出了大量经过定制工程设计的Scott品牌的面罩镜片套件。这些镜片不仅可以保护眼睛，而且具有更好的视觉效果。使用Scott呼吸器时，它还能确保附加的安全性。采用独特的"真实色彩接受（true color reception™，TCR™）"技术制造的灰色镜片，提高了在明亮环境中的视觉效果；采用"金属化表面镜片（metallized surface lenses™，MSL™）"技术制造的银色或蓝色镜面镜片，改进了安全和工作性能；采用"烟雾现场（SMOKESIGHT XT™）"专利技术制造的黄色镜片，可以提高低亮度和烟雾环境中的视觉效果。除了要与呼吸器适配外，工业企业职工还要求增加对眩光和强光的防护，以提高其在户外工作时的性能。

（十八）斯蒂尔恩斯公司推出完美冰山救援服装

斯蒂尔恩斯公司（Stearns Inc.）是一家世界主要的水上安全产品和个人漂流装备制造商。它推出了Driflex™品牌的冰上救援服装（Ice Rescue Suit）。重量很轻的I596型冰上救援服装具有极佳的绝缘性，并且可以在冷水中保持柔软。Burp Grip™品牌的特性是可以将服装中的空气释放出来，而Invisivalve™品牌的特性是持续地释放空气。Driflex™品牌的救援服是全世界专业冰山救援人员的理想选择。

（十九）梅思安安全设备公司推出了消防头盔

梅思安安全设备公司（MSA）推出了Cairns®品牌的1044型消防头盔。这种头盔具有先进的安全特性，可防高温泡沫冲击。这种头盔采用Duraglas™品牌的复合材料制成，1044型消防头盔提供全周边防护，超高温边缘修剪，可与自给式呼吸器的前脸部适配。

（二十）巴固-德洛集团公司推出使用高强聚乙烯纤维制造的防切割手套

在被批准可以应用于食品加工行业之后，巴固-德洛集团公司推出了采用Dyneema®高强聚乙烯纤维制造的Tuffshield Evolution™品牌的防切割手套。Dyneema®高强聚乙烯纤维具有极佳的防切割、耐用和舒适性能。作为"完美舒适手套（perfect fit glove）"品牌家族的一个组成部分，Tuffshield Evolution™品牌的防切割手套可以分为轻型、中等和重型三种型号。由于得到了可接触食品和抗菌性能的认证，这种新型防切割手套得以在众多的领域加以应用，诸如剔骨、切鱼片、切片机操作、雕刻以及其他许多与食品分销及供应相关的活动。

（二十一）美国卓丹·大卫安全产品公司推出了 ALTRAGRIPS™ 和 All-Traction™ 两个品牌的鞋靴

美国卓丹·大卫安全产品公司（Jordan David Safety）推出了一个新的防护鞋靴系列，包括 ALTRAGRIPS™ 和 All-Traction™ 两个品牌的鞋靴。这两个品牌的鞋靴都是为了在特别滑的地面上行走，使摔倒和滑倒风险减到最小的目的而设计的。鞋靴中设计有碳化钨立柱，以提供比普通橡胶底鞋靴大得多的摩擦力。ALTRAGRIPS™ 品牌的鞋靴是专门为了提高安全性，以降低由滑倒、跌落和旅行等原因引起的事故对人员的伤害。

（二十二）克雷恩工具公司增添了防护眼镜新品种

通过增加琥珀色、SCT®灰色和深灰色三种新镜片，克雷恩工具公司（Klein Tools, Inc.）为其防护眼镜系列增添了新品种。经加拿大标准协会（CSA）认证的 Klein®品牌的防护眼镜，具有防刮、防雾和防紫外线涂层。采用"光谱控制技术（spectrum control technology, SCT®）"专利技术制造的灰色镜片最适于户外活动使用，它能有效减少眩光的刺激；深灰色镜片适用于具有更强眩光和阳光的户外环境；琥珀色镜片适用于户外和室内的弱光环境。

（二十三）马吉德手套与安全产品公司推出可重复使用的耳塞

马吉德手套与安全产品公司（Magid Glove & Safety Manufacturing Company）推出的 E2™ 品牌的高质量耳塞，可在所有工作场所提供对噪声的防护。这种价格低廉、可重复使用的耳塞是采用重量轻、舒适和不含刺激物质的听力保护材料制成的。三重凸轮式结构可提供 24 dB 的噪声衰减率（NRR），并且一种多表面的密封可使抗噪声水平达到高于 85 dB。

（二十四）伊尔布拉克声学产品公司推出了电子噪声消除耳罩

伊尔布拉克声学产品公司（Illbruck Acoustic, Inc.）推出了 SONEX® NoiseBuster®品牌的"电子噪声消除（ENC）"耳罩。这种耳罩使用最先进的电子噪声消除技术，可提供被动的听力保护。这种耳罩可为自行安装（do-it-yourself）使用者和工业操作工人提供高性能的听力保护与安全。SONEX NoiseBuster 品牌的电子噪声消除耳罩，可对所有噪声提供不少于 20 dB 的电子噪声消除，其被动噪声衰减率（NRR）不少于 26 dB。

（二十五）优唯斯公司推出新型可与眼镜同时使用的防护眼罩

优唯斯公司（Uvex Safety Inc.）是一家具有独创精神的安全眼罩制造商。它推出了命名为"优唯斯战略眼罩（uvex strategy google）"的系列产品。这种产品具有高性价比、高质量、可与眼镜同时佩戴等特点。符合加拿大标准协会（CSA）标准和美国国家标准研究所（ANSI）标准的"优唯斯战略眼罩"，可有效防护化学飞溅物、碎片和沙尘的危害。与其他使用聚氯乙烯（rigid polyvinyl chlorided, PVC）材料制成的眼罩不同，优唯斯产品采用柔软的热塑性弹性体（thermopoly elastomer, TPE）材料制成。

聚碳材料镜片可提供极佳的视觉效果和安全性。优唯斯的超级防雾涂层可降低在湿热条件下的结雾现象。

（二十六）梅思安安全产品公司推出电焊用新型开槽盔帽

梅思安安全产品公司（MSA）推出了采用轻质、耐用聚乙烯材料制成的SmoothDome®品牌的开槽盔帽。其特性是采用了Fas-Trac®悬挂系统。这种新盔帽是梅思安公司(MSA)受欢迎的V-Gard®品牌头盔的理想替代品，它可以与几种焊接防护面罩及其可搭配附件适配。

（二十七）巴固-德洛集团公司推出了Airsoft品牌的改进型耳塞

巴固-德洛听力安全产品集团公司（Bacou-Dalloz Hearing Safety Group）对其受欢迎的Airsoft®品牌的耳塞进行了重新设计和技术升级。原来的Airsoft®耳塞符合工业标准，是Howard Leight®品牌系列产品的旗舰产品。重新设计的产品包括了新的设计特性、材料及其新颖的工程技术，这些改进提高了产品的舒适性、性能和适应性。新型Airsoft®品牌的耳塞采用用户友好的热塑性弹性体（TPE）材料制成，取代了原来的PVC材料；有带系绳和不带系绳两个品种，由于采用多项拥有专利的噪声阻隔片技术，重新设计了内部气囊模型，确保了新型耳塞具有最高的噪声衰减性能。

（二十八）巴固-德洛集团公司推出新型安全眼镜

巴固-德洛集团公司推出了高质量的Willson®品牌的安全眼镜系列产品。该系列产品可以为使用者提供更佳的时尚性和舒适性。新推出的A800和A700系列产品使传统安全眼镜产品增添了运动时尚感，可满足美国国家标准研究所（ANSI）的安全标准。新型Willson® A700系列安全眼镜具有轻质、宽包边、9级镜片等特点，具有极佳的视野和无畸变的视觉感觉；有6种可供选择的镜片品种：TSR®品牌的灰色加硬涂层镜片、透明加硬涂层镜片、室内／户外银镜色、Fog-Ban®品牌透明色、琥珀色加硬涂层镜片和蓝色镜面加硬涂层镜片。新型Willson® A800系列安全眼镜具有超轻质、运动型宽包边、9级镜片的特点，具有抗高冲击防护和透明视觉的性能。防滑、柔软的鼻托可确保提供更佳的舒适性和可靠的适配性。

（二十九）卡皮托安全产品集团推出了坠落保护套装新产品

通过推出两种新产品，卡皮托安全产品集团为其坠落保护套装产品系列添加了新成员。这两种新产品是 NEW AD120BR 型"自缩回救生绳（self retracting lifeline，SRL）"和 NEW AB119/2AU 型安全带。NEW AB119/2AU 型安全带的特性是：具有前部坠落制停额定 D 形环；宽度加大的背部衬垫；带有背部整体延伸作用的背部坠落制停额定 D 形环；网柱／限制器边侧 O 形环；缝入的工具环；腰带和胸带设计充分考虑了对前部接合点性能不断提高的要求。NEW AD120BR 型自缩回救生绳（SRL），是 Rebel 坠落制停器系列产品的一个新品种；其设计目的是要满足对 6 m Rebel 自缩回救生绳（SRL）产品在小型化、经济和轻量化等性能上的改进要求。具有长度扩展能力的新型产品，可使作业人员不必为频繁的重新连接活动所困扰，进而提高了工人的作业效率。

（三十）巴固-德洛集团公司推出新型折叠绑扎式耳塞

巴固-德洛集团公司推出了唯一的 Howard Leight® PerCap® 品牌的折叠绑扎式耳塞。PerCap® 品牌的产品具有重量极轻的优势，是暴露于中、低噪声环境中的劳动者的最佳选择，不管是短时间佩戴还是长期使用，这种耳塞都能给使用者提供很强的舒适感。

（三十一）GPT 格兰德尔公司推出了 Glendale XC® 品牌的激光防护眼镜

GPT 格兰德尔公司（GPT Glendale，Inc.）是一家全球领先的专业激光防护眼镜的制造公司。它推出了 Glendale XC® 品牌的激光防护眼镜。该款眼镜采用了专利技术、宽包边、9 级树脂镜片，可为使用者提供无阻挡的边缘视觉、超过 180°视野范围的保护以及使对激光暴露的水平降到最低。该款眼镜不仅在安全性能方面可满足美国国家标准研究所（ANSI）相关标准的要求，而且采用优质材料制成、造型新颖，具有更宽的视野、更强的保护和更好的时尚性。

（三十二）北方安全产品公司推出改进型听力保护系列产品

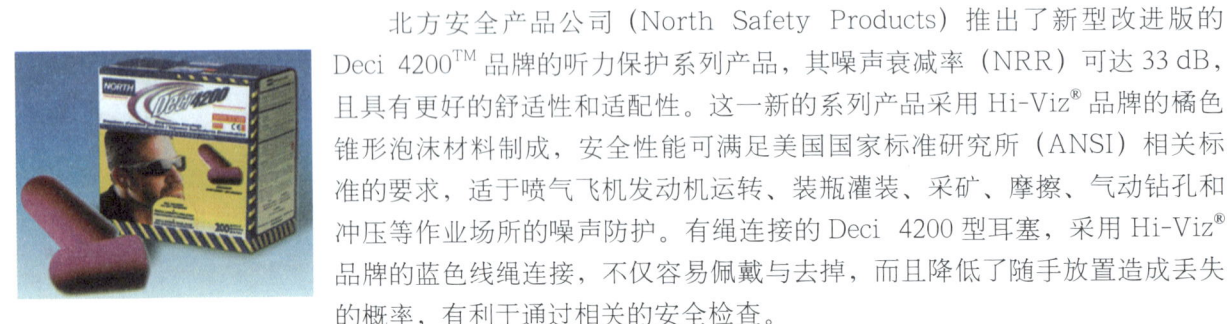

北方安全产品公司（North Safety Products）推出了新型改进版的 Deci 4200™ 品牌的听力保护系列产品，其噪声衰减率（NRR）可达 33 dB，且具有更好的舒适性和适配性。这一新的系列产品采用 Hi-Viz® 品牌的橘色锥形泡沫材料制成，安全性能可满足美国国家标准研究所（ANSI）相关标准的要求，适于喷气飞机发动机运转、装瓶灌装、采矿、摩擦、气动钻孔和冲压等作业场所的噪声防护。有绳连接的 Deci 4200 型耳塞，采用 Hi-Viz® 品牌的蓝色线绳连接，不仅容易佩戴与去掉，而且降低了随手放置造成丢失的概率，有利于通过相关的安全检查。

（三十三）美国威查德工业公司推出新型双焦点安全眼镜

美国威查德工业公司（Wizard Industries）推出了Versa Specs品牌的运动型双焦点安全眼镜，其安全性能符合美国国家标准研究所（ANSI）相关标准的要求。该款眼镜是特别为商店职工、医药工作者、科学家、建筑工程师、航天工作者、陆军军官和制造工人设计的。Versa Specs品牌的安全眼镜有5种可相互替换的镜片，这些镜片与嵌入式双焦点阅读眼镜的镜片功能相同。

（三十四）北方安全产品公司推出经美国国家职业安全与健康研究所认证的紧急逃生呼吸器

北方安全产品公司推出了经美国国家职业安全与健康研究所（NIOSH）认证的新一代"化生辐核（CBRN）"防护呼吸器。ER2000型呼吸器可对处于含化学、生物、辐射以及核污染等呼吸危害因素、低于"立即威胁生命和健康的浓度（immediately dangerous to life and health, IDLH）"污染环境中的人员，提供30 min的呼吸防护。与受欢迎的ER1000型呼吸器相同，新型ER2000型化生辐核（CBRN）防护呼吸器的特性是：可提高佩戴和选择方便性的通用尺寸兜帽和可提供更高的舒适性的双过滤器滤芯设计。

（三十五）莱迈特安全产品公司推出新型安全鞋靴

莱迈特安全产品公司（Lemaitre Securite）推出了可供在机场、物流与运输、电子和电力工业、制造产业检验区、超净室和轿车制造等作业场合使用的，HELLIUM系列的新型安全鞋靴。轻质、舒适、经ISO标准认证的HELLIUM系列安全鞋靴有两个版本可供选择，HURRICANE S3型高腰版和HABOOB S3型低腰版。全部采用非磁和非金属材料制成的HELIUM型鞋靴可对热变量、酸和碳氢化合物具有防护作用，并可通过安全扫描仪和金属探测器的检查。

（三十六）巴固-德洛集团公司推出Bilsom® Viking™系列的耳罩

巴固-德洛集团公司采用拥有专利的"空气流控制（air flow control, AFC）"技术，对其受欢迎的Bilsom® Viking™系列的噪声阻隔耳罩进行了技术升级。空气流控制技术可在不改变耳机重量或尺寸的同时，在所有工业噪声环境中提供最大化的噪声衰减率（NRR）。Viking系列产品的多点定位头带可让使用者通过在头后、头上和腭下等固定点来佩戴耳机。

（三十七）斯考特健康与安全产品公司首次推出面罩防护罩

斯考特健康与安全产品公司（Scott Health and Safety）是一家位于美国的个人防护装备制造企业，它推出了最新型的防护面罩。这种防护面罩主要适用于防空特警人员（SWAT）以及警察和军队等武装力量。M110型和M120型双镜片"化生辐核（CBRN）"防护面罩，是两种新型防护面具，可为军警人员在处置抗议、控制骚乱和类似紧急事件时提供高安全度的防护。这些产品可为使用者提供对化学、生物、辐射和核污染等伤害因素的防护。

（三十八）斯考特健康与安全产品公司推出 AV-3000 型保护罩

斯考特健康与安全产品公司是位于美国的泰蔻消防与安全产品公司（Tyco Fire & Security）的一个业务部门。它推出了 AV-3000 型新型面罩防护罩。这种新开发的产品在为使用者提供"化生辐核（CBRN）"防护性能方面具有很高的效用。

四、2005 年大事记

（一）巴固-德洛集团公司推出了 OPTREL 品牌的光电焊接头盔

OPTREL® 是巴固-德洛集团公司焊接头盔的著名品牌。巴固-德洛集团公司以该品牌名义推出了两种创新型先进光电焊接头盔，Helios 和 Orion OSE。这两种头盔是等离子体电弧焊接、电极焊接、高熔点率焊接、MAG/MJG 焊接等不同类型电弧焊接作业的理想防护装备。新推出的焊接头盔可保护作业人员不受红外线和紫外线的伤害，总体安全性能够满足 EN12942、EN12941、EN397、EN175、EN169 和 EN166 等标准的要求。

（二）梅思安安全设备公司推出 ACH 防弹头盔

梅思安安全设备公司（MSA）为其警用产品系列添加了一种新型 ACH 防弹头盔。这种防弹头盔是专门为警察设计的，具有全世界最先进的防弹和抗冲击防护能力。头盔的独特设计可确保其能与夜视仪、梅思安安全设备公司 Millennium® 品牌的化生辐核（CBRN）防护面具以及梅思安安全设备公司 MICH™ 品牌、经过实战检验的先进通信系统适配。之前，ACH 头盔的开发是专门为满足美国军方制定的新标准中那些非常严格的指标和超乎寻常的需求而设计的。

（三）马吉德手套与安全产品公司推出防护背心

马吉德手套与安全产品公司（Magid Glove & Safety Manufacturing Company）推出两款最新性能的防护背心——CRV4430 和 CRV2340。这两款背心采用了前部 Velcro 型门襟，两条边带；两条垂直、回复反射材料的银色条带环绕服装前部和后部，以提供更高的安全性。CRV4430 型背心的款式采用了可提供高可视性的紧密编织的涤纶橘色网眼布料。CRV2340 型背心采用轻质材料经稀疏编织的橘色网眼布料制成。这两款背心的性能均符合美国国家标准研究所和国际安全设备协会（The International Safety Equipment Association，ISEA）制定的 ANSI/ISEA 107-2004 号标准，并且很适宜于在炎热气候条件下使用。

（四）马吉德手套与安全产品公司推出安全眼镜

马吉德手套与安全产品公司在其非常重要且极具创新性的防护眼镜系列产品中推出了两款新产品——Y18BKC 和 Y15CFC。这两款眼镜采用聚碳材料镜架和透明硬质涂层聚碳酸酯镜片，可提供更佳的视觉效果、佩戴适应性和舒适性。马吉德手套与安全产品公司在提供符合美国国家标准研究所（ANSI）标准的个人防护产品方面，是重要的市场参与者，且具有极佳的声誉。

（五）优唯斯公司首次推出 Uvex Protégé™ 品牌的防护眼镜

为了向其在全球市场上所拥有的大量顾客提供更加先进的防护眼镜，优唯斯公司（Uvex Safety, Inc.）在 Uvex Protégé™ 品牌旗下推出了一系列防护眼镜。这一系列眼镜的重量更轻，不超过 27.5 g，可为使用者提供一种自由和可靠的感觉。此外，Uvex Protégé™ 品牌产品采用了公司的"非固定镜片（floating lens™）"技术，这为优唯斯公司的产品提供了更好的扩展性。新产品的设计不仅充分考虑了为使用者提供更高的安全性，而且使用了一种非常时尚的外观。新产品帮助优唯斯公司在全球防护眼镜市场上占据了更大的市场份额。

（六）优唯斯公司推出"优唯斯极品安全眼镜"

优唯斯公司是一家全球领先的安全与防护装备研发商，通过推出 Uvex® 品牌的复杂太阳镜系列产品，其获得了更高的市场份额。以"优唯斯偏振安全眼镜（uvex polarized safety eyewear）"命名，优唯斯公司最新推出的太阳镜产品即使在特殊光线条件都能获得清晰的视觉感受。使用偏振镜片的新眼镜产品，可以保护使用者免受长波紫外线（UVA）、中波紫外线（UVB）、短波紫外线（UVC）和蓝光等有害射线的伤害。

（七）密尔沃琪电子工具公司开发了重型安全装备

密尔沃琪电子工具公司（Milwaukee Electric Tool Corporation）在开发创新型个人防护装备方面是一家起着领导作用的企业。该企业开发了一系列重型安全装备，这些装备可为那些处于相当不安全工作场所的合同商们提供极佳的安全防护能力。在"工作场所装甲（job site armor™）"产品家族中，该公司新推出了的新品种包括：重型安全眼镜、听力保护、呼吸保护和工作手套。新推出的重型防护产品符合美国国家标准研究所颁布的 ANSI Z87.1-203 标准的要求。

（八）3M 新型焊接面具推向市场

3M 是一家拥有多样化产品、经营着多领域市场的大型联合企业。它推出了最新的焊接保护装具系列产品。性能优异的焊接头盔可为作业者提供更安全的眼部保护。在 WS 系列名下推出的这些产品，被命名为 WS-320/37154，可以避免有害红外线（IR）和有害紫外线（UV）辐射所导致的许多致命性眼部伤害因素对人眼的伤害。

（九）格特威安全产品公司 StarLite SQUARED™ 品牌的防护眼镜进入市场

格特威安全产品公司（Gateway Safety, Inc.）是一家从事个人防护装备研发的重要企业。在其著名的 StarLite SQUARED™ 品牌旗下，它推出了新型防护眼镜系列产品。新推出的系列产品包括了 13 种款式，使用了硬质涂层聚碳镜片，可有效防止刮划损伤。StarLite SQUARED™ 品牌的产品可严格地满足美国国家标准研究所（ANSI）颁布的相关标准的严格要求。这些产品具有很高的适应性、重量轻、可靠，可为使用者提供很高的舒适水平。

（十）瑞典因特斯比若公司（Interspiro AB）推出新型自给式水下呼吸器

为了在自给式水下呼吸器潜水市场上获得一个小生态环境，因特斯比若公司（Interspiro AB），一家瑞典专门生产消防员、潜水员和普通职工使用的先进工具和防护装备的研发企业，推出了其最新型供自给式水下呼吸器潜水员使用的防护装备系列产品。命名为 Divator Mark Ⅱ 324 型的新装备，可以为在水下潜水的潜水员提供更高的安全性。这些装备在冷水和热水环境中都适用。

（十一）寇肯公司推出新型安全面具

寇肯公司（Koken, Ltd.）是一家日本防护面具制造商，它针对那些接触石棉的作业人员的需求，推出了新研发的呼吸防护面具系列产品。命名为 BL-100H 的新型面具，配有一个空气过滤器，具有很高的安全防护性能，可保护职工免受石棉污染的伤害。

（十二）AOSafety 公司推出新型安全面具

AOSafety 公司是美国一家呼吸防护面具的生产商。它以 QuickLatch Flex® 品牌推出了新型防护面具。新型防护面具可为工作在有害工作场所的人员提供高性能的安全防护。此外，新型防护面具被设计成多种尺寸和形状，以适应各种各样的脸型。

（十三）梅思安安全设备公司推出全身式坠落保护安全带

梅思安安全设备公司（MSA）以 TechnaCurv™ 品牌推出了全身式坠落保护带系列产品。该系列的新产品具有五个方面的特长：曲线舒适系统（curvilinear comfort system），肩部的 Sorbtek 织物和辅助骨盆垫，安全适配（secure-Fit）皮带扣，聚四氟乙烯涂层网，宽度可调辅助骨盆垫网以及粘弹性肩垫。

（十四）美国北方设计者公司推出了防护眼镜套件新产品

美国北方设计者公司（The North Designers）是一家为美国公众提供防护眼镜产品的研发型企业。它推出了具有优良防护性能和创新技术的新的系列防护眼镜产品，从而使其原有产品系列得到了技术改进。命名为 180 Slimline™ 和 Pulsar™ 的新型系列眼镜产品，采用了轻质聚碳材料镜架，可为消费者提供更好的舒适性。美国北方设计者公司的这一新型系列防护眼镜产品包含了 T8000、T1300 和更多的型号。

五、2004 年大事记

（一）AOSafety 公司推出了一种 GLAREX 品牌的新型防护眼镜

AOSafety 公司推出了一种 GLAREX 品牌的新型防护眼镜，这是一种具有偏振功能的安全防护太阳镜。新型眼镜采用了具有垂直取向偏振器的镜片。这些偏振器可以阻止那些导致疲劳和盲点、进而影响视觉的各种各样的反射光线。GLAREX 品牌的新型防护眼镜采用了轻质材料镜架和宽包边的时尚设计，使用者全天候佩戴时都能获得很好的舒适性。

AOSafety 公司是一家全球重要的防护装备设计制造商，其产品包括了眼、面、呼吸、头部和坠落等五类防护装备。GLAREX 品牌的新型防护眼镜的性能完全符合美国国家标准研究所颁布的 ANSI Z87.1-2003 的要求。

（二）捷斯媲公司推出VI／VII马克安全头盔

捷斯媲公司（JSP Ltd.）是一家工业安全头盔的设计制造商。它推出了安全性能得到很大提高的先进安全头盔。除了提供舒适性、安全性和时尚性之外，公司的 Mark VI／VII型头盔是专门为了提供最具创新性能的特性而开发的。新型安全头盔支持多种多样的性能，诸如帽舌、通风和调节机构的设计等。短帽舌头盔适用于高空作业和测量作业，而标准帽舌头盔则更适于在强烈阳光和潮湿天气条件下的防护。安全头盔的通风设计可使佩戴者头部产生的热量最大限度地被传递出去，同时冷空气可以通过这些通风孔进入头盔内。此外，安全头盔也可以与已申报专利的、具有"sureslide retractaspec visor"技术的面罩系统集成为一体。

（三）梅思安安全设备公司推出新型 Ultra Elite® 防毒面具

梅思安安全设备公司（MSA）推出新型 Ultra Elite® 品牌的防毒面具，用于保护消防员免受来自化学、生物、辐射和核（CBRN）等有害物质的伤害。这种防毒面具与梅思安安全设备公司的面罩调节器适配，不需要进行新面罩适配性测试，即可确保使用者将面罩很容易地固定在他们的防护装备上。

新型面具既可供消防员执行救火任务时使用，也可供其执行非救火作业的救援任务时使用。Ultra Elite® 防毒面具的通用面罩平台，与空气过滤式呼吸器和送风式呼吸器都可适配。

（四）AOSafety 公司推出了 EX 防护眼镜系列的新产品

AOSafety 公司推出了 EX 防护眼镜系列的新产品。新产品的特点在于部件的可调节设计，如镜片角度可调节和脚丝长度可调节。采用 Secure Grip™ 技术制造的脚丝可确保把眼镜保持在它的佩戴位置，并且可保证任何人都能舒适地佩戴。新型眼镜带有铰链连接机构和通风孔的侧面保护面，可保证整个轮廓的安全，并且有利于空气的流动以减少结雾和散热。

(五) 捷斯媲公司推出 UV400 型安全眼镜

捷斯媲公司（JSP Ltd.）推出了具有冲击防护和有害紫外线防护功能的 UV400 型着色安全眼镜。新推出的安全眼镜是为满足那些崇尚时尚感的终端用户们设计的。PA800 型产品是双镜片、超轻质、运动造型的安全眼镜，是专门为长时间使用者设计的，在提供理想防护性能的同时，还可提供更好的使用舒适性。Stealth 7000 型产品采用单镜片、时尚型设计和轻质材料制造，抗冲击防护性能符合 EN166.1 标准的要求。

(六) 巴固-德洛集团公司推出全面罩面具

威尔森公司（Willson）是巴固-德洛集团公司的呼吸器业务部门。它推出了被命名为 OPTIFIT 的舒适、简洁的全面罩面具。由于脸部配合部件采用了 U 字形状，并使用了超柔软高质量的硅质凸缘结构制造，因而这种新面具具有非常好的脸部配合性。

(七) 巴固-德洛集团公司推出全钢手套

CHAINEX 是巴固-德洛集团公司拥有的著名品牌之一。在该品牌旗下，巴固-德洛集团公司推出了一种被命名为 CHAINEXPERT 的全钢手套新产品。这种新产品是采用钛和 Ultra-detectable® 材料制成，可满足肉类加工工人的作业需求，确保舒适、卫生和安全。

六、2002 年大事记

(一) 美国欧塞弗公司推出了美国鹰系列安全帽

美国欧塞弗公司（American Allsafe Co）在其引人瞩目的 Head-Turner 系列产品中推出了以"美国鹰（american eagle）"命名的新产品。新产品满足多种安全标准的要求，并且可抵抗潮湿、热变形和长期暴露于光电耦合（LTV）设备光线中的使用者使用。

(二) 美国欧塞弗公司推出了 Seneca 眼镜

美国欧塞弗公司是一家眼、面和头部防护产品的制造商与供应商。它推出了 Seneca 品牌的新型安全眼镜。新型眼镜重量轻，可供使用者长时间佩戴，并可减少对有害射线的暴露，提高对眼睛的安全保护程度。

(三) E-A-R 公司推出新型传统软质耳塞

E-A-R 公司推出新型传统软质（classic soft™）耳塞。这种耳塞在耳道内可被体温软化并定型。新型耳塞采用热反应泡沫（thermal-reactive-foam™）材料制造，这种材料已被美国宇航局（NASA）采用。与其他传统泡沫材料相比，这种热反应泡沫材料具有更好的光滑性，因而很容易插入耳道。耳塞的低压使其噪声衰减值可达 31 dB。新型耳塞有带系绳和不带系绳两个品种，随着使用次数的增加，这种新型耳塞会变得越来越软，越来越舒适。

（四）AOSafety公司推出以FLYWEAR命名的新型防护眼镜

AOSafety公司推出一种命名为"FLYWEAR"的新型防护眼镜。这种眼镜采用了一种"蝇眼（fly-eye）"风格的设计，这是当时街头佩戴者很喜欢的现代造型。新型眼镜采用了符合医学质量标准的光学材料制成的双球面镜片，以有效降低眼睛的疲劳感。新型眼镜有黑色和金属沙色两种颜色的镜架可供选择以及透明、灰色和天蓝色着色镜面镜片。

（五）美国梅思安安全设备公司推出V-Gard®品牌的安全帽

美国梅思安安全设备公司推出V-Gard® Advance™品牌的安全帽。这种产品有6个大的冷却通风孔和冠顶，可提供佩戴舒适感和适宜的空气循环。硬质安全帽包括4点或6点棘轮悬挂系统，悬挂系统的侧部呈曲线型，以便在耳部与听力保护装置相适配。

（六）美国欧塞弗公司推出了新型安全帽

美国欧塞弗公司（American Allsafe Co）推出了引人瞩目的安全帽产品。新产品有"夜视仪（night vision）"和"美国国旗（american flag）"两种设计风格，可起到防热、湿和抵御紫外线暴露的目的。这两种产品都集成了4点或6点棘轮悬挂系统，采用绝缘材料制成，整体盔形是不开槽的安全帽形式。

（七）威尔斯-拉蒙特工业集团公司推出新型手套

威尔斯-拉蒙特工业集团公司（Wells Lamont Industry Group）推出与"驾驭者风格"相同的新型手套。新型手套保留了与其他型号的特种手套和保暖手套等相同的设计风格。

（八）优唯斯推出新型防护眼镜

隶属于巴固-德洛集团公司优唯斯（UVEX）眼镜产品部门，推出了Skyper Falcon系列的新型防护眼镜。新推出的系列眼镜可替代原有的Skyper系列产品。Skyper Falcon系列产品与UVEX Skyper系列产品相同，并有透明系列（部件号s4500x）和灰色系列（部件号s4501x）镜片可供选择。在满足终端使用者对现行非医学安全眼镜所关注的性能要求之外，Skyper Falcon系列新型防护眼镜产品还符合"美国北伯灵顿和圣塔菲铁路公司（The Burlington Northern and Santa Fe Railway Company, BNSF）"的安全标准和美国国家标准研究所（ANSI）的相关标准要求。Skyper Falcon系列新型防护眼镜还具有防雾涂层和可调节功能。巴固-德洛集团公司将继续推出用于焊接和其他特种作业防护用的Skyper IR系列防护眼镜。

（九）巴固-德洛集团公司推出核生化逃生风帽

巴固-德洛集团公司在美国开发并推出了核生化（NBC）逃生风帽。这种核生化（NBC）逃生风帽可对一些危险物质可能造成的危害提供防护。Quick2000型核生化（NBC）逃生风帽是为几个主要的美国政府部门设计的，这些部门处于灾难防御的一线。这种产品也能满足诸如欧盟标准化组织（European Standardization）和美国国家标准研究所（ANSI）等主要机构的认证标准的要求。

第九部分

全球重要个人防护装备制造商简况

一、3M 公司（美国）

3M 公司，1902 年建立时的名称是"明尼苏达矿业与制造公司（Minnesota Mining and Manufacturing Co）"。现在，它是一个业务领域高度多样化的全球性企业，其业务领域主要是消费者产品、办公产品、工业安全、安全与防护装备、通信、健康保健和运输。3M 公司按照产品类别分为 6 个运营部门，即：显示与图形设备，消费者与办公产品，健康保健，电子与通信产品，运输与产业，安全、安保与防护。3M 公司是全球个人防护装备市场的领导者之一，主要提供眼部防护和呼吸防护两大类产品。3M 公司的眼部防护系列产品包括防护眼镜、眼罩和面罩。3M 公司也生产听力保护产品，包括一次性耳塞、耳罩和可重复使用耳塞。3M 公司的安全、安保和防护产品部门提供种类繁多的个人防护产品。3M 公司在全球 60 多个国家设有运营机构。

二、阿伊若欧技术公司（美国）

阿伊若欧技术公司（Aearo Technologies, Inc.）是 3M 公司的一个组成部分，它主要为工业和消费者市场制造和销售专门设计的个人防护装备产品，是这一市场的领导者之一。阿伊若欧技术公司提供的主要产品包括：眼面防护产品，呼吸防护装备，符合视光学性能要求的安全防护眼镜以及头部和听力保护设备。阿伊若欧技术公司的业务运营划分为三个部分，即安全产品、专用复合材料和符合视光学性能要求的安全眼镜产品。阿伊若欧技术公司的产品在全球 70 多个国家的市场上以 E-A-R、Peltor、AOSafety 和 SafeWaze 四个品牌进行市场营销。阿伊若欧技术公司也是吸能材料市场的领导者之一。阿伊若欧技术公司的安全产品被划分为五个主要的类别，即：听力保护和头戴通信装置，眼部保护产品，头面部保护产品，呼吸防护装备和坠落保护装备。阿伊若欧技术公司的产品定位于为建筑、制造、运输、林业、纺织、矿业、摩托车运动、健康保健和广播电台等领域的高端终端使用者服务。2008 年初，阿伊若欧技术公司被 3M 公司以近 12 亿美元的价格收购。目前，阿伊若欧技术公司作为 3M 公司安全、安保和防护服务业务部门（Safety, Security and Protection Services, SSPS）以及职业健康与环境安全业务部门（Occupational Health and Environmental Safety）的一部分进行运营。

三、阿尔法先进技术公司（美国）

阿尔法先进技术公司（Alpha Pro Tech Ltd.）是一家为工业安全、医疗、食品加工、制药和牙医等行业开发、设计、生产和配送现代个人防护装备的领先企业。阿尔法先进技术公司的产品包括：定制的面具、面罩、实验工作服、长褂、可包住头发的工作帽、工作服、鞋靴套、磨砂衬衣、磨砂工装裤、耐热围裙和手套、臂部防护产品、人工气候环境产品、抗微生物油漆以及其他个人和工业用产品。阿尔法先进技术公司成立于 1989 年，1994 年采用现在的公司名称。目前，阿尔法先进技术公司在墨西哥、印度、中国、美国和加拿大设有制造基地。

四、安塞尔健康保健产品公司（美国）

安塞尔健康保健产品公司（Ansell Healthcare Products LLC）是一家通过了ISO 9002认证，专业制造和供应种类繁多的消费者和工业用手套以及防护服装的企业。公司是美国外科手术和检验用手套市场上的领导者之一。与此同时，公司在正在浮现出来的无粉末手套细分市场上，处于强有力的竞争优势地位。公司通过统一的供应链服务体系和运营，保证自己在三个地理区域内的市场活动。公司主要在下列三个市场领域内经营业务：

- ◆ 职业健康保健：工作场所和工业作业场所用的防护手套。
- ◆ 专业健康保健：用于感染防护和手部隔离控制的外科手套、医疗手套和检查检验用手套。
- ◆ 消费者健康保健：家用手套和个人用产品；安塞尔公司通过多种零售机构，如杂货店和医药公司等销售家用手套。

安塞尔公司在全球手套市场上拥有Encore、Derma Prene Ultra、Micro-Touch和Neutralon等著名品牌。安塞尔公司在美国、墨西哥、马来西亚、泰国、斯里兰卡和印度建有生产设施。

五、阿文 - 爱斯公司（美国）

阿文 - 爱斯公司（Avon-ISI）曾以国际安全设备公司（International Safety Instruments Inc.）的名字闻名于世。公司从事顶级呼吸防护装备和热力学系统的设计、研发、制造和供应业务。公司运用现代先进技术设计便捷的装备，以满足工业、司法和消防等部门人员对呼吸防护的需求。专为消防员设计的产品有：VIKING Z SEVEN型自给式呼吸器（SCBA），VIKING Z型自给式呼吸器，TEAMS空气管理系统，MAGNUM型自给式呼吸器，救援人员信息周转率包（RESCUER RIT BAG）以及热成像仪；专为执法人员设计的产品有：VIKING ST型和FRONTIER LE型自给式呼吸器；专为国土安全部门设计的产品有：VIKING型和VIKING ST型自给式呼吸器以及TEAMS空气管理系统，FRONTIER LE，ARAP，ASI和EEBA；专为工业人员设计的防护装备包括：PRONTIER型和VANGUARD型自给式呼吸器。阿文 - 爱斯公司的产品全部经过了ISO9001认证。阿文 - 爱斯公司不仅提供产品和解决方案，而且提供训练和服务。

六、巴特尔斯 - 瑞格消防技术公司（德国）

巴特尔斯 - 瑞格消防技术公司（BartelsRieger Atemschutztechnik GmbH & Co）成立于1861年，是一家从事呼吸防护装备（Respiratory Protective Devices，RPD）和个人防护装备（PPE）制造的家族企业。公司在全球市场上销售种类繁多的个人防护产品。巴特尔斯 - 瑞格消防技术公司的产品组合包括：呼吸过滤器、气体探测设备、半面罩式面具、全面罩式面具、彩色注射器以及软管装备。公司的产品广泛应用于化工、汽车、消防等领域，在中型企业中有着广泛应用。巴特尔斯 - 瑞格消防技术公司的产品符合各主要标准颁布机构颁发的标准要求。

七、伯克纳 - 恩威公司（比利时）

伯克纳 - 恩威公司（Bekina NV）成立于1962年，是欧洲领先的防护鞋靴制造商。1967年开始，公司生产自己的橡胶合成物，率先以Litefield品牌推出了聚氨酯休闲鞋靴。公司的产品包括模压橡胶靴、彩色橡胶合成物（也向其他制鞋企业供应）和聚氨酯注射鞋底鞋靴。公司拥有 Jobmaster、Agrilite、Steplite、Litefield、Rubber Boots（伯克纳轻型橡胶鞋靴 Bekina Light Rubber Boots 和伯克纳套鞋 Bekina Overshoes）以及 Thermolite（Thermolite 专业与 Thermolite 休闲）等品牌。Steplite 品牌的聚氨酯底鞋靴有多种颜色选择，如：橄榄绿／原色哗叽，黑色／哗叽和黄绿色。公司在欧洲聚氨酯鞋靴制造商中名列前茅。公司也生产特殊应用的小批量的特种鞋靴。公司制造的产品符合 EN 345 S5、EN 345 S4、CSA 和 ANSI 241-1999 等国际安全标准。

八、布觉恩克拉德公司（瑞典）

布觉恩克拉德公司（Björnkläder AB）其前身是伯恩德森安全产品公司（Berendsen Safety AB），是瑞典个人防护装备的主要供应商。它是索法斯－伯恩德森公司（Sophus Berendsen A/S）的一个运营部门。索法斯－伯恩德森公司是戴维斯服务集团公司（Davis Service Group Plc）的分公司。戴维斯服务集团公司的总部设在伦敦，是一家国际性的服务集团公司，其运营机构遍布全世界。布觉恩克拉德公司专业制造防护服装和头部防护配件、耳部防护、颜面防护、焊接防护、呼吸防护、防护手套、防护鞋靴和一次性防护服。布觉恩克拉德公司的主要工作服和防护装备包括：工人使用的手套、头盔、风帽、耳塞、被动降噪耳罩、电子降噪耳罩、通信装置、防护眼镜、面部保护屏、面罩组合、焊接眼镜、焊接保护屏、随弃式口罩、半面罩式面具与过滤器、全面罩式面具与过滤器、皮手套、装配手套、精编针织物手套、焊接／热防护手套、防寒手套、合成手套、化学防护手套、防护便鞋、防护鞋靴、皮鞋、胶鞋、防静电（electro static discharge，ESD）鞋和工作鞋。

九、卡皮托安全产品集团公司（英国）

卡皮托安全产品集团公司（Capital Safety Group，Ltd.）是世界领先的高空作业安全与坠落防护装备的设计制造商。公司在全球设有9处运营场所，拥有3 000多家销售商；拥有 Protecta、DBI-SALA、ExoFit、ExoFit XP 和 Rollgliss 等知名品牌；产品包括坠落防护工具、定位装置、垂直坠落限制器、振动吸收安全绳、全身安全带。Protecta 品牌是欧洲最值得信赖的品牌。坎多弗投资公司（Candover Investments PLC）在2007年以4亿1仟5百万英镑的价格收购了卡皮托安全产品集团公司。

十、国际防务工业公司（以色列）

国际防务工业公司（Defense Industries International，Inc.）是世界领先的个人防护装备制造商，其产品和技术既服务于民用工业市场也服务于防务工业市场。公司的产品系列包括：爆炸物处理服装、防弹装备、防弹衣、防弹背心、防弹头盔、单向窗户或墙罩以及背板、安全带、战斗携行具、车辆篷盖、防寒服装、帐篷和睡袋等。公司的产品能满足联合国维和部队、北约组织军队、执法机构、特种安保人员和军队的使用需求。主要的非军警消费者包括非政府组织、公司和个人消费者。

十一、卓格沃克公司（德国）

卓格沃克公司（Drägerwerk AG & Co. KGaA）是一家提供先进安全与医疗技术服务的领先企业。公司以"卓格安全（Dräger safety）"和"卓格医疗（Dräger medical）"两个分公司进行全球业务运营。两个分公司在各自领域向全球客户提供解决方案方面都表现突出。卓格安全产品公司（Dräger Safety AG & Co. KGaA）提供的个人防护装备包括：空气净化呼吸器、呼吸设备、逃生装置、检测逃生装备性能和使用者状态的仪器、身体防护和过滤系统。公司的产品系列包括：逃生装置、呼吸器、舒适服装、头盔和为那些在极端作业环境中工作的人们设计的防护服装。卓格安全产品公司的主要客户包括：石油、化工、能源供应、矿业、消防、国防和公众灾难防御等行业。

十二、E.D. 布拉德公司（美国）

E.D. 布拉德公司（E. D. bullard Company）始建于1898年，是国际顶级个人防护装备市场上的领先制造商。公司的产品组合包括：硬质盔帽、空气呼吸器、有源空气过滤呼吸器。公司提供的头部保护产品包括：传统、标准和先进系列的撞击防护帽和头盔；脸部和呼吸防护产品包括：Sentinel™ 系列盔帽、硬质盔帽、头戴或盔载面部保护产品，护目镜，有源空气过滤呼吸器（PA20、PA30、PA30IS、PA40），送风式空气呼吸器（CC20系列风帽、RT系列 Tychem® 材料制成的风帽、88VX系列耐摩擦防冲击头盔、枪骑兵系列耐摩擦防冲击头盔、GR50系列 Nomex® 材料制成的研磨作业用风帽、PC90型污染物处理呼吸器、Spectrum型全面罩式面具、FAMB型半面罩式面具），Free-Air品牌的泵、空气过滤盒、过滤板、远程空气分支管、监视器和警报器。

十三、欧洲制服公司（德国）

位于德国的欧洲制服公司（Eurodress GmbH）在个人防护服装的制造和供应方面具有指标性地位。公司提供专用以及通用防护服装。欧洲制服公司也提供个人防护服装的租赁服务业务。

十四、盖特威安全产品公司（美国）

盖特威安全产品公司（Gateway Safety）是世界一流的工业安全装备制造商，其主要在眼部防护、头部防护和听力保护装备方面具有专长。公司的工业安全产品包括：安全眼镜、硬质盔帽、安全眼罩、防噪声耳罩、耳塞，所有产品都是功能与时尚的统一体。具体产品品种有：防护眼镜、防护眼罩、焊接保护装备、头面部保护装备、眼部清洗设备和听力保护装备。公司在促进防雾、防刮等特种镜片涂层和轻薄聚碳酸酯镜片应用方面占据领先地位。公司还制造高度时尚化的防护眼镜产品，这些产品以 StarLite、Fusion、Hawk 和 Cobra 等品牌推向市场，可以最大限度地满足劳动者的多样化需求。公司建立有完善的内部质量控制系统，并根据加拿大标准协会（CSA）和美国国家标准研究所（ANSI）颁布的标准要求，建立了独立的测试机构。

十五、霍尼韦尔生命安全产品公司（美国）

霍尼韦尔生命安全产品公司（Honeywell Life Safety）是霍尼韦尔公司自动化与控制设备业务部门的一部分，是一家全球领先的个人防护装备制造商。其主要产品包括：气体、火焰和烟雾探测系统，情报传感系统和健康信息监测系统。公司的产品是为原始设备生产厂商（OEM）、零售商、商业和工业企业、健康保健机构和政府设计的。霍尼韦尔安全产品事业部（The Honeywell Safety Products Division）为一般工业企业、电力安全与消防机构提供种类繁多的个人防护装备。2008年上半年，公司以12亿美元的价格收购了诺克罗斯安全产品公司（Norcross Safety Products LLC）。

十六、因特斯比若公司（瑞典）

因特斯比若公司（Interspiro AB）是欧神克集团公司（Ocenco Group）的一个组成部分，是全球呼吸防护装备市场上占据领先地位的研发商、制造商和供应商。欧神克集团公司是全球最大的呼吸防护装备制造商。因特斯比若公司的产品可为航海、公用工程、国防、海洋工程、工业企业等领域以及全球从事消防、潜水和救援作业的人员，提供呼吸防护装备或辅助呼吸防护装备。公司的产品系列包括：呼吸装置（BA）、自给式呼吸器（SCBA）、自给式水下呼吸器（SCUBA）等设备。公司拥有诸多享誉全球的产品品牌，包括：Oxydive、Spirotroniq、Spiroclic、Spirotek、Spiromatic S、Spiromatic、QS-system、Spiroscape、Spirolite、DCSC 和 Divator。因特斯比若公司的总部设在瑞典，但其运营与销售机构则遍布世界各大洲。

十七、捷克森安全产品公司（美国）

捷克森安全产品公司（Jackson Safety, Inc.）是一家从事工业安全产品设计、制造和销售的企业，公司还为全球从事焊接业务的焊接、建筑和工业市场提供必需的焊接设备。公司制造的主要个人防护装备产品包括：安全帽和硬质盔帽、面罩和帽子、安全眼镜、安全眼罩、自动变光镜片及头盔、带有被动防噪声装置的头盔、切割作业眼罩、安全背心（与 ANSI 标准要求相一致的背心、与 ANSI 标准要求不一致的背心以及特种背心）、安全服装、电子耳罩、被动防噪声耳罩、耳塞和呼吸保护装备。公司的业务运营遍布北美洲、南美洲和欧洲。2008 年，捷克森安全产品公司与一家专业从事焊接安全产品制造的中国企业——常州迅安科技有限公司（Changzhou Shine Secience & Technology Co. Ltd.）签署了协议，收购后者 70% 的股权。

十八、佳雷特集团公司（法国）

佳雷特集团公司（Jallatte Group）是 JAL 集团公司（JAL Group）的一部分，是欧洲从事专业防护鞋靴制造和销售服务的全球领先企业。公司主要推广佳雷特集团公司、阿尔玛集团公司（Almar Group）和奥达公司（Auda）的防护鞋靴产品。公司拥有 Impact、Lupos 等防护鞋靴品牌。2005 年 6 月，JAL 集团公司收购了阿历克斯伙伴公司（Alix Partners）。

十九、捷斯媲公司（英国）

捷斯媲公司（JSP, Ltd.）是欧洲从事个人防护装备研发和制造的领先企业。公司专长于研发具有创新性的个人防护装备，其产品包括工业鞋靴、眼部保护产品、面部防护装备、硬质盔帽、坠落限制器、呼吸保护装备（Olympus 呼吸器系列、Trademan 系列、filterJet™ Maximask 系列）以及听力保护装备。公司的眼面部保护产品包括：Stealth 系列安全眼镜、Panoranma 800 系列安全眼镜、Panorama 100-700 系列安全眼镜、Invicible 系列安全眼镜、Platinum 系列安全眼镜、防护眼罩、Cobra 系列面罩、Cyber 系列轻型面罩、Invicible 系列面部保护屏、Panorama 面部安全屏、气体焊接防护眼罩、Bushmaster 面部保护屏、电子焊接面部保护屏。公司的 Stanley 系列产品包括：Stanley 听力保护产品、Stanley 头部保护产品、Stanley 呼吸保护产品、Stanley 通用防护产品。供大批量订货的 Martcare 系列经济适用型产品包括：Martcare 系列眼部防护产品、Martcare 系列头部防护产品、Martcare 系列呼吸防护产品、Martcare 系列非呼吸防护产品以及 Martcare 系列听力保护产品。公司执行的质量管理系统可满足英国标准研究所（British Standards Institute，BSI）的标准与规范规定。

二十、克温泰特公司（挪威）

克温泰特公司（Kwinter AB）是一家欧洲的职业服装、企业服装和其他工作服装的主要制造商和供应商。公司的产品系列由种类繁多的功能工作服、内穿和外穿工作服、形象服装、企业服装和服务业服装组成。公司在欧洲深受欢迎的品牌包括：Wenaas、Kansas、Fristads、KLM Kleding、Indiform、Hejco、A-Code Adolphe Lafont、CJD clinic-job-dress 和 Profi Dress。Wenaas 是公司拥有的最受欢迎的个人防护装备产品的品牌，它主要应用在防火产品、眼部防护产品（Excalibure®）、雨具（防水套装、聚合物胶靴、廷利 Tingley 钢包头靴）、硬质盔帽和手套、工业高背式腰部保护带、坠落防护装备（背心款全身式安全带、EZ STOP 安全绳）。

二十一、雷克兰德工业公司（美国）

雷克兰德工业公司（Lakeland Industries，Inc.）是最优秀的工业防护服装的制造商之一，其防护服装产品种类繁多。公司的产品主要针对工业企业、健康服务机构、市政当局、第一响应人（first responder）等客户的需求进行设计。公司的专用服装都是采用诸如 Tychem®、Tyvek®、Kevlar® 之类的高技术面料制成。公司提供的产品包括：有毒废料清洁服、工业用一次性服装、工业工作手套、工业和医疗服装、防火隔热服装（包括供消防员使用的 Fyrepel 消防战斗服）。公司在印度、中国、墨西哥和美国设有生产设施。

二十二、拉驰维斯集团公司（英国）

拉驰维斯集团公司（Latchways Group）是设计、生产和销售线缆基坠落保护装备的专业公司。集团公司的成员企业，HCL 公司为欧洲客户提供种类繁多的个人防护装备产品。公司的产品包括：可伸缩坠落限制器、坠落限制组件、岩钉钢环、坠落限制安全绳、高楼逃生工具、可折叠锚固。公司推出的 ManSafe® 品牌的坠落保护产品既可与新产品的结构适配，也可以与现行正在使用的产品适配。公司的产品应用领域包括：高楼、通信塔、电力输送塔、海洋工程平台、大型娱乐设施等方面的作业。HCL 安全产品公司（HCL Safety，Ltd.）和 HCL 合约公司（HCL Contracts，Ltd.）是拉驰维斯集团公司的两家分公司。

二十三、路易斯·M·哲森公司（美国）

路易斯·M·哲森公司（Louis M. Gerson Co, Inc.）成立于 1956 年，总部设在美国的马萨诸塞州（Massachusetts US），是一家为汽车、消费者、医疗、健康保健和安全等市场提供一次性和可重复使用个人防护装备的重要制造商。公司专业生产那些在提供安全的同时还具有舒适性的个人防护装备产品。公司的产品包括符合美国国家职业安全与健康研究所（NIOSH）和欧盟认证（CE）标准的随弃式呼吸器和带有过滤盒的呼吸器，诸如 Signature One-Step® 品牌的随弃式半罩式面具滤芯过滤呼吸器和随弃式颗粒防护呼吸器。公司的品牌包括：Gerson®、Smart Mask 颗粒防护呼吸器、OV/AV 一次性呼吸器、1740Aspire™ N95 口罩和 2040-N100 颗粒防护呼吸器。公司还提供过滤器、喷漆系统、零星杂物、粘性布料。公司的生产设施遍布世界各地。

二十四、玛帕公司（法国）

玛帕公司（MAPA Spontex, Inc.）在生产防护手套方面，是世界顶级制造商中的杰出代表。公司生产的手套是为那些在易于受到来自工业作业环境中的职业伤害的工人而设计的。公司生产的手套提供对温度变化、化学物质和污染物的防护。玛帕公司拥有两个业务部门，玛帕职业产品（MAPA Professional）主要提供工业防护产品；玛帕先进技术（MAPA advanTech）主要提供为特殊环境使用的产品。公司的制造设施遍布全球。

二十五、MCR 安全产品公司（美国）

MCR 安全产品公司（MCR Safety）在全球个人防护装备的制造和销售领域占据领先地位。它是由三个非常优秀的公司组成的，即：孟菲斯手套公司（Memphis Glove）、库鲁斯公司（Crews Incorporated）和江河城市防护服装公司（River City Protective Wear）。MCR 安全产品公司种类繁多的眼部防护和手部防护构成的产品组合，实力强大得让人感到震惊。公司的防护眼镜产品品种非常多，从一般眼罩到安全眼镜，可满足各种各样的工业用途需要；手部防护产品系列有棉质、皮质、线编、增强型和非增强型手套。公司也提供防护性能与时尚感设计相兼的面部保护屏和面部保护用具。公司的其他产品包括：顶级质量的焊接服装、防护服装、雨具和其他安全装备。公司的总部设在美国的田纳西州（Tenessee），制造与营销设施遍布全球。

二十六、梅思安安全设备公司（美国）

梅思安安全设备公司（Mine Safety Appliances，MSA）成立于1914年，在全球安全装备与系统的制造领域是领导者之一。它的产品行销全球 120 个国家的市场，拥有 28 家国际性的附属机构。从地理上划分，梅思安安全设备公司的业务运营被划分为三块：梅思安安全设备公司北美公司（MSA North America）、梅思安安全设备公司国际公司（MSA International）和梅思安安全设备公司欧洲公司（MSA Europe）。公司的主要产品有：呼吸器、呼吸器滤芯、防毒面具、防暴产品、消防头盔和面部保护屏、自给式呼吸器（SCBA）、热像摄像机、硬质头盔、头部保护产品、坠落防护产品、安全带、安全绳、救生绳、狭窄空间作业辅助装置、培训与咨询服务、听力保护产品、颜面保护产品、监视器、便携仪器、永久性气体探测装置和矿山用产品。公司拥有的主要品牌包括：FireHawk M7、FireHawk、AirHawk、MMR、BlackHawk Tactical Air Mask（军用防毒面具）、Custom Air V、TransAire、Abrasi-Blast、Pressure Demand、Versa-Hood、Duo-Twin™、OptimAir® 6A、OptimAir® 6HC、OptimAir® MM2K、APR Safe Escape™、CBRN Respirators、W65 Self Respirator、Alphine、Aurora、Clearview、Heritage、Luxor、V-Gard、Topgard、Advance、Freedom Series、NFL（硬质盔帽）、Wildland T（消防员头盔）、sightgard（焊接防护屏和遮光板）、ClearVue（焊接防护眼罩）、First Responder Helmets（"第一响应人 first responder"头盔）、Wildland（消防员头盔）、Defender（面罩）以及 Cairns® 品牌的符合美国消防协会（NFPA）、美国职业安全与健康管理局（OSHA）和欧洲统计系统（European Statistical System，ESS）标准要求的消防眼罩。

二十七、穆尔戴克斯－麦特瑞克公司（美国）

穆尔戴克斯－麦特瑞克公司（Moldex-Metric，Inc.）是著名的听力保护和呼吸防护装备制造商。公司提供种类繁多的诸如泡沫耳塞、耳罩、头戴受话器和可重复使用耳塞等听力保护装备以及一些随弃式呼吸防护产品。公司的生产运营设施设在美国和欧洲，而其销售和供应网络则遍及全球 50 多个国家。

二十八、欧伊－斯兰塔公司（芬兰）

欧伊－斯兰塔公司（Oy Silenta，Ltd.）是世界顶级听力保护装备的开发商和制造商。公司还生产面部保护装置和工程塑料，其客户包括国防、工业和休闲等部门。公司产品包括电子头戴受话器和盔载听力保护器。公司的产品性能经过了欧盟产品质量认证并符合 ISO9001 标准，产品的市场营销和出口非常国际化。

二十九、太平洋头盔公司（新西兰）

太平洋头盔公司（Pacific Helmets，Ltd.）是全球领先的头盔制造商。产品系列包括：摩托车头盔、消防头盔、救援头盔、运动头盔、多功能休闲车（All Terrain Vehicle，ATV）、林野／林火消防头盔、轻型救援头盔、急救人员头盔、运动／娱乐头盔、概念头盔以及专业防暴头盔。主要的头盔款式类型包括：盔载手电头盔、耳罩辅件、面部保护屏和颈部保护装置。公司独一无二地提供根据消费者的设计和性能要求定制头盔的服务。

三十、帕门特－皮垂公司（英国）

帕门特－皮垂公司（Pammenter & Petrie，Ltd.）始建于 1980 年，是一家家族式企业，是欧洲坠落防护和救援装备的领先制造商。公司多样化的产品系列包括：坠落限制安全带、救援安全绳、高空救援装备和锚固。公司拥有的品牌包括：Britannia、Fortis、Omega FRS、Chunkie、Man-u-just、P+P RB8 型安全带以及 P+P 锚固。

三十一、防护能手技术公司（马来西亚）

防护能手技术公司（Pro-Guard Technologies M Sdn. Bhd）组建于 1993 年，是亚洲工业防护鞋靴市场上的知名企业。公司于 1997 年先期进入了工业安全装备的生产。公司提供诸如安全头盔、鞋靴、雨具和防护服装、防护眼镜、面部保护屏、手部防护、呼吸防护、坠落防护和听力保护产品等种类繁多的个人防护装备。公司最初是按原始品牌制造商的模式运营，与此同时，它现在也是一个合同制造商。公司于 2000 年推出了安全头盔。公司的安全产品和个人防护装备通过零售商和包括经销商在内的批发商在马来西亚市场上销售。公司产品以 PROGUARD 为品牌和标识在马来西亚国内市场上销售，产品经过了马来西亚标准化组织（SIRIM Berhad）的认证。

三十二、瑞斯比尔公司（英国）

瑞斯比尔公司（Respire，Ltd.）是从事先进呼吸防护系列产品开发、设计、制造和销售的领先企业。

公司的旗舰品牌的是 Exodus 系列的逃生面具产品。除制造外，公司也为国际同行提供研发和技术解决方案方面的支持服务。公司的技术服务包括在呼吸装置的使用方面提供现场培训和装备维修。

三十三、S.E.A 集团公司（美国）

S.E.A 集团公司（The S.E.A Group）是全球顶级呼吸防护装备与系统制造领域的先锋级企业。公司的主要产品包括：SE 型面罩和 Sunstrom 型系统和附件，诸如：面部保护屏、有螺纹过滤器／滤芯和工具箱。带有过滤器和面具的 Sunström 系列呼吸器产品在规模不同的工业作业场合中有着广泛的应用。Sunström 系列负压面罩包括：SR100 型半面具、SR92-2 型半面具、SR75 型半面具、SR200 型全面具、SR77-2 型逃生风帽和 SR76-2 型逃生风帽。有源空气过滤呼吸器包括 Sunström SR500 型。SE 型面罩是一种风扇送风、正压、呼吸响应需求呼吸器。公司也生产各种各样满足不同作业活动需求的带压作业防护服装，诸如：防尘服、飞溅物防护服、国内应急准备服装、全罩式气密胶囊型防护服。

三十四、萨夫特－伽德国际公司（美国）

萨夫特－伽德国际公司（Saf-T-Gard International，Inc.）是一家全球性的个人防护装备与工业安全产品的供应商。公司提供种类繁多的与手部防护、头部防护、呼吸防护、眼部防护、电防护、听力保护和其他工效性保护装备相关的个人防护装备。公司是美国全国工业手套供应商协会（National Industrial Glove Distributors Association）的创始成员之一。同时，公司也是安全营销集团（Safety Marketing Group）、全国安全理事会（The National Safety Council）、安全装备供应商协会（Safety Equipment Distributors Association）和诺斯布鲁克工商会议（Northbrook Chamber of Commerce Industry）等组织的积极成员。

三十五、斯伊欧恩工业公司（比利时）

斯伊欧恩工业公司（Sioen Industries NV）是一家在市场上具有广泛影响力的个人防护服装制造巨人。公司生产、设计和提供技术服装和涂层织物。公司的产品在工业和民用市场上都有广泛的应用。公司的产品从一般雨具到专用防护服装。公司的个人防护装备产品包括：消防服、漂流服和救生衣、林业工作服和防弹背心等。VIDAL-SIOFIRE 品牌系列产品包括：消防员用带有隔热介质的夹克、裤子和雨衣。Mullion 品牌系列产品包括：救生衣、漂流夹克和漂流服装。公司可为个人消费者和工业用户提供定制款式的服装。采用公司服装解决方案的优质终端用户广泛分布在食品加工、渔业作业、石油化工、公共工程、建筑、农业、园艺、警察、政府雇员、邮政、军队和私人企业等领域。公司拥有可全面满足民用和工业用服装需求的成熟的制造设施，包括涂层、服装和工艺的部门。

三十六、舒伯斯头盔公司（德国）

舒伯斯头盔公司（Schuberth Helmet GmbH）建立于 1922 年，1956 年开始生产自行车头盔。舒伯斯头盔公司是由一家投资商联合体拥有的企业，它为包括汽车、自行车、消防和工业安全在内的广泛的应用领域提供品种齐全、多样化的创新型头盔。公司提供热塑材料头盔、硬质塑料头盔以及专用头盔，如：林业头盔、电工头盔、隧道建筑头盔、矿业头盔、矿业救援头盔和防撞帽。头盔的型号包括：BER S/PE、BER 80、BER 80 Glowshield、BES/ABS、BEN、BEN R/BEN 74R、BOP、BOP R 和 BOP 74R。

三十七、斯考特健康与安全产品公司（美国）

斯考特健康与安全产品公司（Scott Health and Safety）建立于 1932 年，是国际知名的高性能呼吸防护系统制造商。公司也生产其他生命保护产品。公司的产品划分为 5 大类，即：送气类产品、空气净化类产品、热成像器材、呼吸空气压缩机系统以及便携式和固定式气体探测仪器。送气类产品包括：自给式呼吸器（SCBA）、供气式呼吸器和逃生面具。空气净化类产品包括：全面罩式呼吸器、半面罩式呼吸器以及有源空气净化呼吸器（PAPR）。虽然并不在美国市场销售，但公司却为欧洲市场提供安全防护服装。这一系列产品包括：消防战斗服、柔性反射服装、手套和风帽以及林地服装。自 1999 年开始，公司作为斯考特技术公司（Scott Technologies, Inc.）的一个部门进行运营。斯考特技术公司是泰蔻国际公司（Tyco International Company）的一个部门。公司总部设在北卡罗莱纳（North Carolina），在美国的宾夕法尼亚（Pennsylvania）、中国和英国设有运营机构。

三十八、斯盖洛泰克公司（德国）

斯盖洛泰克公司（Skylotec GmbH）之前的名字是埃德伍德－考夫曼公司（Eduard Kaufmann GmbH），是欧洲领先的个人防护装备制造商。公司的产品和服务包括种类繁多的坠落保护装备（诸如绳、安全带、安全梯、岩钉钢环、救生绳和安全绳），医疗装备和消防训练装备。2005 年，公司更名为斯盖洛泰克公司。

三十九、斯班塞特公司（英国）

斯班塞特公司（SpanSet UK, Ltd.）是斯班塞特国际公司（SpanSet International）的一部分，是制造捆扎加固装置、升高提升装置和个人安全系统产品领域内的工业界领袖型企业。公司提供的高空作业防护产品包括：安全带（scafflite、atlas harness、2-point rescue、jacket harness、ultima harness 和 clima harness），安全绳（限制器安全绳、坠落限制安全绳和 T-Pak titan 安全绳）以及锚固产品等。公司通过其设立在全球的 12 家公司以及一个由授权经销商、代理商和特许商构成的国际网络进行运营。

四十、斯伯瑞安防护产品公司（美国）

斯伯瑞安防护产品公司（Sperian Protection）先前是著名的巴固－德洛集团公司（Bacou-Dalloz Group），是全球个人防护装备和安全产品市场上主要角色。公司向诸多行业提供其个人防护装备，包括：工业、建筑、健康保健和电信。公司通过眼面部防护产品部门、听力保护产品部门、坠落防护产品部门、呼吸保护产品部门和身体保护产品部门等 5 个核心业务部门，提供从头到脚的防护装备。公司销售眼部防护产品使用的品牌包括：Uvex、Harley Davidson、Willson 和 Titmus；销售激光防护产品使用的品牌包括：Lase-R Shield 和 GPT Glendale；销售焊接防护产品使用的品牌包括：Beauverger 和 Optrel；公司的眼部防护产品还有眼部冲洗用产品。公司销售坠落防护产品使用的品牌包括：Miller、Miller Fas、Miller Troll、Swelock、Meckel Miller、Komet 和 Antec。公司销售防护服装、手套和污染物防护产品使用的品牌包括：Securitex、Firegear、STX、Perfect Fit 和 Chainex。公司销售听力保护和随弃式／可重复使用呼吸器产品使用的品牌包括：Howard Leight、Bilsom、Willson、Biosystems and Survivair。2007 年公司将其所拥有的三个旗舰品牌：Survivair®、Securitex® 和

Biosystems™ 整合为一个统一的品牌"Sperian Fire"。公司建立了一个以 Sperian Fire 命名的新部门，专注于满足消防员和紧急医疗服务（emergency medical services, EMS）专业人员的需求。斯伯瑞安防护产品公司在广泛的美洲（北美和拉丁美洲）市场上使用 Uvex 品牌销售面部防护产品和安全眼镜产品。面部防护产品和安全眼镜产品在世界其他地方的制造和市场营销权则属于位于德国的优唯斯安全产品集团（Uves Safety Group）。2007 年底，巴固-德洛集团公司更名为斯伯瑞安防护产品公司。

四十一、海特泰克集团公司（英国）

海特泰克集团公司（The Heightec Group, Ltd.）从事品种多样的坠落防护装备制造和销售服务。公司提供配有模块化、预装配工具箱的个人坠落限制系统。产品系列包括：高空作业工具箱、救援工具/系统、安全带、安全绳、坠落限制组件、绳装置、锚固、锚索和绳、背包、头盔、滑轮、连接器、救援装备以及其他多种多样的坠落限制产品，如脚环（footloops）和绳连接座椅（rope accesss seat）。

四十二、揣克泰尔集团公司（卢森堡）

揣克泰尔集团公司（Tractel Group）总部设在卢森堡，主要从事建筑外墙维护装备的设计、制造和安装业务。公司提供的主要产品和服务包括：坠落保护装备、升降装置、材料搬运、悬空工作平台以及张力和负荷的测量。公司提供种类繁多的升降装置和坠落限制装备，如：转梯、系梁锚固、屋顶车、单轨车和吊锚柱。目前，公司通过一个经销商和代理商网络在世界 14 个国家运营业务。

四十三、优唯斯安全产品集团公司（德国）

优唯斯安全产品集团公司（Uvex Safety Group）提供范围广泛的个人防护装备产品。公司以四大战略业务板块模式进行合理化运营，四大战略业务板块为：头部防护（安全眼镜、符合医疗处方标准的安全眼镜、激光安全眼镜、安全头盔、听力防护装备），工作服装（工作和安全服装），鞋靴（安全鞋靴、高性能袜子、保健辅件）以及手套（防护医疗和化学风险的安全手套）。公司提供的安全眼镜和听力保护产品包括：安全眼镜、安全眼罩、电子耳罩、可重复使用耳塞、可检波耳塞、一次性耳塞和焊接保护装备。公司拥有的主要安全鞋靴品牌包括：Pulse Dynagrip、Extreme Dynagrip、Speed Dynagrip、Speed Perfo Dynagrip、Wave Dynagrip、Macextreme 和 Athletic Gravity Zero。公司拥有的耳塞和耳罩产品的主要品牌包括：X-Fit、Com-Fit、Dispenser、X-Cap、dBex 和 Whisper。公司拥有的安全手套产品的主要品牌包括：Uniper、Profastrong、Profapren、Profabutyl、Profavition、Profastar、Rubiflex S Blue、Rubiflex S Green、Rubipor Ergo 和 Rubiflex 等。在美洲（北美洲和拉丁美洲）公司面部防护和安全眼镜品牌的市场营销权归斯伯瑞安防护产品公司所有。

四十四、Z & V 集团公司（荷兰）

Z & V 集团公司（Z & V Group）是由万德普特集团公司（Vandeputte Group）和 Z 集团公司（Z-Group）合并而成的，是一家制造种类繁多的个人防护装备的企业。集团公司产品类别包括：防护服装、手部防护产品、脚部防护产品、呼吸防护产品、面部防护产品、耳部防护产品、头部防护产品、消防防护产品和坠落保护产品。集团公司拥有的主要品牌包括：Artelli、Intacto 和 Samurai。集团公司近来收购了米德拉公司（Midera），米德拉公司是一家个人防护装备制造领域的领先企业。

四十五、威尔斯－拉蒙特工业集团公司（美国）

威尔斯-拉蒙特工业集团公司（Wells Lamont Industry Group）是马蒙集团公司（Marmon Group of Companies）的一家成员企业。公司设计制造种类繁多的手部防护装备，包括防热、防液体／化学品、防割、通用、皮革和特种手套。公司推广产品使用的主要品牌有：Whizard®、Metal Mesh、Whizard® Non Wear Gloves、Cut-Tec™、Cut-Resistant Liners、Whizard® MetalGuard、Weldrite® Welders、Bemac Petrochief®、PERM-RUFF Red PVC 4000 Series、BLU-FLEX 6000 Series、Trapper's Glove、Kevlar® Flextech、Flextech Dyneema®、MechPro™、KELKLAVE Autoclave Gloves 以及大量的其他品牌。

第十部分

全球个人防护装备市场透视

一、全球个人防护装备市场总体情况

（一）10年来全球个人防护装备市场发展情况

10年来全球个人防护装备市场分析[按地理区域，将全球个人防护装备市场划分为美国、加拿大、日本、欧洲、亚太（不包括日本）、中东和拉丁美洲等区域性市场，分别独立采用2001—2010年的年度销售数据进行分析，销售额以百万美元计]。

国家/地区	2001	2002	2003	2004	2005	2006	2007	2008	2009	2010	复合年增长率（CAGR）%
美国	6 520.69	6 842.49	7 180.05	7 530.93	7 862.89	8 186.27	8 493.91	8 789.80	9 071.85	9 331.81	4.06
加拿大	529.29	546.56	564.27	583.11	603.10	624.41	646.13	668.07	689.89	711.73	3.35
日本	3 018.48	3 112.05	3 207.54	3 309.35	3 417.98	3 534.70	3 652.44	3 771.45	3 890.97	4 010.98	3.21
欧洲	6 679.27	8 013.05	9 749.72	10 776.65	9 532.72	9 729.84	9 919.12	10 097.86	10 267.36	10 423.88	5.07
亚太地区	2 390.87	2 480.30	2 572.07	2 669.05	2 772.05	2 881.84	2 992.90	3 105.89	3 219.73	3 335.58	3.77
中东	631.57	653.06	675.18	698.38	723.14	749.59	776.47	803.73	831.11	858.65	3.47
拉丁美洲	1 312.16	1 351.30	1 390.74	1 431.52	1 474.26	1 519.44	1 564.40	1 608.88	1 652.41	1 694.98	2.89
总计	21 082.33	22 999.33	25 339.57	26 998.99	26 226.09	27 226.09	28 845.37	28 845.68	29 623.32	30 367.61	4.14

（1）本表数据为权威机构统计研究得出，2007—2008年数据系估计得出，2009—2010年数据系预测得出；
（2）本表数据的误差宽容度为±10%；
（3）为使表中数据得以标准化，不同货币间的兑换率为：1美元＝1加拿大元，106.40日元，0.67欧元，0.50英镑；
（4）2001—2005年欧洲市场的复合年增长率（CAGR）相对较高，反映出欧元和美元的汇率波动；
（5）由于未对历史市场数据（1994—2000年）进行汇率波动处理，导致2000—2001年的增长显现出了一个更高的偏差；用于2001—2004年的近似汇率为：1欧元＝0.89美元（2001年），1.05美元（2002年），1.26美元（2003年），1.36美元（2004年）；
（6）数据没有进行通胀因素处理，通胀率以名义上的期限进行报告；
（7）数据是以制造商的水平进行报告的；
（8）现行数据采用2008年2月1日的货币价值进行了标准化处理；
（9）欧洲的数据源自以下国家：奥地利、比利时、保加利亚、捷克、丹麦、芬兰、法国、德国、希腊、匈牙利、爱尔兰、意大利、荷兰、挪威、波兰、葡萄牙、罗马尼亚、俄罗斯、斯洛伐克、西班牙、瑞典、瑞士、土耳其和英国；
（10）亚太地区的数据源自以下国家或地区：澳大利亚、中国、中国香港、印度、印度尼西亚、韩国、马来西亚、新西兰、菲律宾、新加坡、中国台湾和泰国；
（11）中东地区的数据源自如下国家：伊朗、伊拉克、以色列、科威特、沙特阿拉伯、叙利亚和阿拉伯联合酋长国；
（12）拉丁美洲的数据源自如下国家：阿根廷、巴西、智利、哥伦比亚、厄瓜多尔、墨西哥、秘鲁和委内瑞拉。

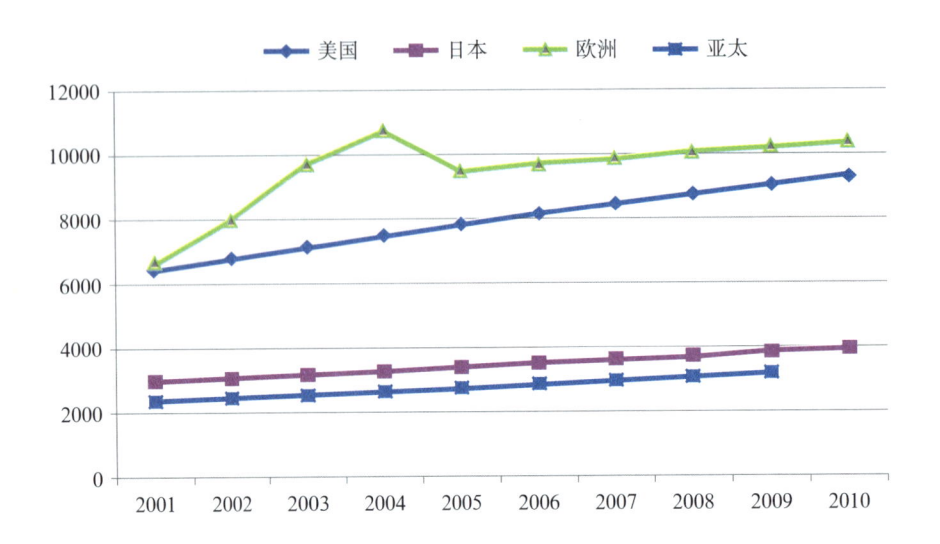

(二) 未来5年全球个人防护装备市场发展预测

全球2011—2015年个人防护装备市场发展预测[按地理区域，将全球个人防护装备市场划分为美国、加拿大、日本、欧洲、亚太（不包括日本）、中东和拉丁美洲等区域性市场，分别独立采用年度销售数据进行分析，销售额以百万美元计]。

国家／地区	2011	2012	2013	2014	2015	复合年增长率（CAGR）%
美国	9 580.40	9 819.98	10 056.09	10 288.30	10 517.87	2.36
加拿大	735.19	760.43	787.40	816.29	847.27	3.61
日本	4 138.24	4 272.72	4 416.05	4 569.49	4 734.80	3.42
欧洲	10 600.27	10 795.91	11 011.19	11 248.73	11 510.06	2.08
亚太地区	3 459.19	3 591.03	3 731.83	3 883.22	4 045.99	4.00
中东	887.99	918.95	951.64	986.37	1 023.30	3.61
拉丁美洲	1 740.21	1 787.93	1 837.84	1 890.56	1 945.96	2.83
总计	31 141.49	31 946.95	32 792.04	33 682.96	34 625.25	2.69

(1) 本表数据为权威机构预测得出；
(2) 本表数据的误差宽容度为±10%；
(3) 为使表中数据得以标准化，不同货币间的兑换率为：1美元＝1加拿大元，106.40日元，0.67欧元，0.50英镑；
(4) 2001—2005年欧洲市场的复合年增长率（CAGR）相对较高，反映出欧元和美元的汇率波动；
(5) 由于未对历史市场数据（1994—2000年）进行汇率波动处理，导致2000—2001年的增长显现出了一个更高的偏差；用于2001—2004年的近似汇率为：1欧元＝0.89美元（2001年），1.05美元（2002年），1.26美元（2003年），1.36美元（2004年）；
(6) 数据没有进行通胀因素处理，通胀率以名义上的期限进行报告；
(7) 数据是以制造商的水平进行报告的；
(8) 当前数据采用2008年2月1日的货币价值进行了标准化处理；
(9) 欧洲的数据源自以下国家：奥地利、比利时、保加利亚、捷克、丹麦、芬兰、法国、德国、希腊、匈牙利、爱尔兰、意大利、荷兰、挪威、波兰、葡萄牙、罗马尼亚、俄罗斯、斯洛伐克、西班牙、瑞典、瑞士、土耳其和英国；
(10) 亚太地区的数据源自以下国家或地区：澳大利亚、中国、中国香港、印度、印度尼西亚、韩国、马来西亚、新西兰、菲律宾、新加坡、中国台湾和泰国；
(11) 中东地区的数据源自如下国家：伊朗、伊拉克、以色列、科威特、沙特阿拉伯、叙利亚和阿拉伯联合酋长国；
(12) 拉丁美洲的数据源自如下国家：阿根廷、巴西、智利、哥伦比亚、厄瓜多尔、墨西哥、秘鲁和委内瑞拉。

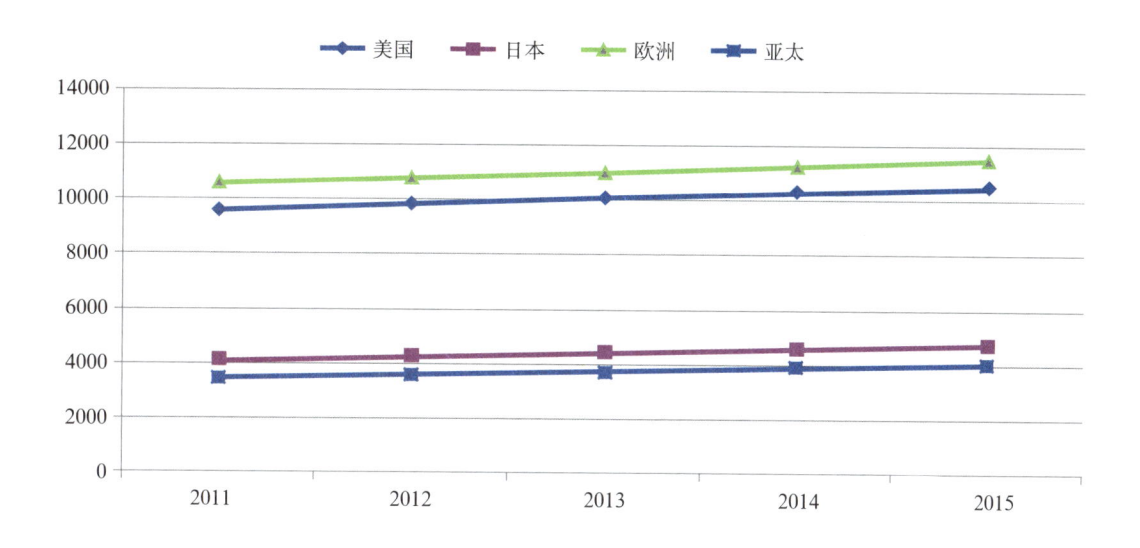

（三）20世纪末全球个人防护装备市场情况

全球1994—2000年个人防护装备市场分析[按地理区域，将全球个人防护装备市场划分为美国、加拿大、日本、欧洲、亚太（不包括日本）、中东和拉丁美洲等区域性市场，分别独立采用年度销售数据进行分析，销售额以百万美元计]。

国家／地区	1994	1995	1996	1997	1998	1999	2000	复合年增长率（CAGR）%
美国	4 712.86	4 894.72	5 099.59	5 326.27	5 585.07	5 870.12	6 188.36	4.64
加拿大	419.46	432.15	445.87	460.56	476.43	493.58	512.00	3.38
日本	2 453.93	2 517.75	2 584.74	2 654.31	2 727.06	2 802.63	2 881.95	2.72
欧洲	5 406.59	5 535.88	5 689.00	5 848.38	6 021.65	6 202.18	6 386.09	2.81
亚太地区	1 846.14	1 912.06	1 982.99	2 058.95	2 136.57	2 217.12	2 304.03	3.76
中东	499.79	515.35	532.02	549.96	569.19	589.73	610.80	3.40
拉丁美洲	1 069.49	1 098.67	1 129.89	1 163.19	1 198.76	1 236.59	1 274.87	2.97
总计	16 408.26	16 906.58	17 464.10	18 061.62	18 714.73	19 411.95	20 158.10	3.49

（1）本表数据的误差宽容度为±10%；
（2）为使表中数据得以标准化，不同货币间的兑换率为：1美元＝1加拿大元，106.40日元，0.67欧元，0.50英镑；
（3）2001—2005年欧洲市场的复合年增长率（CAGR）相对较高，反映出欧元和美元的汇率波动；
（4）由于未对历史市场数据（1994—2000年）进行汇率波动处理，导致2000—2001年的增长显现出了一个更高的偏差；用于2001—2004年的近似汇率为：1欧元＝0.89美元（2001年），1.05美元（2002年），1.26美元（2003年），1.36美元（2004年）；
（5）数据没有进行通胀因素处理，通胀率以名义上的期限进行报告；
（6）数据是以制造商的水平进行报告的；
（7）当前数据采用2008年2月1日的货币价值进行了标准化处理；
（8）欧洲的数据源自以下国家：奥地利、比利时、保加利亚、捷克、丹麦、芬兰、法国、德国、希腊、匈牙利、爱尔兰、意大利、荷兰、挪威、波兰、葡萄牙、罗马尼亚、俄罗斯、斯洛伐克、西班牙、瑞典、瑞士、土耳其和英国；
（9）亚太地区的数据源自以下国家或地区：澳大利亚、中国、中国香港、印度、印度尼西亚、韩国、马来西亚、新西兰、菲律宾、新加坡、中国台湾和泰国；
（10）中东地区的数据源自如下国家：伊朗、伊拉克、以色列、科威特、沙特阿拉伯、叙利亚和阿拉伯联合酋长国；
（11）拉丁美洲的数据源自如下国家：阿根廷、巴西、智利、哥伦比亚、厄瓜多尔、墨西哥、秘鲁和委内瑞拉。

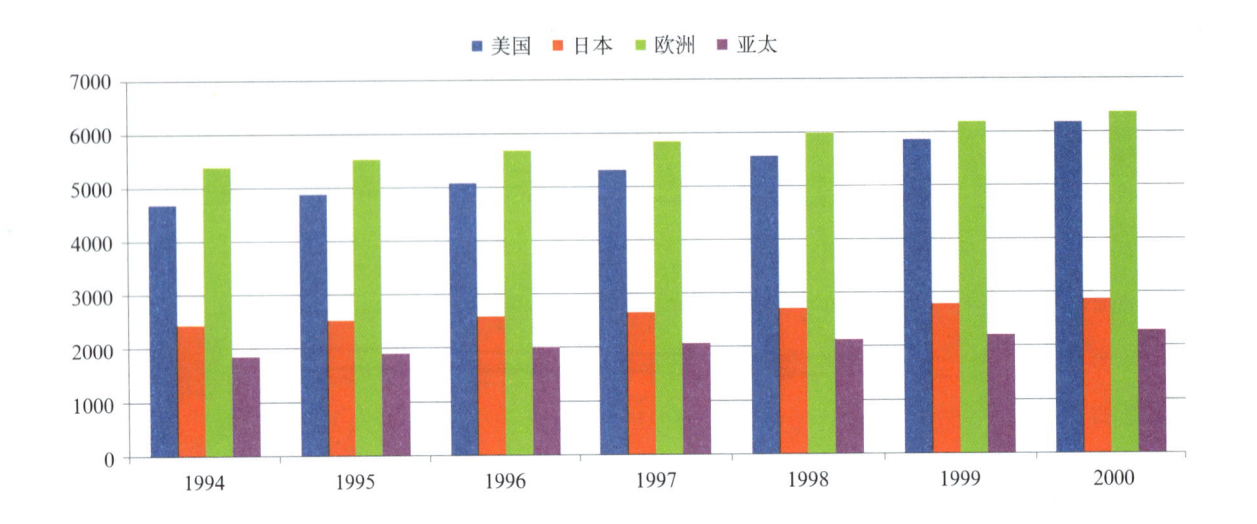

（四）全球个人防护装备市场 15 年透视

全球 1998—2012 年个人防护装备市场发展趋势 [按地理区域，以美元计的销售额计算美国、加拿大、日本、欧洲、亚太（不包括日本）、中东和拉丁美洲等区域性市场占全球市场的份额]。

国家／地区	1998	2008	2012
美国	29.84	30.47	30.74
加拿大	2.55	2.32	2.38
日本	14.57	13.07	13.37
欧洲	32.17	35.00	33.79
亚太地区	11.42	10.77	11.24
中东	3.04	2.79	2.88
拉丁美洲	6.41	5.58	5.60
总计	100.00	100.00	100.00

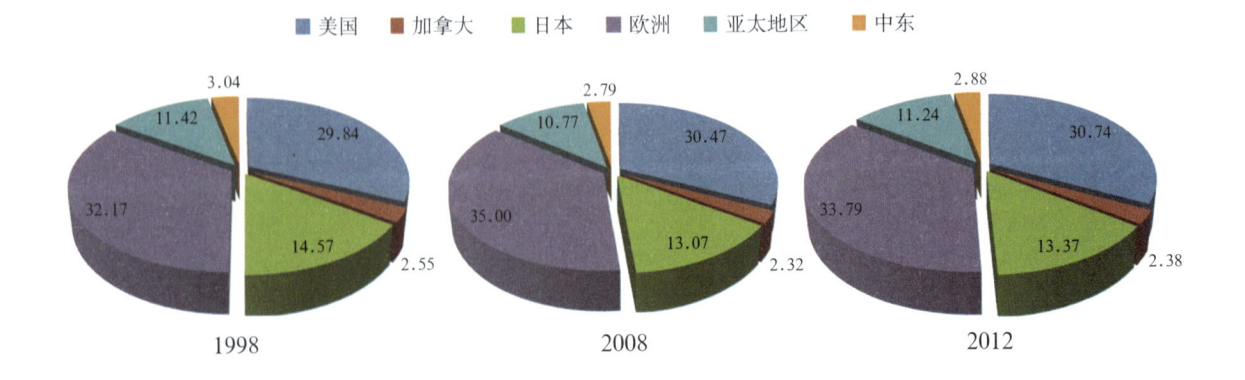

二、全球传统工作服装市场发展情况

（一）10年来全球传统工作服装市场发展情况

10年来全球传统工作服装市场分析[按地理区域，将全球个人防护装备市场划分为美国、加拿大、日本、欧洲、亚太（不包括日本）、中东和拉丁美洲等区域性市场，分别独立地采用2001—2010年的年度销售数据进行分析，销售额以百万美元计]。

国家／地区	2001	2002	2003	2004	2005	2006	2007	2008	2009	2010	复合年增长率（CAGR）%
美国	1 688.61	1 707.35	1 725.45	1 742.36	1 758.22	1 772.64	1 785.23	1 796.30	1 805.10	1 811.96	0.79
加拿大	154.09	155.78	157.42	158.98	160.44	161.82	163.10	164.26	165.29	166.20	0.84
日本	816.97	825.47	833.39	840.81	847.71	854.06	859.95	865.28	870.04	874.22	0.76
欧洲	2 745.07	3 254.18	3 883.71	4 219.35	3 674.24	3 678.30	3 677.03	3 668.86	3 656.41	3 637.78	3.18
亚太地区	654.14	665.46	676.97	688.08	698.56	707.78	716.41	724.72	732.47	739.79	1.38
中东	155.88	157.21	158.55	159.67	160.70	161.62	162.46	163.17	163.76	164.17	0.58
拉丁美洲	339.98	345.56	351.02	356.32	361.42	366.18	370.61	374.76	378.58	382.10	1.31
总计	6 554.74	7 111.01	7 786.51	8 165.57	7 661.57	7 702.40	7 634.79	7 734.79	7 757.35	7 771.65	1.92

（1）本表数据为权威机构统计研究得出，2007—2008年数据系估计得出，2009—2010年数据系预测得出；
（2）本表数据的误差宽容度为±10%；
（3）为使表中数据得以标准化，不同货币间的兑换率为：1美元＝1加拿大元，106.40日元，0.67欧元，0.50英镑；
（4）2001—2005年欧洲市场的复合年增长率（CAGR）相对较高，反映出欧元和美元的汇率波动；
（5）由于未对历史市场数据（1994—2000年）进行汇率波动处理，导致2000—2001年的增长显现出了一个更高的偏差；用于2001—2004年的近似汇率为：1欧元＝0.89美元（2001年），1.05美元（2002年），1.26美元（2003年），1.36美元（2004年）；
（6）数据没有进行通胀因素处理，通胀率以名义上的期限进行报告；
（7）数据是以制造商的水平进行报告的；
（8）当前数据采用2008年2月1日的货币价值进行了标准化处理；
（9）欧洲的数据源自以下国家：奥地利、比利时、保加利亚、捷克、丹麦、芬兰、法国、德国、希腊、匈牙利、爱尔兰、意大利、荷兰、挪威、波兰、葡萄牙、罗马尼亚、俄罗斯、斯洛伐克、西班牙、瑞典、瑞士、土耳其和英国；
（10）亚太地区的数据源自以下国家或地区：澳大利亚、中国、中国香港、印度、印度尼西亚、韩国、马来西亚、新西兰、菲律宾、新加坡、中国台湾和泰国；
（11）中东地区的数据源自如下国家：伊朗、伊拉克、以色列、科威特、沙特阿拉伯、叙利亚和阿拉伯联合酋长国；
（12）拉丁美洲的数据源自如下国家：阿根廷、巴西、智利、哥伦比亚、厄瓜多尔、墨西哥、秘鲁和委内瑞拉。

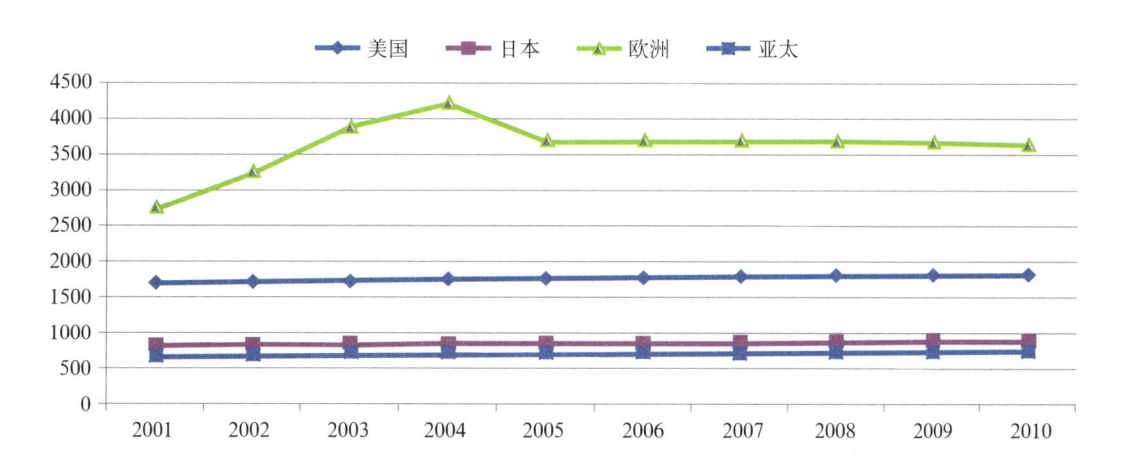

（二）未来 5 年全球传统工作服装市场发展预测

全球 2011—2015 年全球传统工作服装市场发展预测［按地理区域，将全球个人防护装备市场划分为美国、加拿大、日本、欧洲、亚太（不包括日本）、中东和拉丁美洲等区域性市场，分别独立采用年度销售数据进行分析，销售额以百万美元计］。

国家／地区	2011	2012	2013	2014	2015	复合年增长率（CAGR）％
美国	1 820.84	1 831.04	1 843.67	1 857.68	1 874.03	0.72
加拿大	167.23	168.37	169.60	170.96	172.40	0.76
日本	877.89	881.31	884.39	886.95	889.17	0.32
欧洲	3 616.80	3 593.75	3 568.55	3 542.08	3 514.43	−0.72
亚太地区	747.48	755.63	764.17	773.19	783.09	1.17
中东	164.48	164.71	164.89	164.99	165.04	0.09
拉丁美洲	385.42	388.58	391.49	394.23	396.75	0.73
总计	7 780.14	7 783.39	7 786.76	7 790.08	7 794.91	0.05

（1）本表数据为权威机构预测得出；
（2）本表数据的误差宽容度为 ±10％；
（3）为使表中数据得以标准化，不同货币间的兑换率为：1 美元 = 1 加拿大元，106.40 日元，0.67 欧元，0.50 英镑；
（4）2001—2005 年欧洲市场的复合年增长率（CAGR）相对较高，反映出欧元和美元的汇率波动；
（5）由于未对历史市场数据（1994—2000 年）进行汇率波动处理，导致 2000—2001 年的增长显现出了一个更高的偏差；用于 2001—2004 年的近似汇率为：1 欧元 = 0.89 美元（2001 年），1.05 美元（2002 年），1.26 美元（2003 年），1.36 美元（2004 年）；
（6）数据没有进行通胀因素处理，通胀率以名义上的期限进行报告；
（7）数据是以制造商的水平进行报告的；
（8）当前数据采用 2008 年 2 月 1 日的货币价值进行了标准化处理；
（9）欧洲的数据源自以下国家：奥地利、比利时、保加利亚、捷克、丹麦、芬兰、法国、德国、希腊、匈牙利、爱尔兰、意大利、荷兰、挪威、波兰、葡萄牙、罗马尼亚、俄罗斯、斯洛伐克、西班牙、瑞典、瑞士、土耳其和英国；
（10）亚太地区的数据源自以下国家或地区：澳大利亚、中国、中国香港、印度、印度尼西亚、韩国、马来西亚、新西兰、菲律宾、新加坡、中国台湾和泰国；
（11）中东地区的数据源自如下国家：伊朗、伊拉克、以色列、科威特、沙特阿拉伯、叙利亚和阿拉伯联合酋长国；
（12）拉丁美洲的数据源自如下国家：阿根廷、巴西、智利、哥伦比亚、厄瓜多尔、墨西哥、秘鲁和委内瑞拉。

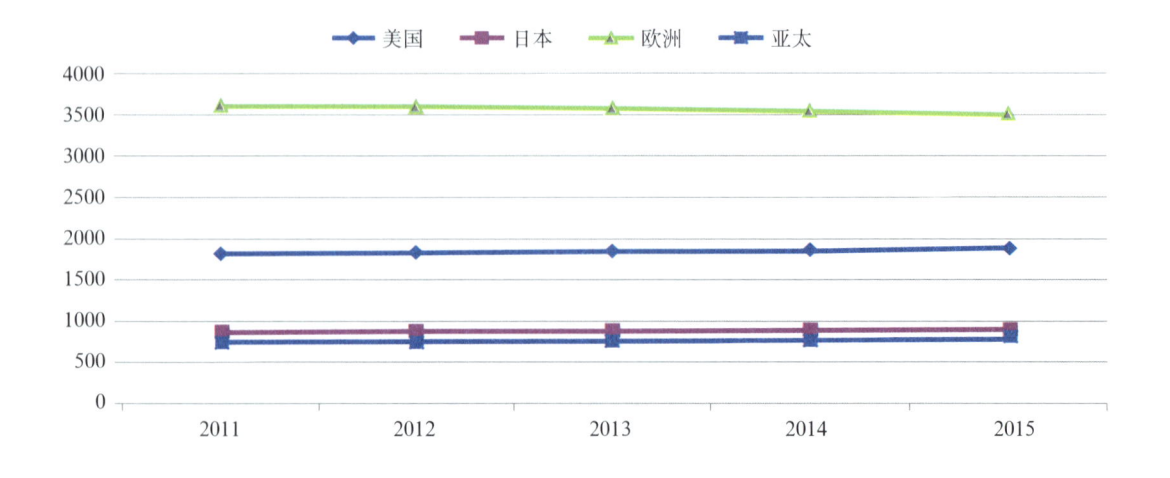

（三）20世纪末全球传统工作服装市场情况

全球1994—2000年传统工作服装市场分析 [按地理区域，将全球个人防护装备市场划分为美国、加拿大、日本、欧洲、亚太（不包括日本）、中东和拉丁美洲等区域性市场，分别独立采用年度销售数据进行分析，销售额以百万美元计]。

国家／地区	1994	1995	1996	1997	1998	1999	2000	复合年增长率（CAGR）%
美国	1 540.97	1 558.69	1 577.39	1 597.27	1 619.95	1 642.63	1 668.09	1.33
加拿大	138.09	140.00	142.16	144.35	146.76	149.33	152.09	1.62
日本	761.63	767.46	774.22	780.56	787.27	793.96	801.08	0.85
欧洲	2 451.99	2 480.29	2 516.47	2 551.20	2 586.85	2 625.61	2 666.06	1.40
亚太地区	577.29	586.62	597.08	608.42	619.18	630.32	642.13	1.79
中东	146.79	147.81	148.98	150.25	151.63	153.16	154.56	0.86
拉丁美洲	303.61	308.00	312.84	317.80	323.11	328.88	334.34	1.62
总计	5 920.37	5 988.87	6 069.14	6 149.85	6 234.75	6 323.89	6 418.35	1.36

（1）本表数据的误差宽容度为 ±10%；
（2）为使表中数据得以标准化，不同货币间的兑换率为：1美元 = 1加拿大元，106.40日元，0.67欧元，0.50英镑；
（3）2001—2005年欧洲市场的复合年增长率（CAGR）相对较高，反映出欧元和美元的汇率波动；
（4）由于未对历史市场数据（1994—2000年）进行汇率波动处理，导致2000—2001年的增长显现出了一个更高的偏差；用于2001—2004年的近似汇率为：1欧元 = 0.89美元（2001年），1.05美元（2002年），1.26美元（2003年），1.36美元（2004年）；
（5）数据没有进行通胀因素处理，通胀率以名义上的期限进行报告；
（6）数据是以制造商的水平进行报告的；
（7）当前数据采用2008年2月1日的货币价值进行了标准化处理；
（8）欧洲的数据源自以下国家：奥地利、比利时、保加利亚、捷克、丹麦、芬兰、法国、德国、希腊、匈牙利、爱尔兰、意大利、荷兰、挪威、波兰、葡萄牙、罗马尼亚、俄罗斯、斯洛伐克、西班牙、瑞典、瑞士、土耳其和英国；
（9）亚太地区的数据源自以下国家或地区：澳大利亚、中国、中国香港、印度、印度尼西亚、韩国、马来西亚、新西兰、菲律宾、新加坡、中国台湾和泰国；
（10）中东地区的数据源自如下国家：伊朗、伊拉克、以色列、科威特、沙特阿拉伯、叙利亚和阿拉伯联合酋长国；
（11）拉丁美洲的数据源自如下国家：阿根廷、巴西、智利、哥伦比亚、厄瓜多尔、墨西哥、秘鲁和委内瑞拉。

(四) 全球传统工作服装市场 15 年透视

全球 1998—2012 年传统工作服装市场发展趋势 [按地理区域，以美元计的销售额计算美国、加拿大、日本、欧洲、亚太（不包括日本）、中东和拉丁美洲等区域性市场占全球市场的份额]。

国家/地区	1998	2008	2012
美国	25.98	23.16	23.52
加拿大	2.35	2.12	2.16
日本	12.63	11.15	11.32
欧洲	41.50	47.30	46.18
亚太地区	9.93	9.34	9.71
中东	2.43	2.10	2.12
拉丁美洲	5.18	4.83	4.99
总计	100.00	100.00	100.00

三、全球防护服装市场发展情况

(一) 10 年来全球防护服装市场发展情况

10 年来全球防护服装市场分析 [按地理区域，将全球个人防护装备市场划分为美国、加拿大、日本、欧洲、亚太（不包括日本）、中东和拉丁美洲等区域性市场，分别独立采用 2001—2010 年的年度销售数据进行分析，销售额以百万美元计]。

国家/地区	2001	2002	2003	2004	2005	2006	2007	2008	2009	2010	复合年增长率（CAGR）%
美国	1 124.57	1 181.36	1 237.12	1 287.72	1 332.28	1 372.38	1 411.77	1 444.38	1 472.40	1 492.57	3.20
加拿大	133.64	141.28	149.46	158.20	167.57	177.60	188.10	199.09	210.58	222.58	5.83
日本	796.84	840.03	885.06	933.65	986.11	1 043.61	1 102.99	1 164.54	1 227.89	1 293.09	5.53
欧洲	823.28	1 009.30	1 266.11	1 437.55	1 302.98	1 364.99	1 427.33	1 490.44	1 553.83	1 615.22	7.78
亚太地区	636.21	674.39	714.26	757.47	804.17	855.04	907.62	962.26	1 018.36	1 077.02	6.02
中东	167.12	176.74	186.79	197.51	209.09	221.51	234.50	247.76	261.61	275.92	5.73
拉丁美洲	354.43	365.76	377.17	389.17	401.97	415.67	429.22	442.65	455.97	469.15	3.16
总计	4 036.09	4 388.86	4 815.97	5 161.27	5 204.17	5 450.80	5 701.43	5 951.12	6 200.64	6 445.55	5.34

（1）本表数据为权威机构统计研究得出，2007—2008年数据系估计得出，2009—2010年数据系预测得出；
（2）本表数据的误差宽容度为±10%；
（3）为使表中数据得以标准化，不同货币间的兑换率为：1美元＝1加拿大元，106.40日元，0.67欧元，0.50英镑；
（4）2001—2005年欧洲市场的复合年增长率（CAGR）相对较高，反映出欧元和美元的汇率波动；
（5）由于未对历史市场数据（1994—2000年）进行汇率波动处理，导致2000—2001年的增长显现出了一个更高的偏差；用于2001—2004年的近似汇率为：1欧元＝0.89美元（2001年），1.05美元（2002年），1.26美元（2003年），1.36美元（2004年）；
（6）数据没有进行通胀因素处理，通胀率以名义上的期限进行报告；
（7）数据是以制造商的水平进行报告的；
（8）当前数据采用2008年2月1日的货币价值进行了标准化处理；
（9）欧洲的数据源自以下国家：奥地利、比利时、保加利亚、捷克、丹麦、芬兰、法国、德国、希腊、匈牙利、爱尔兰、意大利、荷兰、挪威、波兰、葡萄牙、罗马尼亚、俄罗斯、斯洛伐克、西班牙、瑞典、瑞士、土耳其和英国；
（10）亚太地区的数据源自以下国家或地区：澳大利亚、中国、中国香港、印度、印度尼西亚、韩国、马来西亚、新西兰、菲律宾、新加坡、中国台湾和泰国；
（11）中东地区的数据源自如下国家：伊朗、伊拉克、以色列、科威特、沙特阿拉伯、叙利亚和阿拉伯联合酋长国；
（12）拉丁美洲的数据源自如下国家：阿根廷、巴西、智利、哥伦比亚、厄瓜多尔、墨西哥、秘鲁和委内瑞拉。

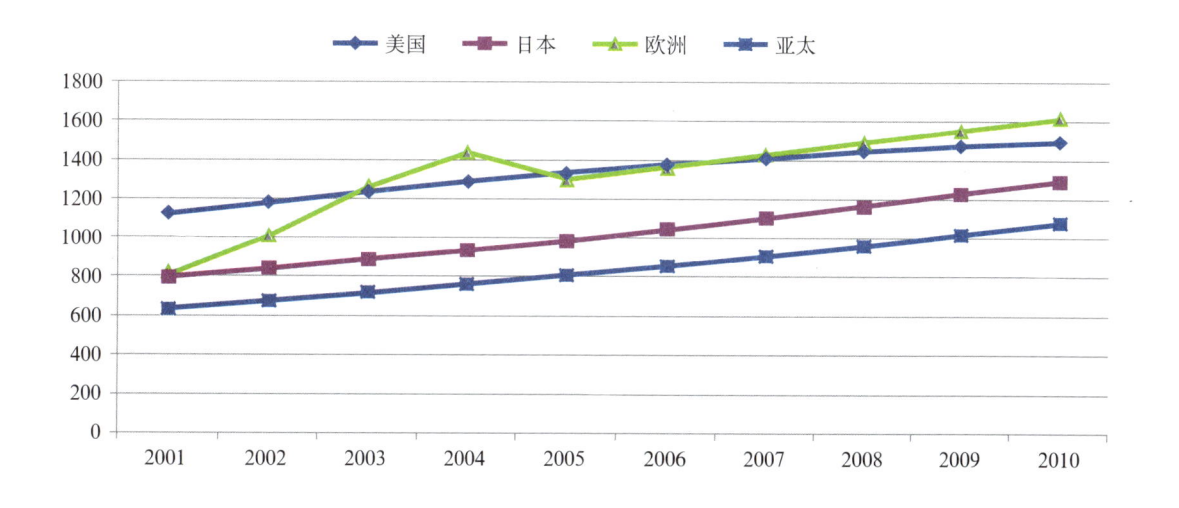

（二）未来 5 年全球防护服装市场发展预测

全球 2011—2015 年全球防护服装市场发展预测 [按地理区域，将全球个人防护装备市场划分为美国、加拿大、日本、欧洲、亚太（不包括日本）、中东和拉丁美洲等区域性市场，分别独立采用年度销售数据进行分析，销售额以百万美元计]。

国家／地区	2011	2012	2013	2014	2015	复合年增长率（CAGR）%
美国	1 508.69	1 523.48	1 537.34	1 550.71	1 563.43	0.89
加拿大	235.40	249.38	264.49	280.81	298.47	6.11
日本	1 362.79	1 436.93	1 517.25	1 604.64	1 700.60	5.69
欧洲	1 683.80	1 759.32	1 842.92	1 935.89	2 038.22	4.89
亚太地区	1 139.92	1 207.29	1 280.21	1 359.71	1 446.32	6.13
中东	291.26	307.57	324.95	343.57	363.46	5.69
拉丁美洲	483.08	497.72	513.00	529.06	546.10	3.11
总计	6 704.94	6 981.69	7 280.16	7 604.39	7 956.60	4.37

（1）本表数据为权威机构预测得出；
（2）本表数据的误差宽容度为 ±10%；
（3）为使表中数据得以标准化，不同货币间的兑换率为：1 美元 = 1 加拿大元，106.40 日元，0.67 欧元，0.50 英镑；
（4）2001—2005 年欧洲市场的复合年增长率（CAGR）相对较高，反映出欧元和美元的汇率波动；
（5）由于未对历史市场数据（1994—2000 年）进行汇率波动处理，导致 2000—2001 年的增长显现出了一个更高的偏差；用于 2001—2004 年的近似汇率为：1 欧元 = 0.89 美元（2001 年），1.05 美元（2002 年），1.26 美元（2003 年），1.36 美元（2004 年）；
（6）数据没有进行通胀因素处理，通胀率以名义上的期限进行报告；
（7）数据是以制造商的水平进行报告的；
（8）当前数据采用 2008 年 2 月 1 日的货币价值进行了标准化处理；
（9）欧洲的数据源自以下国家：奥地利、比利时、保加利亚、捷克、丹麦、芬兰、法国、德国、希腊、匈牙利、爱尔兰、意大利、荷兰、挪威、波兰、葡萄牙、罗马尼亚、俄罗斯、斯洛伐克、西班牙、瑞典、瑞士、土耳其和英国；
（10）亚太地区的数据源自以下国家或地区：澳大利亚、中国、中国香港、印度、印度尼西亚、韩国、马来西亚、新西兰、菲律宾、新加坡、中国台湾和泰国；
（11）中东地区的数据源自如下国家：伊朗、伊拉克、以色列、科威特、沙特阿拉伯、叙利亚和阿拉伯联合酋长国；
（12）拉丁美洲的数据源自如下国家：阿根廷、巴西、智利、哥伦比亚、厄瓜多尔、墨西哥、秘鲁和委内瑞拉。

（三）20世纪末全球防护服装市场情况

全球 1994—2000 年防护服装市场分析 [按地理区域，将全球个人防护装备市场划分为美国、加拿大、日本、欧洲、亚太（不包括日本）、中东和拉丁美洲等区域性市场，分别独立采用年度销售数据进行分析，销售额以百万美元计]。

国家／地区	1994	1995	1996	1997	1998	1999	2000	复合年增长率（CAGR）%
美国	680.89	731.68	787.21	845.31	909.64	977.41	1 052.57	7.53
加拿大	88.99	94.04	99.50	105.42	111.82	118.75	126.21	6.00
日本	544.96	573.47	603.42	635.35	668.88	703.98	741.18	5.26
欧洲	580.70	608.68	639.69	672.28	713.14	753.59	797.46	5.43
亚太地区	412.61	439.01	467.39	498.06	530.08	563.81	600.43	6.45
中东	110.46	117.08	124.12	131.70	139.89	148.77	157.98	6.14
拉丁美洲	282.85	291.56	300.75	310.53	320.97	332.19	343.45	3.29
总计	2 701.46	2 855.52	3 022.08	3 198.65	3 394.42	3 598.50	3 819.28	5.94

（1）本表数据的误差宽容度为 ±10%；
（2）为使表中数据得以标准化，不同货币间的兑换率为：1 美元 = 1 加拿大元，106.40 日元，0.67 欧元，0.50 英镑；
（3）2001—2005 年欧洲市场的复合年增长率（CAGR）相对较高，反映出欧元和美元的汇率波动；
（4）由于未对历史市场数据（1994—2000 年）进行汇率波动处理，导致 2000—2001 年的增长显现出了一个更高的偏差；用于 2001—2004 年的近似汇率为：1 欧元 = 0.89 美元（2001 年），1.05 美元（2002 年），1.26 美元（2003 年），1.36 美元（2004 年）；
（5）数据没有进行通胀因素处理，通胀率以名义上的期限进行报告；
（6）数据是以制造商的水平进行报告的；
（7）当前数据采用 2008 年 2 月 1 日的货币价值进行了标准化处理；
（8）欧洲的数据源自以下国家：奥地利、比利时、保加利亚、捷克、丹麦、芬兰、法国、德国、希腊、匈牙利、爱尔兰、意大利、荷兰、挪威、波兰、葡萄牙、罗马尼亚、俄罗斯、斯洛伐克、西班牙、瑞典、瑞士、土耳其和英国；
（9）亚太地区的数据源自以下国家或地区：澳大利亚、中国、中国香港、印度、印度尼西亚、韩国、马来西亚、新西兰、菲律宾、新加坡、中国台湾和泰国；
（10）中东地区的数据源自如下国家：伊朗、伊拉克、以色列、科威特、沙特阿拉伯、叙利亚和阿拉伯联合酋长国；
（11）拉丁美洲的数据源自如下国家：阿根廷、巴西、智利、哥伦比亚、厄瓜多尔、墨西哥、秘鲁和委内瑞拉。

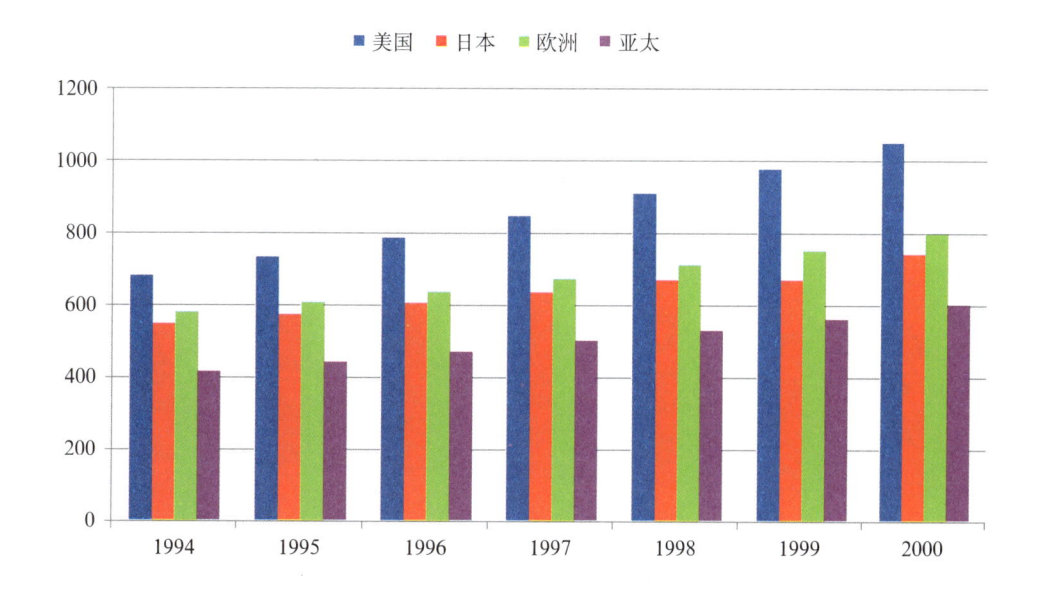

(四) 全球防护服装市场 15 年透视

全球 1998—2012 年防护服装市场发展趋势 [按地理区域,以美元计的销售额计算美国、加拿大、日本、欧洲、亚太(不包括日本)、中东和拉丁美洲等区域性市场占全球市场的份额]。

国家／地区	1998	2008	2012
美国	26.79	24.27	21.82
加拿大	3.29	3.35	3.57
日本	19.71	19.57	20.58
欧洲	21.01	25.04	25.20
亚太地区	15.62	16.17	17.29
中东	4.12	4.16	4.41
拉丁美洲	9.46	7.44	7.13
总计	100.00	100.00	100.00

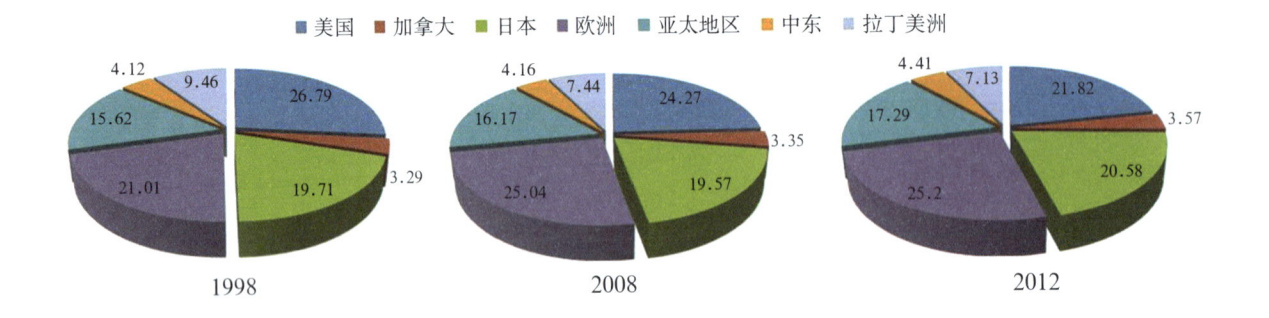

四、全球呼吸防护装备市场发展情况

(一) 10 年来全球呼吸防护装备市场发展情况

10 年来全球呼吸防护装备市场分析 [按地理区域,将全球个人防护装备市场划分为美国、加拿大、日本、欧洲、亚太(不包括日本)、中东和拉丁美洲等区域性市场,分别独立采用 2001—2010 年的年度销售数据进行分析,销售额以百万美元计]。

第十部分 全球个人防护装备市场透视

国家／地区	2001	2002	2003	2004	2005	2006	2007	2008	2009	2010	复合年增长率(CAGR)%
美国	1 148.14	1 312.89	1 482.52	1 658.05	1 819.38	1 974.21	2 117.54	2 256.03	2 385.30	2 500.03	9.03
加拿大	29.26	30.14	31.02	31.91	33.02	34.24	35.44	36.47	37.50	38.54	3.11
日本	177.50	183.24	189.01	195.21	210.90	209.12	216.27	223.41	230.58	237.73	3.30
欧洲	283.29	350.56	443.22	502.79	455.32	476.28	497.41	518.46	539.68	561.22	7.89
亚太地区	138.43	143.61	148.92	154.54	160.50	167.15	173.94	180.81	187.72	194.82	3.87
中东	39.67	41.33	43.00	44.78	46.67	48.70	50.76	52.83	54.93	57.02	4.11
拉丁美洲	84.06	87.29	90.55	94.03	97.71	101.70	105.71	109.76	113.62	117.44	3.79
总计	1 900.35	2 149.06	2 428.24	2 681.31	2 814.50	3 011.40	3 197.07	3 377.77	3 549.33	3 706.80	7.71

(1) 本表数据为权威机构统计研究得出，2007—2008年数据系估计得出，2009—2010年数据系预测得出；
(2) 本表数据的误差宽容度为±10%；
(3) 为使表中数据得以标准化，不同货币间的兑换率为：1美元＝1加拿大元，106.40日元，0.67欧元，0.50英镑；
(4) 2001—2005年欧洲市场的复合年增长率（CAGR）相对较高，反映出欧元和美元的汇率波动；
(5) 由于未对历史市场数据（1994—2000年）进行汇率波动处理，导致2000—2001年的增长显现出了一个更高的偏差；用于2001—2004年的近似汇率为：1欧元＝0.89美元（2001年），1.05美元（2002年），1.26美元（2003年），1.36美元（2004年）；
(6) 数据没有进行通胀因素处理，通胀率以名义上的期限进行报告；
(7) 数据是以制造商的水平进行报告的；
(8) 当前数据采用2008年2月1日的货币价值进行了标准化处理；
(9) 欧洲的数据源自以下国家：奥地利、比利时、保加利亚、捷克、丹麦、芬兰、法国、德国、希腊、匈牙利、爱尔兰、意大利、荷兰、挪威、波兰、葡萄牙、罗马尼亚、俄罗斯、斯洛伐克、西班牙、瑞典、瑞士、土耳其和英国；
(10) 亚太地区的数据源自以下国家或地区：澳大利亚、中国、中国香港、印度、印度尼西亚、韩国、马来西亚、新西兰、菲律宾、新加坡、中国台湾和泰国；
(11) 中东地区的数据源自如下国家：伊朗、伊拉克、以色列、科威特、沙特阿拉伯、叙利亚和阿拉伯联合酋长国；
(12) 拉丁美洲的数据源自如下国家：阿根廷、巴西、智利、哥伦比亚、厄瓜多尔、墨西哥、秘鲁和委内瑞拉。

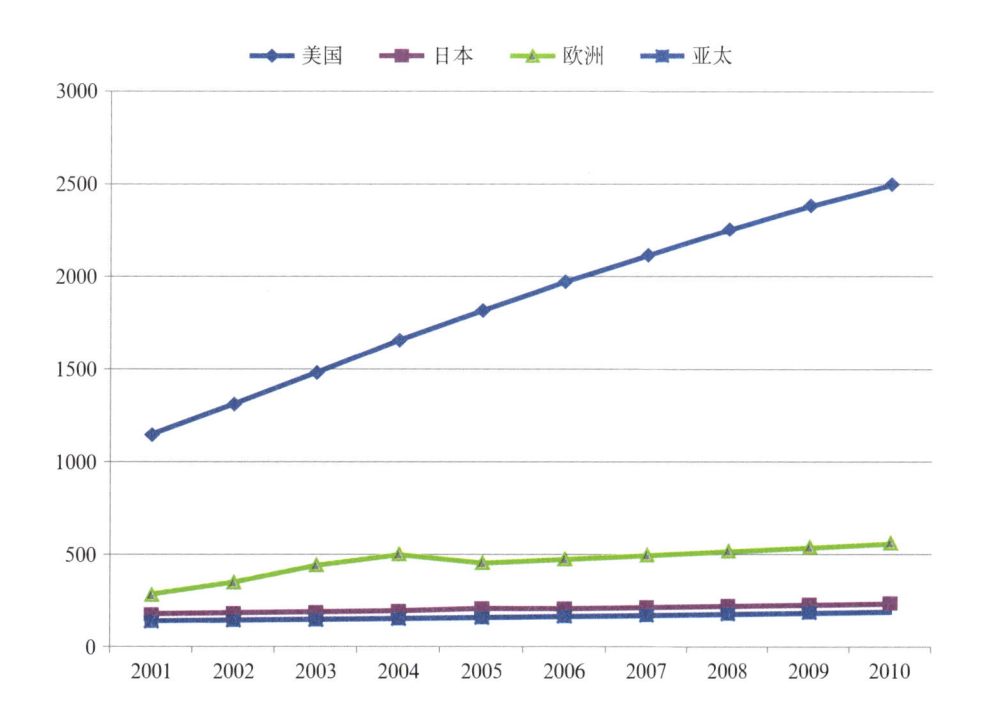

（二）未来 5 年全球呼吸防护装备市场发展预测

全球 2011—2015 年全球呼吸防护装备市场发展预测 [按地理区域，将全球个人防护装备市场划分为美国、加拿大、日本、欧洲、亚太（不包括日本）、中东和拉丁美洲等区域性市场，分别独立采用年度销售数据进行分析，销售额以百万美元计]。

国家／地区	2011	2012	2013	2014	2015	复合年增长率（CAGR）％
美国	2 603.03	2 696.48	2 784.92	2 870.97	2 955.09	3.22
加拿大	39.58	40.63	41.68	42.73	43.79	2.56
日本	245.31	253.28	261.64	270.48	279.81	3.34
欧洲	584.54	609.90	637.73	668.23	701.53	4.67
亚太地区	202.32	210.33	218.79	227.76	237.21	4.06
中东	59.25	61.61	64.09	66.71	69.50	4.07
拉丁美洲	121.52	125.81	130.31	135.07	140.14	3.63
总计	3 855.55	3 998.04	4 139.16	4 281.95	4 427.07	3.52

（1）本表数据为权威机构预测得出；
（2）本表数据的误差宽容度为 ±10%；
（3）为使表中数据得以标准化，不同货币间的兑换率为：1 美元 = 1 加拿大元，106.40 日元，0.67 欧元，0.50 英镑；
（4）2001—2005 年欧洲市场的复合年增长率（CAGR）相对较高，反映出欧元和美元的汇率波动；
（5）由于未对历史市场数据（1994—2000 年）进行汇率波动处理，导致 2000—2001 年的增长显现出了一个更高的偏差；用于 2001—2004 年的近似汇率为：1 欧元 = 0.89 美元（2001 年），1.05 美元（2002 年），1.26 美元（2003 年），1.36 美元（2004 年）；
（6）数据没有进行通胀因素处理，通胀率以名义上的期限进行报告；
（7）数据是以制造商的水平进行报告的；
（8）当前数据采用 2008 年 2 月 1 日的货币价值进行了标准化处理；
（9）欧洲的数据源自以下国家：奥地利、比利时、保加利亚、捷克、丹麦、芬兰、法国、德国、希腊、匈牙利、爱尔兰、意大利、荷兰、挪威、波兰、葡萄牙、罗马尼亚、俄罗斯、斯洛伐克、西班牙、瑞典、瑞士、土耳其和英国；
（10）亚太地区的数据源自以下国家或地区：澳大利亚、中国、中国香港、印度、印度尼西亚、韩国、马来西亚、新西兰、菲律宾、新加坡、中国台湾和泰国；
（11）中东地区的数据源自如下国家：伊朗、伊拉克、以色列、科威特、沙特阿拉伯、叙利亚和阿拉伯联合酋长国；
（12）拉丁美洲的数据源自如下国家：阿根廷、巴西、智利、哥伦比亚、厄瓜多尔、墨西哥、秘鲁和委内瑞拉。

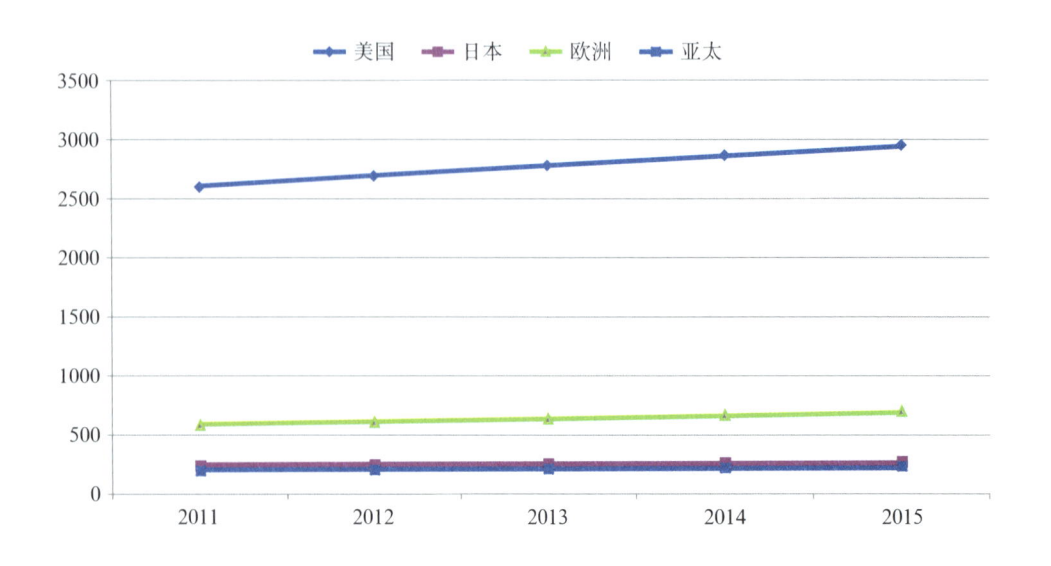

（三）20 世纪末全球呼吸防护装备市场情况

全球 1994—2000 年呼吸防护装备市场分析［按地理区域，将全球个人防护装备市场划分为美国、加拿大、日本、欧洲、亚太（不包括日本）、中东和拉丁美洲等区域性市场，分别独立采用年度销售数据进行分析，销售额以百万美元计］。

国家／地区	1994	1995	1996	1997	1998	1999	2000	复合年增长率（CAGR）%
美国	352.42	422.66	505.00	601.05	712.19	840.10	985.27	18.69
加拿大	23.56	24.21	24.91	25.65	26.50	27.37	28.35	3.13
日本	141.29	145.55	149.77	154.42	159.03	163.81	168.81	3.01
欧洲	199.19	208.64	219.16	230.46	243.07	256.49	270.93	5.26
亚太地区	105.05	109.37	113.82	118.39	123.07	127.93	133.17	4.03
中东	29.49	30.67	31.99	33.40	34.86	36.48	38.10	4.36
拉丁美洲	64.20	66.52	69.00	71.75	74.68	77.80	80.99	3.95
总计	915.20	1 007.62	1 113.65	1 235.12	1 373.40	1 529.98	1 705.62	10.93

（1）本表数据的误差宽容度为 ±10%；

（2）为使表中数据得以标准化，不同货币间的兑换率为：1 美元 = 1 加拿大元，106.40 日元，0.67 欧元，0.50 英镑；

（3）2001—2005 年欧洲市场的复合年增长率（CAGR）相对较高，反映出欧元和美元的汇率波动；

（4）由于未对历史市场数据（1994—2000 年）进行汇率波动处理，导致 2000—2001 年的增长显现出了一个更高的偏差；用于 2001—2004 年的近似汇率为：1 欧元 = 0.89 美元（2001 年），1.05 美元（2002 年），1.26 美元（2003 年），1.36 美元（2004 年）；

（5）数据没有进行通胀因素处理，通胀率以名义上的期限进行报告；

（6）数据是以制造商的水平进行报告的；

（7）当前数据采用 2008 年 2 月 1 日的货币价值进行了标准化处理；

（8）欧洲的数据源自以下国家：奥地利、比利时、保加利亚、捷克、丹麦、芬兰、法国、德国、希腊、匈牙利、爱尔兰、意大利、荷兰、挪威、波兰、葡萄牙、罗马尼亚、俄罗斯、斯洛伐克、西班牙、瑞典、瑞士、土耳其和英国；

（9）亚太地区的数据源自以下国家或地区：澳大利亚、中国、中国香港、印度、印度尼西亚、韩国、马来西亚、新西兰、菲律宾、新加坡、中国台湾和泰国；

（10）中东地区的数据源自如下国家：伊朗、伊拉克、以色列、科威特、沙特阿拉伯、叙利亚和阿拉伯联合酋长国；

（11）拉丁美洲的数据源自如下国家：阿根廷、巴西、智利、哥伦比亚、厄瓜多尔、墨西哥、秘鲁和委内瑞拉。

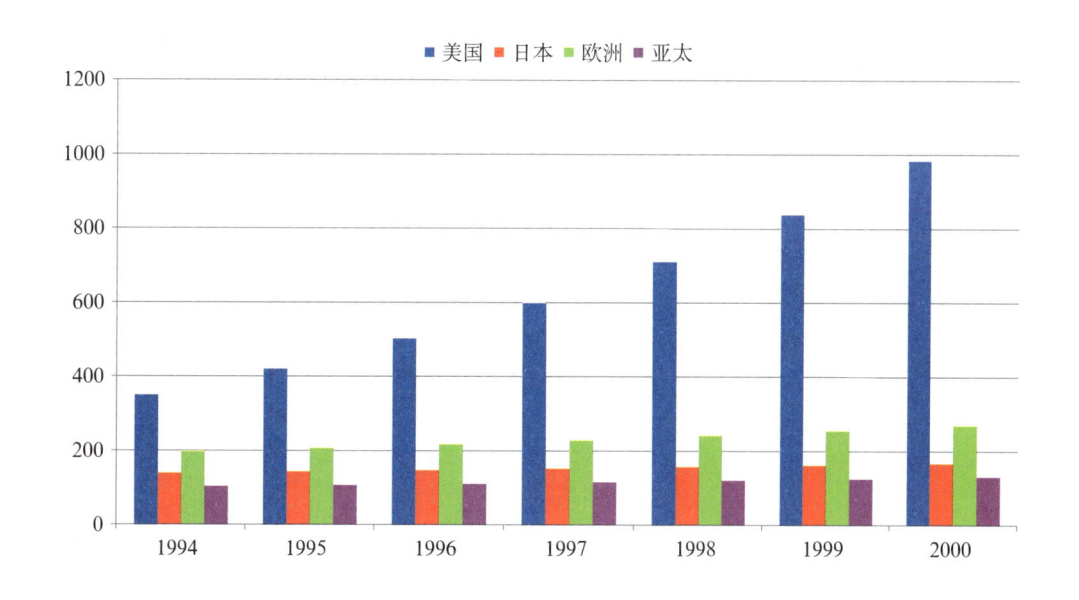

(四) 全球呼吸防护装备市场 15 年透视

全球 1998—2012 年呼吸防护装备市场发展趋势 [按地理区域，以美元计的销售额计算美国、加拿大、日本、欧洲、亚太 (不包括日本)、中东和拉丁美洲等区域性市场占全球市场的份额]。

国家／地区	1998	2008	2012
美国	51.85	66.80	67.44
加拿大	1.93	1.08	1.02
日本	11.58	6.61	6.34
欧洲	17.70	15.35	15.25
亚太地区	8.96	5.35	5.26
中东	2.54	1.56	1.54
拉丁美洲	5.44	3.25	3.15
总计	100.00	100.00	100.00

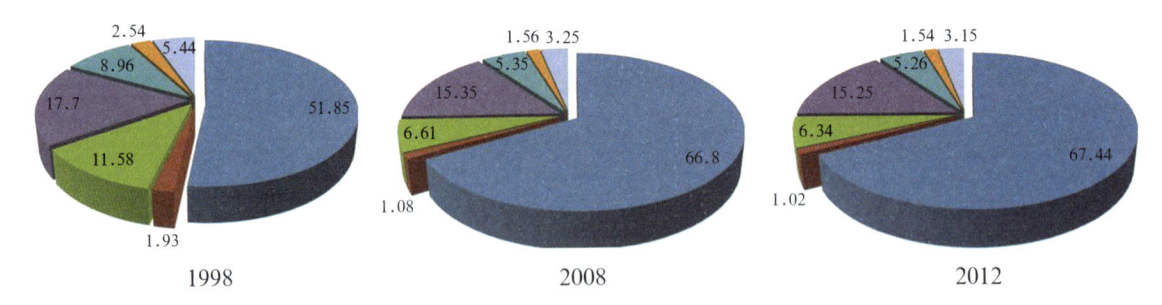

五、全球眼／面部防护装备市场发展情况

(一) 10 年来全球眼／面部防护装备市场发展情况

10 年来全球眼／面部防护装备市场分析 [按地理区域，将全球个人防护装备市场划分为美国、加拿大、日本、欧洲、亚太 (不包括日本)、中东和拉丁美洲等区域性市场，分别独立采用 2001—2010 年的年度销售数据进行分析，销售额以百万美元计]。

第十部分 全球个人防护装备市场透视 95

国家/地区	2001	2002	2003	2004	2005	2006	2007	2008	2009	2010	复合年增长率(CAGR)%
美国	648.93	691.37	748.68	822.13	899.66	980.99	1 065.94	1 154.84	1 247.46	1 344.23	8.43
加拿大	11.73	11.90	12.08	12.27	12.47	12.69	12.91	13.12	13.30	13.47	1.55
日本	72.38	73.56	74.72	75.95	77.27	78.69	80.18	81.58	82.93	84.18	1.69
欧洲	155.71	190.36	238.27	269.27	242.91	252.76	262.70	272.51	282.47	292.37	7.25
亚太地区	61.68	63.00	64.30	65.66	67.08	68.59	69.87	71.02	72.12	73.17	1.92
中东	15.35	15.65	15.93	16.24	16.57	16.92	17.27	17.58	17.89	18.18	1.90
拉丁美洲	32.45	33.00	33.54	34.10	34.72	35.38	35.98	36.56	37.10	37.62	1.66
总计	998.23	1 078.84	1 187.52	1 295.62	1 350.68	1 446.07	1 544.85	1 647.21	1 753.27	1 863.25	7.18

(1) 本表数据为权威机构统计研究得出，2007—2008年数据系估计得出，2009—2010年数据系预测得出；
(2) 本表数据的误差宽容度为±10%；
(3) 为使表中数据得以标准化，不同货币间的兑换率为：1美元=1加拿大元，106.40日元，0.67欧元，0.50英镑；
(4) 2001—2005年欧洲市场的复合年增长率（CAGR）相对较高，反映出欧元和美元的汇率波动；
(5) 由于未对历史市场数据（1994—2000年）进行汇率波动处理，导致2000—2001年的增长显现出了一个更高的偏差；用于2001—2004年的近似汇率为：1欧元=0.89美元（2001年），1.05美元（2002年），1.26美元（2003年），1.36美元（2004年）；
(6) 数据没有进行通胀因素处理，通胀率以名义上的期限进行报告；
(7) 数据是以制造商的水平进行报告的；
(8) 当前数据采用2008年2月1日的货币价值进行了标准化处理；
(9) 欧洲的数据源自以下国家：奥地利、比利时、保加利亚、捷克、丹麦、芬兰、法国、德国、希腊、匈牙利、爱尔兰、意大利、荷兰、挪威、波兰、葡萄牙、罗马尼亚、俄罗斯、斯洛伐克、西班牙、瑞典、瑞士、土耳其和英国；
(10) 亚太地区的数据源自以下国家或地区：澳大利亚、中国、中国香港、印度、印度尼西亚、韩国、马来西亚、新西兰、菲律宾、新加坡、中国台湾和泰国；
(11) 中东地区的数据源自如下国家：伊朗、伊拉克、以色列、科威特、沙特阿拉伯、叙利亚和阿拉伯联合酋长国；
(12) 拉丁美洲的数据源自如下国家：阿根廷、巴西、智利、哥伦比亚、厄瓜多尔、墨西哥、秘鲁和委内瑞拉。

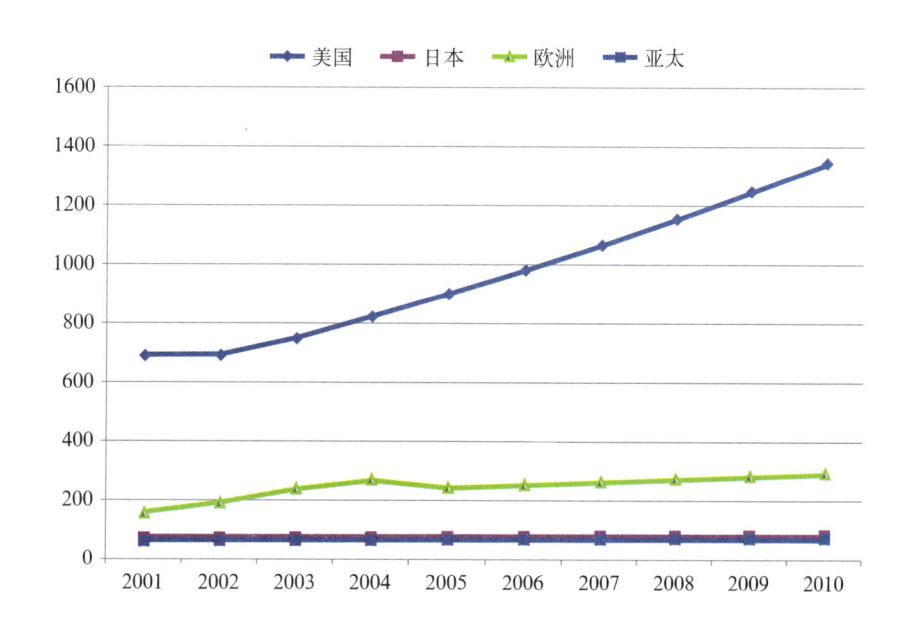

（二）未来 5 年全球眼／面部防护装备市场发展预测

全球 2011—2015 年全球眼／面部防护装备市场发展预测 [按地理区域，将全球个人防护装备市场划分为美国、加拿大、日本、欧洲、亚太（不包括日本）、中东和拉丁美洲等区域性市场，分别独立采用年度销售数据进行分析，销售额以百万美元计]。

国家／地区	2011	2012	2013	2014	2015	复合年增长率（CAGR）%
美国	1 444.27	1 545.51	1 646.90	1 746.37	1 843.47	6.29
加拿大	13.66	13.86	14.07	14.30	14.54	1.57
日本	85.54	87.03	88.59	90.23	91.95	1.82
欧洲	302.91	314.29	326.67	340.01	354.46	4.01
亚太地区	74.27	75.42	76.64	77.92	79.27	1.64
中东	18.49	18.81	19.15	19.50	19.87	1.82
拉丁美洲	38.18	38.77	39.39	40.04	40.72	1.62
总计	1 977.32	2 093.69	2 211.41	2 328.41	2 444.28	5.44

(1) 本表数据为权威机构预测得出；
(2) 本表数据的误差宽容度为 ±10%；
(3) 为使表中数据得以标准化，不同货币间的兑换率为：1 美元 = 1 加拿大元，106.40 日元，0.67 欧元，0.50 英镑；
(4) 2001—2005 年欧洲市场的复合年增长率（CAGR）相对较高，反映出欧元和美元的汇率波动；
(5) 由于未对历史市场数据（1994—2000 年）进行汇率波动处理，导致 2000—2001 年的增长显现出了一个更高的偏差；用于 2001—2004 年的近似汇率为：1 欧元 = 0.89 美元（2001 年），1.05 美元（2002 年），1.26 美元（2003 年），1.36 美元（2004 年）；
(6) 数据没有进行通胀因素处理，通胀率以名义上的期限进行报告；
(7) 数据是以制造商的水平进行报告的；
(8) 当前数据采用 2008 年 2 月 1 日的货币价值进行了标准化处理；
(9) 欧洲的数据源自以下国家：奥地利、比利时、保加利亚、捷克、丹麦、芬兰、法国、德国、希腊、匈牙利、爱尔兰、意大利、荷兰、挪威、波兰、葡萄牙、罗马尼亚、俄罗斯、斯洛伐克、西班牙、瑞典、瑞士、土耳其和英国；
(10) 亚太地区的数据源自以下国家或地区：澳大利亚、中国、中国香港、印度、印度尼西亚、韩国、马来西亚、新西兰、菲律宾、新加坡、中国台湾和泰国；
(11) 中东地区的数据源自如下国家：伊朗、伊拉克、以色列、科威特、沙特阿拉伯、叙利亚和阿拉伯联合酋长国；
(12) 拉丁美洲的数据源自如下国家：阿根廷、巴西、智利、哥伦比亚、厄瓜多尔、墨西哥、秘鲁和委内瑞拉。

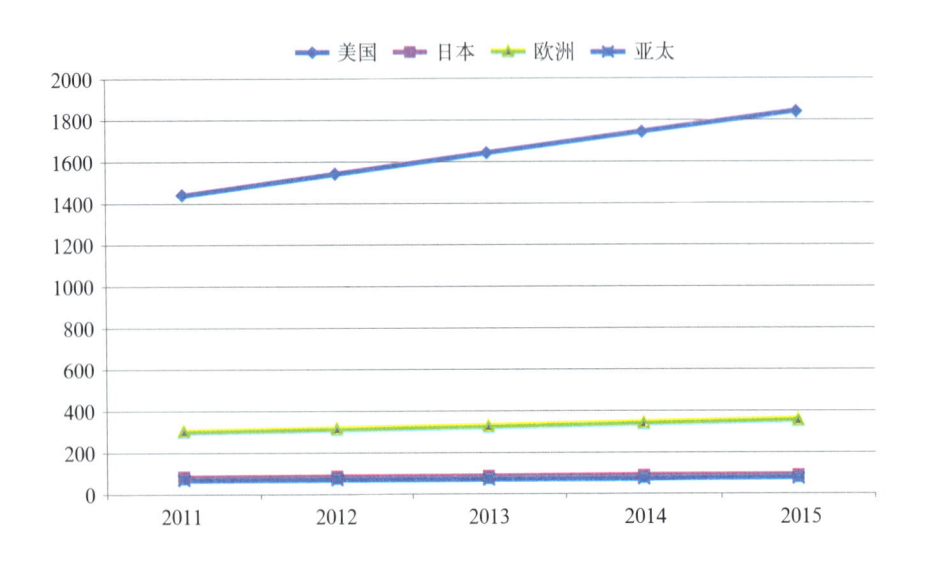

(三) 20世纪末全球眼／面部防护装备市场情况

全球1994—2000年眼／面部防护装备市场分析[按地理区域,将全球个人防护装备市场划分为美国、加拿大、日本、欧洲、亚太(不包括日本)、中东和拉丁美洲等区域性市场,分别独立采用年度销售数据进行分析,销售额以百万美元计]。

国家／地区	1994	1995	1996	1997	1998	1999	2000	复合年增长率(CAGR)%
美国	481.86	496.51	513.34	533.00	555.76	582.49	612.95	4.09
加拿大	10.46	10.62	10.79	10.92	11.12	11.13	11.55	1.67
日本	64.69	65.66	66.42	67.46	68.27	69.09	70.22	1.38
欧洲	114.44	118.96	124.11	129.57	135.13	141.45	148.30	4.41
亚太地区	53.72	54.68	55.72	56.83	57.90	59.20	60.60	2.03
中东	13.42	13.65	13.89	14.16	14.44	14.74	15.04	1.92
拉丁美洲	28.81	29.29	29.68	30.22	30.80	31.29	31.89	1.71
总计	767.40	789.37	813.95	842.16	873.42	909.59	950.55	3.63

(1) 本表数据的误差宽容度为 ±10%;
(2) 为使表中数据得以标准化,不同货币间的兑换率为:1美元＝1加拿大元,106.40日元,0.67欧元,0.50英镑;
(3) 2001—2005年欧洲市场的复合年增长率(CAGR)相对较高,反映出欧元和美元的汇率波动;
(4) 由于未对历史市场数据(1994—2000年)进行汇率波动处理,导致2000—2001年的增长显现出了一个更高的偏差;用于2001—2004年的近似汇率为:1欧元＝0.89美元(2001年),1.05美元(2002年),1.26美元(2003年),1.36美元(2004年);
(5) 数据没有进行通胀因素处理,通胀率以名义上的期限进行报告;
(6) 数据是以制造商的水平进行报告的;
(7) 当前数据采用2008年2月1日的货币价值进行了标准化处理;
(8) 欧洲的数据源自以下国家:奥地利、比利时、保加利亚、捷克、丹麦、芬兰、法国、德国、希腊、匈牙利、爱尔兰、意大利、荷兰、挪威、波兰、葡萄牙、罗马尼亚、俄罗斯、斯洛伐克、西班牙、瑞典、瑞士、土耳其和英国;
(9) 亚太地区的数据源自以下国家或地区:澳大利亚、中国、中国香港、印度、印度尼西亚、韩国、马来西亚、新西兰、菲律宾、新加坡、中国台湾和泰国;
(10) 中东地区的数据源自如下国家:伊朗、伊拉克、以色列、科威特、沙特阿拉伯、叙利亚和阿拉伯联合酋长国;
(11) 拉丁美洲的数据源自如下国家:阿根廷、巴西、智利、哥伦比亚、厄瓜多尔、墨西哥、秘鲁和委内瑞拉。

(四)全球眼/面部防护装备市场 15 年透视

全球 1998—2012 年眼/面部防护装备市场发展趋势 [按地理区域,以美元计的销售额计算美国、加拿大、日本、欧洲、亚太(不包括日本)、中东和拉丁美洲等区域性市场占全球市场的份额]。

国家/地区	1998	2008	2012
美国	63.63	70.11	73.80
加拿大	1.27	0.80	0.66
日本	7.82	4.95	4.16
欧洲	15.47	16.54	15.01
亚太地区	6.63	4.31	3.60
中东	1.65	1.07	0.90
拉丁美洲	3.53	2.22	1.85
总计	100.00	100.00	100.00

六、全球听力保护装备市场发展情况

(一)10 年来全球听力保护装备市场发展情况

10 年来全球听力保护装备市场分析 [按地理区域,将全球个人防护装备市场划分为美国、加拿大、日本、欧洲、亚太(不包括日本)、中东和拉丁美洲等区域性市场,分别独立采用 2001—2010 年的年度销售数据进行分析,销售额以百万美元计]。

国家/地区	2001	2002	2003	2004	2005	2006	2007	2008	2009	2010	复合年增长率（CAGR）%
美国	238.26	244.43	250.96	257.81	265.06	272.74	280.43	288.11	295.77	303.43	2.72
加拿大	11.79	11.97	12.19	12.41	12.63	12.96	13.28	13.57	13.85	14.12	2.02
日本	77.79	78.69	79.92	81.24	82.66	84.17	85.63	87.05	88.38	89.62	1.64
欧洲	108.21	131.17	162.72	182.71	163.47	168.77	174.20	179.73	185.37	191.16	6.53
亚太地区	63.12	65.23	67.13	69.13	71.24	73.49	75.60	77.54	79.43	81.17	2.83
中东	16.65	17.11	17.58	18.06	18.57	19.12	19.67	20.22	20.73	21.29	2.77
拉丁美洲	35.34	36.34	37.33	38.38	39.50	40.70	41.90	43.07	44.23	45.35	2.81
总计	550.79	584.94	627.83	659.74	653.13	671.95	690.71	709.29	727.79	746.14	3.43

（1）本表数据为权威机构统计研究得出，2007—2008年数据系估计得出，2009—2010年数据系预测得出；
（2）本表数据的误差宽容度为±10%；
（3）为使表中数据得以标准化，不同货币间的兑换率为：1美元＝1加拿大元，106.40日元，0.67欧元，0.50英镑；
（4）2001—2005年欧洲市场的复合年增长率（CAGR）相对较高，反映出欧元和美元的汇率波动；
（5）由于未对历史市场数据（1994—2000年）进行汇率波动处理，导致2000—2001年的增长显现出了一个更高的偏差；用于2001—2004年的近似汇率为：1欧元＝0.89美元（2001年），1.05美元（2002年），1.26美元（2003年），1.36美元（2004年）；
（6）数据没有进行通胀因素处理，通胀率以名义上的期限进行报告；
（7）数据是以制造商的水平进行报告的；
（8）当前数据采用2008年2月1日的货币价值进行了标准化处理；
（9）欧洲的数据源自以下国家：奥地利、比利时、保加利亚、捷克、丹麦、芬兰、法国、德国、希腊、匈牙利、爱尔兰、意大利、荷兰、挪威、波兰、葡萄牙、罗马尼亚、俄罗斯、斯洛伐克、西班牙、瑞典、瑞士、土耳其和英国；
（10）亚太地区的数据源自以下国家或地区：澳大利亚、中国、中国香港、印度、印度尼西亚、韩国、马来西亚、新西兰、菲律宾、新加坡、中国台湾和泰国；
（11）中东地区的数据源自如下国家：伊朗、伊拉克、以色列、科威特、沙特阿拉伯、叙利亚和阿拉伯联合酋长国；
（12）拉丁美洲的数据源自如下国家：阿根廷、巴西、智利、哥伦比亚、厄瓜多尔、墨西哥、秘鲁和委内瑞拉。

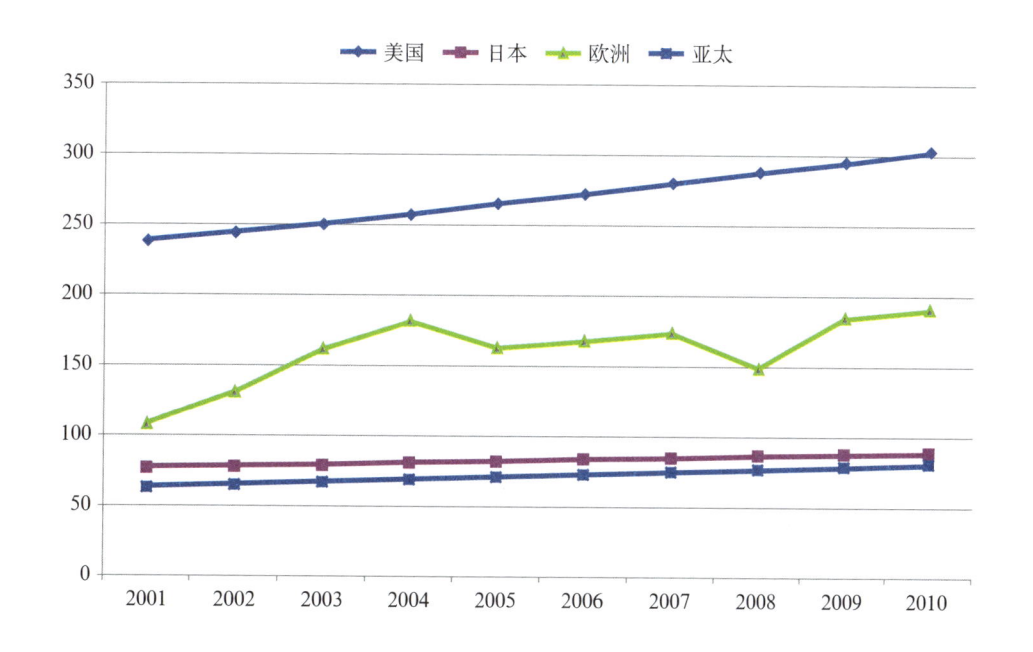

（二）未来 5 年全球听力保护装备市场发展预测

全球 2011—2015 年全球听力保护装备市场发展预测 [按地理区域，将全球个人防护装备市场划分为美国、加拿大、日本、欧洲、亚太（不包括日本）、中东和拉丁美洲等区域性市场，分别独立采用年度销售数据进行分析，销售额以百万美元计]。

国家／地区	2011	2012	2013	2014	2015	复合年增长率（CAGR）%
美国	311.08	320.53	329.99	339.96	350.57	2.97
加拿大	14.40	14.67	14.93	15.19	15.44	1.76
日本	90.96	92.37	93.88	95.51	97.24	1.68
欧洲	197.52	204.48	212.03	220.24	229.11	3.78
亚太地区	83.09	85.15	87.32	89.64	92.11	2.61
中东	21.85	22.43	23.04	23.69	24.38	2.78
拉丁美洲	46.55	47.83	49.16	50.56	52.02	2.82
总计	744.17	787.46	810.35	834.79	860.87	2.96

（1）本表数据为权威机构预测得出；
（2）本表数据的误差宽容度为 ±10%；
（3）为使表中数据得以标准化，不同货币间的兑换率为：1 美元＝1 加拿大元，106.40 日元，0.67 欧元，0.50 英镑；
（4）2001—2005 年欧洲市场的复合年增长率（CAGR）相对较高，反映出欧元和美元的汇率波动；
（5）由于未对历史市场数据（1994—2000 年）进行汇率波动处理，导致 2000—2001 年的增长显现出了一个更高的偏差；用于 2001—2004 年的近似汇率为：1 欧元＝0.89 美元（2001 年），1.05 美元（2002 年），1.26 美元（2003 年），1.36 美元（2004 年）；
（6）数据没有进行通胀因素处理，通胀率以名义上的期限进行报告；
（7）数据是以制造商的水平进行报告的；
（8）当前数据采用 2008 年 2 月 1 日的货币价值进行了标准化处理；
（9）欧洲的数据源自以下国家：奥地利、比利时、保加利亚、捷克、丹麦、芬兰、法国、德国、希腊、匈牙利、爱尔兰、意大利、荷兰、挪威、波兰、葡萄牙、罗马尼亚、俄罗斯、斯洛伐克、西班牙、瑞典、瑞士、土耳其和英国；
（10）亚太地区的数据源自以下国家或地区：澳大利亚、中国、中国香港、印度、印度尼西亚、韩国、马来西亚、新西兰、菲律宾、新加坡、中国台湾和泰国；
（11）中东地区的数据源自如下国家：伊朗、伊拉克、以色列、科威特、沙特阿拉伯、叙利亚和阿拉伯联合酋长国；
（12）拉丁美洲的数据源自如下国家：阿根廷、巴西、智利、哥伦比亚、厄瓜多尔、墨西哥、秘鲁和委内瑞拉。

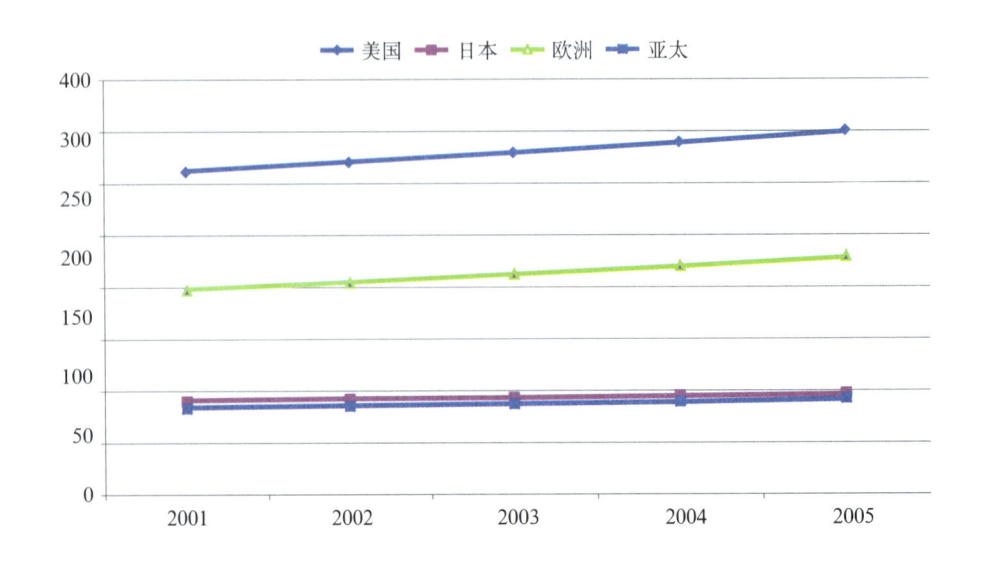

（三）20世纪末全球听力保护装备市场情况

全球1994—2000年听力保护装备市场分析[按地理区域，将全球个人防护装备市场划分为美国、加拿大、日本、欧洲、亚太（不包括日本）、中东和拉丁美洲等区域性市场，分别独立采用年度销售数据进行分析，销售额以百万美元计]。

国家／地区	1994	1995	1996	1997	1998	1999	2000	复合年增长率（CAGR）%
美国	203.58	207.49	211.72	215.66	220.88	226.38	232.18	2.22
加拿大	10.30	10.49	10.66	10.88	11.07	11.28	11.55	1.93
日本	69.31	70.15	71.04	71.94	72.88	74.10	75.09	1.34
欧洲	83.47	86.20	89.37	92.44	95.79	99.77	103.89	3.71
亚太地区	50.58	52.20	53.94	55.59	57.26	59.20	61.29	3.25
中东	13.66	14.00	14.41	14.82	15.26	15.71	16.22	2.90
拉丁美洲	28.92	29.61	30.47	31.38	32.35	33.38	34.42	2.94
总计	459.82	470.14	481.61	492.74	505.49	519.82	534.64	2.54

（1）本表数据的误差宽容度为±10%；

（2）为使表中数据得以标准化，不同货币间的兑换率为：1美元＝1加拿大元，106.40日元，0.67欧元，0.50英镑；

（3）2001—2005年欧洲市场的复合年增长率（CAGR）相对较高，反映出欧元和美元的汇率波动；

（4）由于未对历史市场数据（1994—2000年）进行汇率波动处理，导致2000—2001年的增长显现出了一个更高的偏差；用于2001—2004年的近似汇率为：1欧元＝0.89美元（2001年），1.05美元（2002年），1.26美元（2003年），1.36美元（2004年）；

（5）数据没有进行通胀因素处理，通胀率以名义上的期限进行报告；

（6）数据是以制造商的水平进行报告的；

（7）当前数据采用2008年2月1日的货币价值进行了标准化处理；

（8）欧洲的数据源自以下国家：奥地利、比利时、保加利亚、捷克、丹麦、芬兰、法国、德国、希腊、匈牙利、爱尔兰、意大利、荷兰、挪威、波兰、葡萄牙、罗马尼亚、俄罗斯、斯洛伐克、西班牙、瑞典、瑞士、土耳其和英国；

（9）亚太地区的数据源自以下国家或地区：澳大利亚、中国、中国香港、印度、印度尼西亚、韩国、马来西亚、新西兰、菲律宾、新加坡、中国台湾和泰国；

（10）中东地区的数据源自如下国家：伊朗、伊拉克、以色列、科威特、沙特阿拉伯、叙利亚和阿拉伯联合酋长国；

（11）拉丁美洲的数据源自如下国家：阿根廷、巴西、智利、哥伦比亚、厄瓜多尔、墨西哥、秘鲁和委内瑞拉。

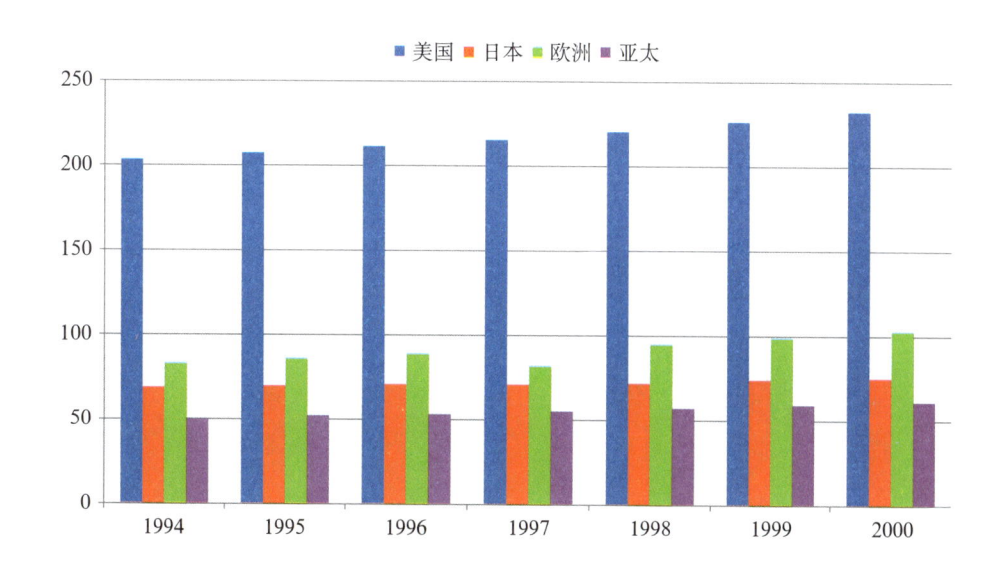

（四）全球听力保护装备市场 15 年透视

全球 1998—2012 年听力保护装备市场发展趋势 [按地理区域，以美元计的销售额计算美国、加拿大、日本、欧洲、亚太（不包括日本）、中东和拉丁美洲等区域性市场占全球市场的份额]。

国家／地区	1998	2008	2012
美国	43.69	40.63	40.71
加拿大	2.19	1.91	1.86
日本	14.42	12.27	11.73
欧洲	18.95	12.27	11.73
亚太地区	11.33	10.93	10.81
中东	3.02	2.85	2.85
拉丁美洲	6.40	6.07	6.07
总计	100.00	100.00	100.00

七、全球头部保护装备市场发展情况

（一）10 年来全球头部保护装备市场发展情况

10 年来全球头部保护装备市场分析 [按地理区域，将全球个人防护装备市场划分为美国、加拿大、日本、欧洲、亚太（不包括日本）、中东和拉丁美洲等区域性市场，分别独立采用 2001—2010 年的年度销售数据进行分析，销售额以百万美元计]。

第十部分　全球个人防护装备市场透视

国家／地区	2001	2002	2003	2004	2005	2006	2007	2008	2009	2010	复合年增长率（CAGR）%
美国	80.57	83.57	86.88	90.38	93.87	97.39	100.81	104.22	107.59	110.83	3.61
加拿大	26.36	27.42	28.39	29.49	30.59	31.69	32.79	33.90	34.62	35.03	3.21
日本	112.25	113.60	115.48	117.45	119.68	121.87	123.91	125.82	127.28	128.68	1.53
欧洲	435.34	521.15	628.83	695.68	615.07	629.66	643.51	656.14	668.04	678.58	5.06
亚太地区	123.85	128.73	133.75	138.79	144.15	150.14	156.27	162.10	168.07	173.68	3.83
中东	44.49	45.92	47.36	48.81	50.42	52.16	53.90	55.66	57.35	59.02	3.14
拉丁美洲	56.26	58.01	59.63	61.49	63.62	65.99	68.37	70.69	72.99	75.10	3.26
总计	879.12	978.40	1 100.32	1 182.09	1 117.40	1 148.90	1 179.53	1 208.53	1 235.91	1 260.92	4.09

（1）本表数据为权威机构统计研究得出，2007—2008 年数据系估计得出，2009—2010 年数据系预测得出；
（2）本表数据的误差宽容度为 ±10%；
（3）为使表中数据得以标准化，不同货币间的兑换率为：1 美元 = 1 加拿大元，106.40 日元，0.67 欧元，0.50 英镑；
（4）2001—2005 年欧洲市场的复合年增长率（CAGR）相对较高，反映出欧元和美元的汇率波动；
（5）由于未对历史市场数据（1994—2000 年）进行汇率波动处理，导致 2000—2001 年的增长显现出了一个更高的偏差；用于 2001—2004 年的近似汇率为：1 欧元 = 0.89 美元（2001 年），1.05 美元（2002 年），1.26 美元（2003 年），1.36 美元（2004 年）；
（6）数据没有进行通胀因素处理，通胀率以名义上的期限进行报告；
（7）数据是以制造商的水平进行报告的；
（8）当前数据采用 2008 年 2 月 1 日的货币价值进行了标准化处理；
（9）欧洲的数据源自以下国家：奥地利、比利时、保加利亚、捷克、丹麦、芬兰、法国、德国、希腊、匈牙利、爱尔兰、意大利、荷兰、挪威、波兰、葡萄牙、罗马尼亚、俄罗斯、斯洛伐克、西班牙、瑞典、瑞士、土耳其和英国；
（10）亚太地区的数据源自以下国家或地区：澳大利亚、中国、中国香港、印度、印度尼西亚、韩国、马来西亚、新西兰、菲律宾、新加坡、中国台湾和泰国；
（11）中东地区的数据源自如下国家：伊朗、伊拉克、以色列、科威特、沙特阿拉伯、叙利亚和阿拉伯联合酋长国；
（12）拉丁美洲的数据源自如下国家：阿根廷、巴西、智利、哥伦比亚、厄瓜多尔、墨西哥、秘鲁和委内瑞拉。

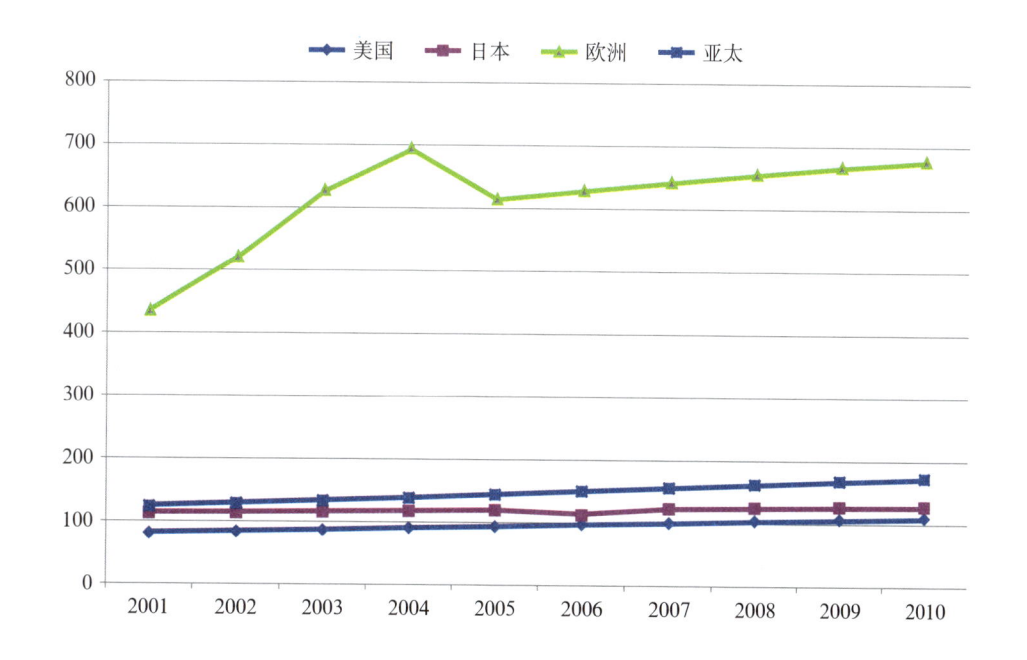

(二)未来5年全球头部保护装备市场发展预测

全球2011—2015年全球头部保护装备市场发展预测[按地理区域,将全球个人防护装备市场划分为美国、加拿大、日本、欧洲、亚太(不包括日本)、中东和拉丁美洲等区域性市场,分别独立采用年度销售数据进行分析,销售额以百万美元计]。

国家/地区	2011	2012	2013	2014	2015	复合年增长率(CAGR)%
美国	114.08	117.27	120.46	123.66	126.88	2.69
加拿大	35.64	36.37	37.18	38.05	38.97	2.26
日本	130.19	131.84	133.63	135.59	137.71	1.41
欧洲	690.94	704.99	720.39	737.10	755.38	2.25
亚太地区	179.97	186.65	193.72	201.29	209.34	3.85
中东	60.80	62.68	64.64	66.71	68.88	3.17
拉丁美洲	77.40	79.88	82.53	85.33	88.27	3.34
总计	1 289.02	1 319.68	1 352.55	1 387.73	1 425.43	2.55

(1)本表数据为权威机构预测得出;
(2)本表数据的误差宽容度为±10%;
(3)为使表中数据得以标准化,不同货币间的兑换率为:1美元=1加拿大元,106.40日元,0.67欧元,0.50英镑;
(4)2001—2005年欧洲市场的复合年增长率(CAGR)相对较高,反映出欧元和美元的汇率波动;
(5)由于未对历史市场数据(1994—2000年)进行汇率波动处理,导致2000—2001年的增长显现出了一个更高的偏差;用于2001—2004年的近似汇率为:1欧元=0.89美元(2001年),1.05美元(2002年),1.26美元(2003年),1.36美元(2004年);
(6)数据没有进行通胀因素处理,通胀率以名义上的期限进行报告;
(7)数据是以制造商的水平进行报告的;
(8)当前数据采用2008年2月1日的货币价值进行了标准化处理;
(9)欧洲的数据源自以下国家:奥地利、比利时、保加利亚、捷克、丹麦、芬兰、法国、德国、希腊、匈牙利、爱尔兰、意大利、荷兰、挪威、波兰、葡萄牙、罗马尼亚、俄罗斯、斯洛伐克、西班牙、瑞典、瑞士、土耳其和英国;
(10)亚太地区的数据源自以下国家或地区:澳大利亚、中国、中国香港、印度、印度尼西亚、韩国、马来西亚、新西兰、菲律宾、新加坡、中国台湾和泰国;
(11)中东地区的数据源自如下国家:伊朗、伊拉克、以色列、科威特、沙特阿拉伯、叙利亚和阿拉伯联合酋长国;
(12)拉丁美洲的数据源自如下国家:阿根廷、巴西、智利、哥伦比亚、厄瓜多尔、墨西哥、秘鲁和委内瑞拉。

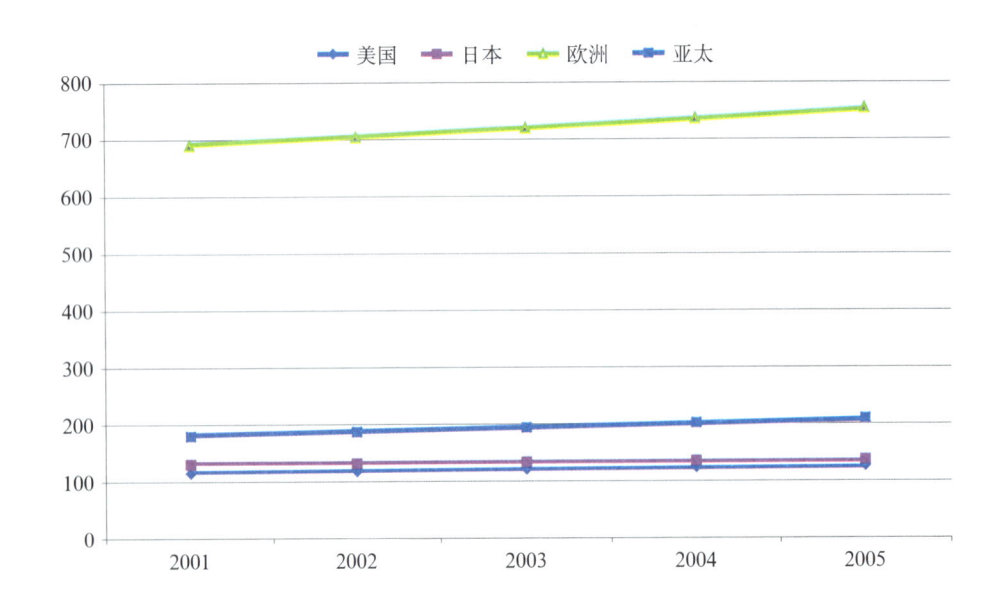

（三）20 世纪末全球头部保护装备市场情况

全球 1994—2000 年头部保护装备市场分析 [按地理区域，将全球个人防护装备市场划分为美国、加拿大、日本、欧洲、亚太（不包括日本）、中东和拉丁美洲等区域性市场，分别独立采用年度销售数据进行分析，销售额以百万美元计]。

国家／地区	1994	1995	1996	1997	1998	1999	2000	复合年增长率（CAGR）%
美国	64.37	66.31	68.35	70.52	72.81	75.26	77.83	3.22
加拿大	21.19	21.77	22.44	23.19	23.95	24.79	25.69	3.26
日本	99.42	100.73	102.17	106.01	110.89	114.85	119.58	3.90
欧洲	352.55	360.98	369.44	378.05	387.93	397.11	406.38	2.40
亚太地区	95.08	98.66	102.52	106.65	110.89	114.85	119.58	3.90
中东	25.59	56.67	57.80	39.08	40.27	41.73	43.13	3.25
拉丁美洲	45.09	46.51	48.00	49.54	51.27	53.01	54.83	3.32
总计	713.29	731.63	750.72	770.20	791.81	812.76	834.58	2.65

（1）本表数据的误差宽容度为 ±10%；
（2）为使表中数据得以标准化，不同货币间的兑换率为：1 美元 = 1 加拿大元，106.40 日元，0.67 欧元，0.50 英镑；
（3）2001—2005 年欧洲市场的复合年增长率（CAGR）相对较高，反映出欧元和美元的汇率波动；
（4）由于未对历史市场数据（1994—2000 年）进行汇率波动处理，导致 2000—2001 年的增长显现出了一个更高的偏差；用于 2001—2004 年的近似汇率为：1 欧元 = 0.89 美元（2001 年），1.05 美元（2002 年），1.26 美元（2003 年），1.36 美元（2004 年）；
（5）数据没有进行通胀因素处理，通胀率以名义上的期限进行报告；
（6）数据是以制造商的水平进行报告的；
（7）当前数据采用 2008 年 2 月 1 日的货币价值进行了标准化处理；
（8）欧洲的数据源自以下国家：奥地利、比利时、保加利亚、捷克、丹麦、芬兰、法国、德国、希腊、匈牙利、爱尔兰、意大利、荷兰、挪威、波兰、葡萄牙、罗马尼亚、俄罗斯、斯洛伐克、西班牙、瑞典、瑞士、土耳其和英国；
（9）亚太地区的数据源自以下国家或地区：澳大利亚、中国、中国香港、印度、印度尼西亚、韩国、马来西亚、新西兰、菲律宾、新加坡、中国台湾和泰国；
（10）中东地区的数据源自如下国家：伊朗、伊拉克、以色列、科威特、沙特阿拉伯、叙利亚和阿拉伯联合酋长国；
（11）拉丁美洲的数据源自如下国家：阿根廷、巴西、智利、哥伦比亚、厄瓜多尔、墨西哥、秘鲁和委内瑞拉。

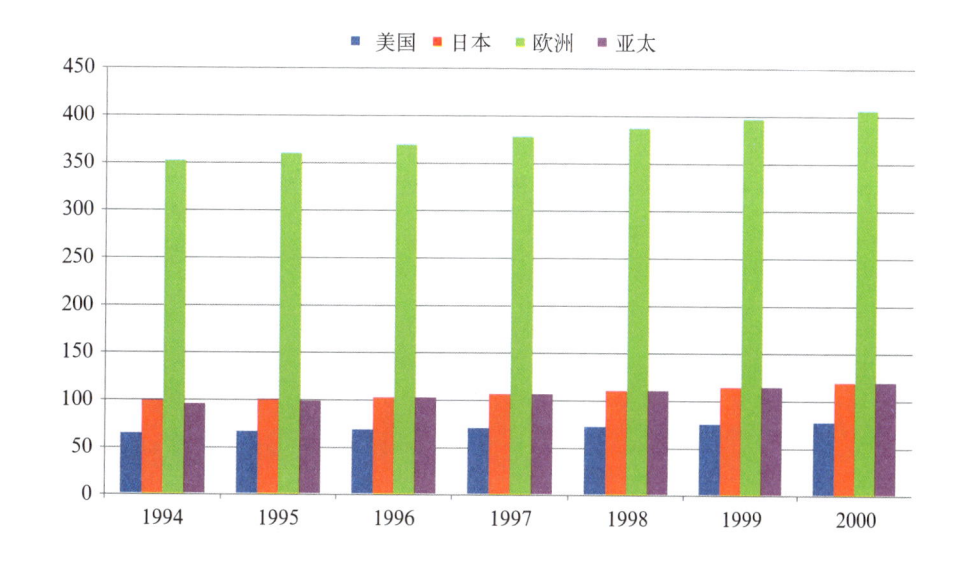

（四）全球头部保护装备市场 15 年透视

全球 1998—2012 年头部保护装备市场发展趋势 [按地理区域，以美元计的销售额计算美国、加拿大、日本、欧洲、亚太（不包括日本）、中东和拉丁美洲等区域性市场占全球市场的份额]。

国家／地区	1998	2008	2012
美国	9.20	8.62	8.89
加拿大	3.02	2.81	2.76
日本	13.20	10.41	9.99
欧洲	49.00	54.29	53.42
亚太地区	14.00	13.41	14.14
中东	5.10	4.61	4.75
拉丁美洲	6.48	5.85	6.05
总计	100.00	100.00	100.00

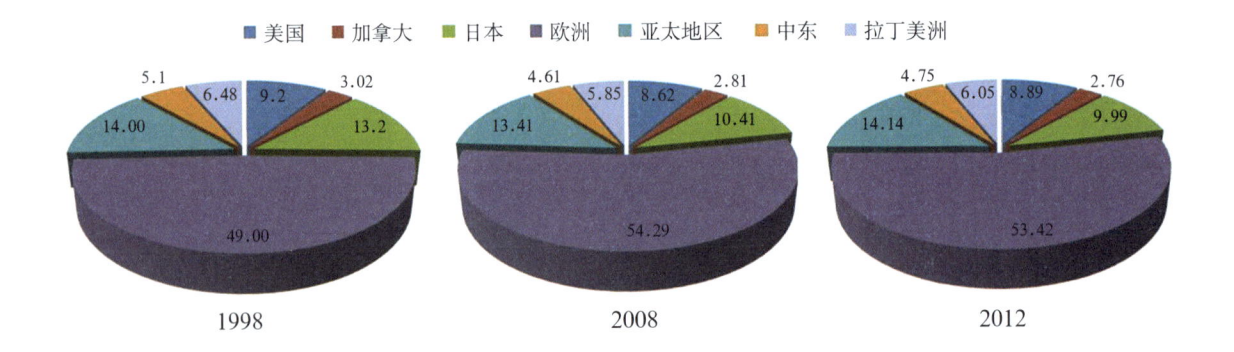

八、全球坠落防护装备市场发展情况

（一）10 年来全球坠落防护装备市场发展情况

10 年来全球坠落防护装备市场分析 [按地理区域，将全球个人防护装备市场划分为美国、加拿大、日本、欧洲、亚太（不包括日本）、中东和拉丁美洲等区域性市场，分别独立采用 2001—2010 年的年度销售数据进行分析，销售额以百万美元计]。

第十部分 全球个人防护装备市场透视

国家／地区	2001	2002	2003	2004	2005	2006	2007	2008	2009	2010	复合年增长率（CAGR）%
美国	158.04	160.43	161.63	162.33	162.67	164.41	165.79	166.83	167.48	167.93	0.68
加拿大	17.36	17.94	18.24	18.71	19.25	19.84	20.40	20.92	21.38	21.77	2.55
日本	104.90	107.73	110.52	113.78	117.34	121.27	125.17	128.81	131.90	134.59	2.81
欧洲	163.99	198.47	245.52	276.01	247.26	255.88	264.47	272.92	281.11	288.68	6.49
亚太地区	74.60	77.39	80.25	83.81	87.60	91.64	95.56	99.55	103.45	107.27	4.12
中东	19.45	19.89	20.45	21.13	21.82	22.58	23.31	24.04	24.73	25.35	2.99
拉丁美洲	42.68	44.42	46.42	48.10	49.60	51.32	53.07	54.76	56.13	57.34	3.34
总计	581.02	626.27	683.03	723.87	705.54	726.94	747.77	767.83	786.18	802.93	3.66

（1）本表数据为权威机构统计研究得出，2007—2008年数据系估计得出，2009—2010年数据系预测得出；
（2）本表数据的误差宽容度为±10%；
（3）为使表中数据得以标准化，不同货币间的兑换率为：1美元＝1加拿大元，106.40日元，0.67欧元，0.50英镑；
（4）2001—2005年欧洲市场的复合年增长率（CAGR）相对较高，反映出欧元和美元的汇率波动；
（5）由于未对历史市场数据（1994—2000年）进行汇率波动处理，导致2000—2001年的增长显现出了一个更高的偏差；用于2001—2004年的近似汇率为：1欧元＝0.89美元（2001年），1.05美元（2002年），1.26美元（2003年），1.36美元（2004年）；
（6）数据没有进行通胀因素处理，通胀率以名义上的期限进行报告；
（7）数据是以制造商的水平进行报告的；
（8）当前数据采用2008年2月1日的货币价值进行了标准化处理；
（9）欧洲的数据源自以下国家：奥地利、比利时、保加利亚、捷克、丹麦、芬兰、法国、德国、希腊、匈牙利、爱尔兰、意大利、荷兰、挪威、波兰、葡萄牙、罗马尼亚、俄罗斯、斯洛伐克、西班牙、瑞典、瑞士、土耳其和英国；
（10）亚太地区的数据源自以下国家或地区：澳大利亚、中国、中国香港、印度、印度尼西亚、韩国、马来西亚、新西兰、菲律宾、新加坡、中国台湾和泰国；
（11）中东地区的数据源自如下国家：伊朗、伊拉克、以色列、科威特、沙特阿拉伯、叙利亚和阿拉伯联合酋长国；
（12）拉丁美洲的数据源自如下国家：阿根廷、巴西、智利、哥伦比亚、厄瓜多尔、墨西哥、秘鲁和委内瑞拉。

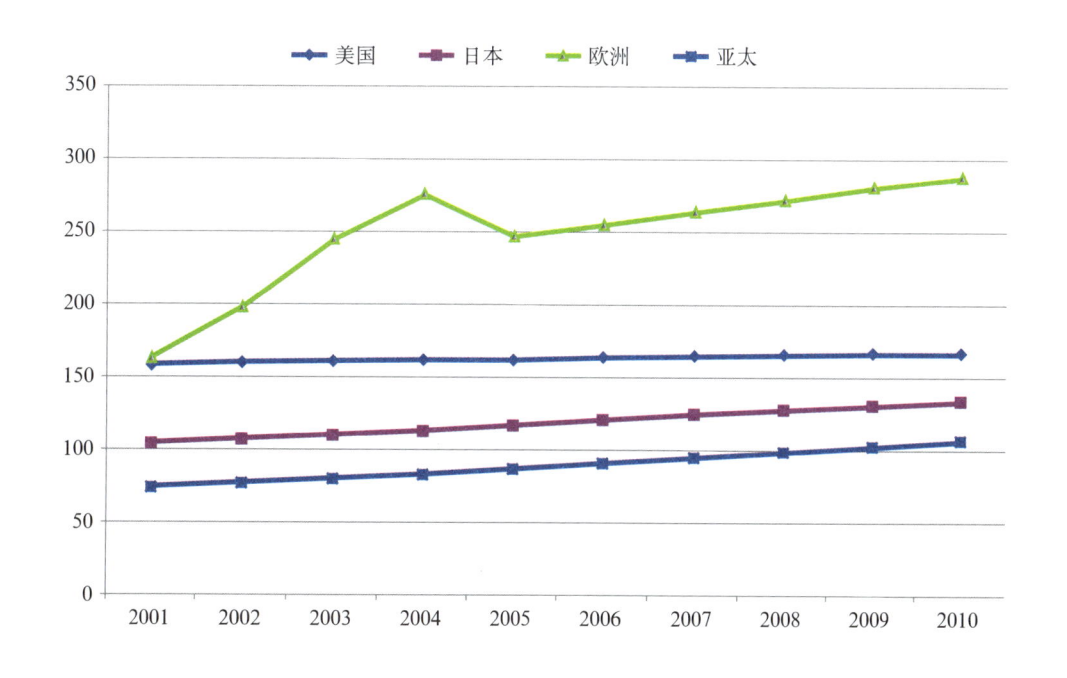

（二）未来 5 年全球坠落防护装备市场发展预测

全球 2011—2015 年全球坠落防护装备市场发展预测 [按地理区域，将全球个人防护装备市场划分为美国、加拿大、日本、欧洲、亚太（不包括日本）、中东和拉丁美洲等区域性市场，分别独立采用年度销售数据进行分析，销售额以百万美元计]。

国家/地区	2011	2012	2013	2014	2015	复合年增长率（CAGR）%
美国	168.25	168.50	168.69	168.82	168.89	0.09
加拿大	22.22	22.72	23.26	23.82	24.443	2.40
日本	137.65	140.98	144.48	148.16	152.09	2.53
欧洲	297.12	306.34	316.40	327.16	338.67	3.33
亚太地区	111.49	116.03	120.85	126.05	131.63	4.24
中东	26.05	26.80	27.59	28.43	29.33	3.01
拉丁美洲	58.69	60.17	61.76	63.43	65.17	2.65
总计	821.47	841.54	863.03	885.87	910.21	2.60

（1）本表数据为权威机构预测得出；
（2）本表数据的误差宽容度为 ±10%；
（3）为使表中数据得以标准化，不同货币间的兑换率为：1 美元 = 1 加拿大元，106.40 日元，0.67 欧元，0.50 英镑；
（4）2001—2005 年欧洲市场的复合年增长率（CAGR）相对较高，反映出欧元和美元的汇率波动；
（5）由于未对历史市场数据（1994—2000 年）进行汇率波动处理，导致 2000—2001 年的增长显现出了一个更高的偏差；用于 2001—2004 年的近似汇率为：1 欧元 = 0.89 美元（2001 年），1.05 美元（2002 年），1.26 美元（2003 年），1.36 美元（2004 年）；
（6）数据没有进行通胀因素处理，通胀率以名义上的期限进行报告；
（7）数据是以制造商的水平进行报告的；
（8）当前数据采用 2008 年 2 月 1 日的货币价值进行了标准化处理；
（9）欧洲的数据源自以下国家：奥地利、比利时、保加利亚、捷克、丹麦、芬兰、法国、德国、希腊、匈牙利、爱尔兰、意大利、荷兰、挪威、波兰、葡萄牙、罗马尼亚、俄罗斯、斯洛伐克、西班牙、瑞典、瑞士、土耳其和英国；
（10）亚太地区的数据源自以下国家或地区：澳大利亚、中国、中国香港、印度、印度尼西亚、韩国、马来西亚、新西兰、菲律宾、新加坡、中国台湾和泰国；
（11）中东地区的数据源自如下国家：伊朗、伊拉克、以色列、科威特、沙特阿拉伯、叙利亚和阿拉伯联合酋长国；
（12）拉丁美洲的数据源自如下国家：阿根廷、巴西、智利、哥伦比亚、厄瓜多尔、墨西哥、秘鲁和委内瑞拉。

（三）20世纪末全球坠落防护装备市场情况

全球1994—2000年坠落防护装备市场分析[按地理区域，将全球个人防护装备市场划分为美国、加拿大、日本、欧洲、亚太（不包括日本）、中东和拉丁美洲等区域性市场，分别独立采用年度销售数据进行分析，销售额以百万美元计]。

国家／地区	1994	1995	1996	1997	1998	1999	2000	复合年增长率（CAGR）%
美国	136.70	139.28	142.09	144.63	147.97	151.45	155.25	2.14
加拿大	15.14	15.32	15.52	15.74	16.04	16.42	16.78	1.73
日本	93.44	94.68	96.05	97.48	98.97	100.50	102.47	1.55
欧洲	127.43	130.51	133.69	137.56	141.87	146.73	151.74	2.95
亚太地区	61.29	62.91	64.45	66.30	68.16	70.06	72.12	2.75
中东	16.82	17.09	17.38	17.70	18.04	18.41	18.82	1.89
拉丁美洲	36.66	37.25	37.96	38.67	39.49	40.36	41.35	2.03
总计	487.48	497.04	507.14	518.08	530.54	543.93	558.53	2.29

（1）本表数据的误差宽容度为±10%；
（2）为使表中数据得以标准化，不同货币间的兑换率为：1美元＝1加拿大元，106.40日元，0.67欧元，0.50英镑；
（3）2001—2005年欧洲市场的复合年增长率（CAGR）相对较高，反映出欧元和美元的汇率波动；
（4）由于未对历史市场数据（1994—2000年）进行汇率波动处理，导致2000—2001年的增长显现出了一个更高的偏差；用于2001—2004年的近似汇率为：1欧元＝0.89美元（2001年），1.05美元（2002年），1.26美元（2003年），1.36美元（2004年）；
（5）数据没有进行通胀因素处理，通胀率以名义上的期限进行报告；
（6）数据是以制造商的水平进行报告的；
（7）当前数据采用2008年2月1日的货币价值进行了标准化处理；
（8）欧洲的数据源自以下国家：奥地利、比利时、保加利亚、捷克、丹麦、芬兰、法国、德国、希腊、匈牙利、爱尔兰、意大利、荷兰、挪威、波兰、葡萄牙、罗马尼亚、俄罗斯、斯洛伐克、西班牙、瑞典、瑞士、土耳其和英国；
（9）亚太地区的数据源自以下国家或地区：澳大利亚、中国、中国香港、印度、印度尼西亚、韩国、马来西亚、新西兰、菲律宾、新加坡、中国台湾和泰国；
（10）中东地区的数据源自如下国家：伊朗、伊拉克、以色列、科威特、沙特阿拉伯、叙利亚和阿拉伯联合酋长国；
（11）拉丁美洲的数据源自如下国家：阿根廷、巴西、智利、哥伦比亚、厄瓜多尔、墨西哥、秘鲁和委内瑞拉。

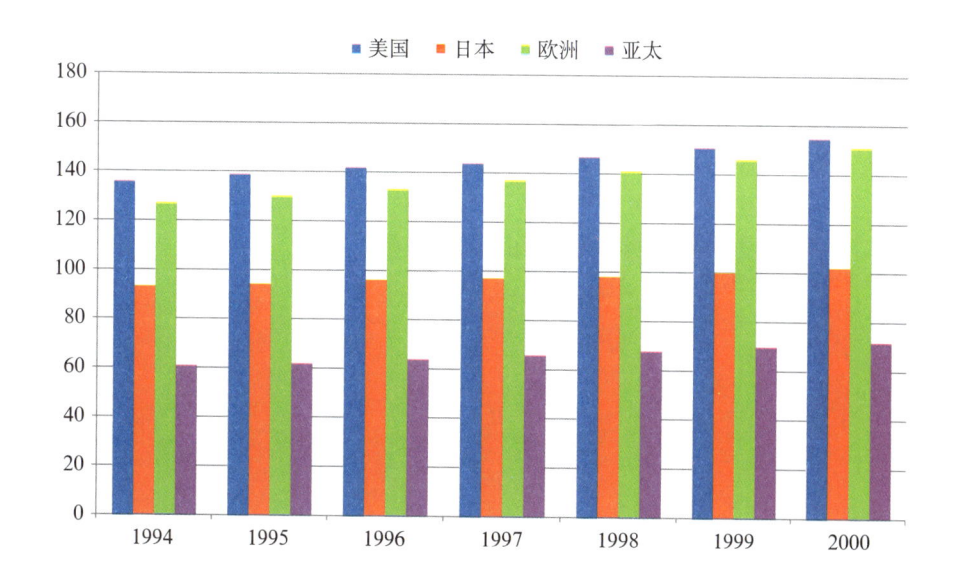

(四) 全球坠落防护装备市场 15 年透视

全球 1998—2012 年坠落防护装备市场发展趋势 [按地理区域,以美元计的销售额计算美国、加拿大、日本、欧洲、亚太 (不包括日本)、中东和拉丁美洲等区域性市场占全球市场的份额]。

国家／地区	1998	2008	2012
美国	27.90	21.73	20.02
加拿大	3.02	2.72	2.70
日本	18.65	16.78	16.75
欧洲	26.74	35.54	36.41
亚太地区	12.85	12.97	13.79
中东	3.40	3.13	3.18
拉丁美洲	7.44	7.13	7.15
总计	100.00	100.00	100.00

九、全球其他个人防护装备（手套和鞋靴）市场发展情况

（一）10 年来全球其他个人防护装备（手套和鞋靴）市场发展情况

10 年来全球其他个人防护装备（手套和鞋靴）市场分析 [按地理区域,将全球个人防护装备市场划分为美国、加拿大、日本、欧洲、亚太 (不包括日本)、中东和拉丁美洲等区域性市场,分别独立采用 2001—2010 年的年度销售数据进行分析,销售额以百万美元计]。

国家/地区	2001	2002	2003	2004	2005	2006	2007	2008	2009	2010	复合年增长率(CAGR)%
美国	1 433.57	1 461.09	1 486.81	1 510.15	1 531.75	1 551.51	1 566.40	1 579.09	1 590.78	1 600.80	1.23
加拿大	145.06	150.13	155.47	161.14	167.13	173.57	180.11	186.74	193.37	200.02	3.63
日本	860.22	889.73	919.44	951.26	985.31	1 021.86	1 058.34	1 094.96	1 131.97	1 168.87	3.47
欧洲	1 964.38	2 358.38	2 881.34	3 193.29	2 831.47	2 903.20	2 972.47	3 038.80	3 100.45	3 158.87	5.42
亚太地区	638.84	662.49	686.49	711.57	738.75	768.01	797.66	827.89	858.11	888.66	3.74
中东	172.96	179.21	185.52	192.18	199.30	206.98	214.70	222.47	230.08	237.70	3.60
拉丁美洲	366.96	380.92	395.08	409.93	425.72	442.50	459.54	476.63	493.79	510.88	3.74
总计	5 581.99	6 081.95	6 710.15	7 129.52	6 879.43	7 067.63	7 249.22	7 426.58	7 598.55	7 765.80	3.74

（1）本表数据为权威机构统计研究得出，2007—2008年数据系估计得出，2009—2010年数据系预测得出；
（2）本表数据的误差宽容度为 ±10%；
（3）为使表中数据得以标准化，不同货币间的交换率为：1美元＝1加拿大元，106.40日元，0.67欧元，0.50英镑；
（4）2001—2005年欧洲市场的复合年增长率（CAGR）相对较高，反映出欧元和美元的汇率波动；
（5）由于未对历史市场数据（1994—2000年）进行汇率波动处理，导致2000—2001年的增长显现出了一个更高的偏差；用于2001—2004年的近似汇率为：1欧元＝0.89美元（2001年），1.05美元（2002年），1.26美元（2003年），1.36美元（2004年）；
（6）数据没有进行通胀因素处理，通胀率以名义上的期限进行报告；
（7）数据是以制造商的水平进行报告的；
（8）当前数据采用2008年2月1日的货币价值进行了标准化处理；
（9）欧洲的数据源自以下国家：奥地利、比利时、保加利亚、捷克、丹麦、芬兰、法国、德国、希腊、匈牙利、爱尔兰、意大利、荷兰、挪威、波兰、葡萄牙、罗马尼亚、俄罗斯、斯洛伐克、西班牙、瑞典、瑞士、土耳其和英国；
（10）亚太地区的数据源自以下国家或地区：澳大利亚、中国、中国香港、印度、印度尼西亚、韩国、马来西亚、新西兰、菲律宾、新加坡、中国台湾和泰国；
（11）中东地区的数据源自如下国家：伊朗、伊拉克、以色列、科威特、沙特阿拉伯、叙利亚和阿拉伯联合酋长国；
（12）拉丁美洲的数据源自如下国家：阿根廷、巴西、智利、哥伦比亚、厄瓜多尔、墨西哥、秘鲁和委内瑞拉。

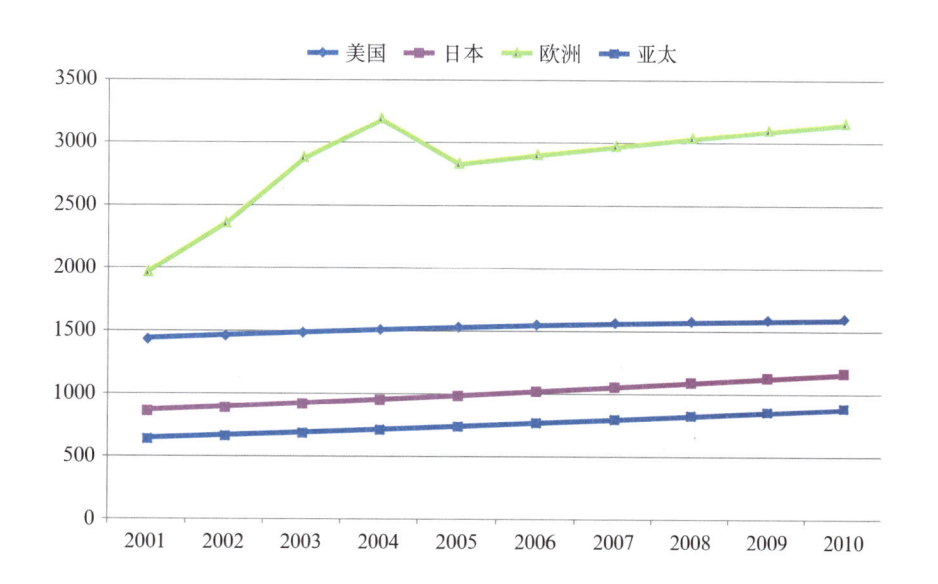

（二）未来 5 年全球其他个人防护装备（手套和鞋靴）市场发展预测

全球 2011—2015 年全球其他个人防护装备（手套和鞋靴）市场发展预测 [按地理区域，将全球个人防护装备市场划分为美国、加拿大、日本、欧洲、亚太（不包括日本）、中东和拉丁美洲等区域性市场，分别独立采用年度销售数据进行分析，销售额以百万美元计]。

国家／地区	2011	2012	2013	2014	2015	复合年增长率（CAGR）%
美国	1 609.44	1 617.17	1 624.12	1 630.13	1 635.51	0.40
加拿大	207.06	214.43	222.19	230.43	239.23	3.68
日本	1 207.91	1 248.98	1 292.19	1 337.93	1 386.23	3.50
欧洲	3 226.64	3 302.84	3 386.50	3 478.02	3 578.26	2.62
亚太地区	920.65	954.53	990.13	1 027.66	1 067.02	3.76
中东	245.81	254.34	263.29	272.77	282.84	3.57
拉丁美洲	529.37	549.17	570.20	592.84	616.79	3.89
总计	7 946.88	8 141.46	8 348.62	8 569.78	8 805.88	2.60

（1）本表数据为权威机构预测得出；
（2）本表数据的误差宽容度为 ±10%；
（3）为使表中数据得以标准化，不同货币间的兑换率为：1 美元 = 1 加拿大元，106.40 日元，0.67 欧元，0.50 英镑；
（4）2001—2005 年欧洲市场的复合年增长率（CAGR）相对较高，反映出欧元和美元的汇率波动；
（5）由于未对历史市场数据（1994—2000 年）进行汇率波动处理，导致 2000—2001 年的增长显现出了一个更高的偏差；用于 2001—2004 年的近似汇率为：1 欧元 = 0.89 美元（2001 年），1.05 美元（2002 年），1.26 美元（2003 年），1.36 美元（2004 年）；
（6）数据没有进行通胀因素处理，通胀率以名义上的期限进行报告；
（7）数据是以制造商的水平进行报告的；
（8）当前数据采用 2008 年 2 月 1 日的货币价值进行了标准化处理；
（9）欧洲的数据源自以下国家：奥地利、比利时、保加利亚、捷克、丹麦、芬兰、法国、德国、希腊、匈牙利、爱尔兰、意大利、荷兰、挪威、波兰、葡萄牙、罗马尼亚、俄罗斯、斯洛伐克、西班牙、瑞典、瑞士、土耳其和英国；
（10）亚太地区的数据源自以下国家或地区：澳大利亚、中国、中国香港、印度、印度尼西亚、韩国、马来西亚、新西兰、菲律宾、新加坡、中国台湾和泰国；
（11）中东地区的数据源自如下国家：伊朗、伊拉克、以色列、科威特、沙特阿拉伯、叙利亚和阿拉伯联合酋长国；
（12）拉丁美洲的数据源自如下国家：阿根廷、巴西、智利、哥伦比亚、厄瓜多尔、墨西哥、秘鲁和委内瑞拉。

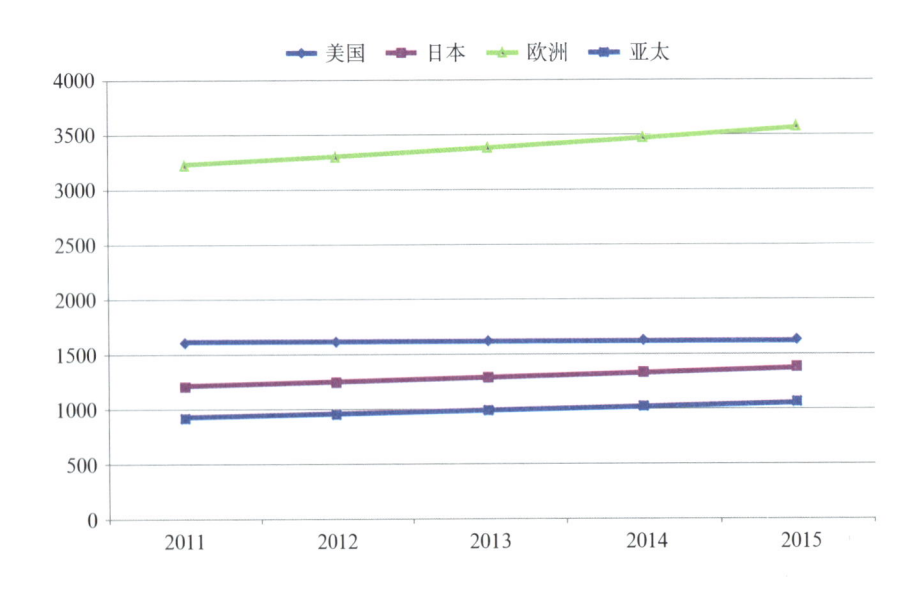

（三）20世纪末全球其他个人防护装备（手套和鞋靴）市场情况

全球1994—2000年其他个人防护装备（手套和鞋靴）市场分析［按地理区域，将全球个人防护装备市场划分为美国、加拿大、日本、欧洲、亚太（不包括日本）、中东和拉丁美洲等区域性市场，分别独立采用年度销售数据进行分析，销售额以百万美元计］。

国家／地区	1994	1995	1996	1997	1998	1999	2000	复合年增长率（CAGR）%
美国	1 252.07	1 272.10	1 294.49	1 318.83	1 345.87	1 374.40	1 404.22	1.93
加拿大	111.73	115.70	119.89	124.41	129.17	134.31	139.78	3.80
日本	679.19	700.05	721.65	743.93	767.22	791.18	815.98	3.11
欧洲	1 496.82	1 541.62	1 597.07	1 656.82	1 717.87	1 781.43	1 841.33	3.51
亚太地区	490.52	508.61	528.07	548.71	570.03	591.75	614.71	3.83
中东	133.56	138.38	143.45	148.82	154.65	160.73	166.95	3.79
拉丁美洲	279.35	289.93	301.19	313.30	326.09	339.68	353.58	4.01
总计	4 443.24	4 566.39	4 705.81	4 854.82	5 010.90	5 173.48	5 336.55	3.10

（1）本表数据的误差宽容度为 ±10%；
（2）为使表中数据得以标准化，不同货币间的兑换率为：1美元＝1加拿大元，106.40日元，0.67欧元，0.50英镑；
（3）2001—2005年欧洲市场的复合年增长率（CAGR）相对较高，反映出欧元和美元的汇率波动；
（4）由于未对历史市场数据（1994—2000年）进行汇率波动处理，导致2000—2001年的增长显现出了一个更高的偏差；用于2001—2004年的近似汇率为：1欧元＝0.89美元（2001年），1.05美元（2002年），1.26美元（2003年），1.36美元（2004年）；
（5）数据没有进行通胀因素处理，通胀率以名义上的期限进行报告；
（6）数据是以制造商的水平进行报告的；
（7）当前数据采用2008年2月1日的货币价值进行了标准化处理；
（8）欧洲的数据源自以下国家：奥地利、比利时、保加利亚、捷克、丹麦、芬兰、法国、德国、希腊、匈牙利、爱尔兰、意大利、荷兰、挪威、波兰、葡萄牙、罗马尼亚、俄罗斯、斯洛伐克、西班牙、瑞典、瑞士、土耳其和英国；
（9）亚太地区的数据源自以下国家或地区：澳大利亚、中国、中国香港、印度、印度尼西亚、韩国、马来西亚、新西兰、菲律宾、新加坡、中国台湾和泰国；
（10）中东地区的数据源自如下国家：伊朗、伊拉克、以色列、科威特、沙特阿拉伯、叙利亚和阿拉伯联合酋长国；
（11）拉丁美洲的数据源自如下国家：阿根廷、巴西、智利、哥伦比亚、厄瓜多尔、墨西哥、秘鲁和委内瑞拉。

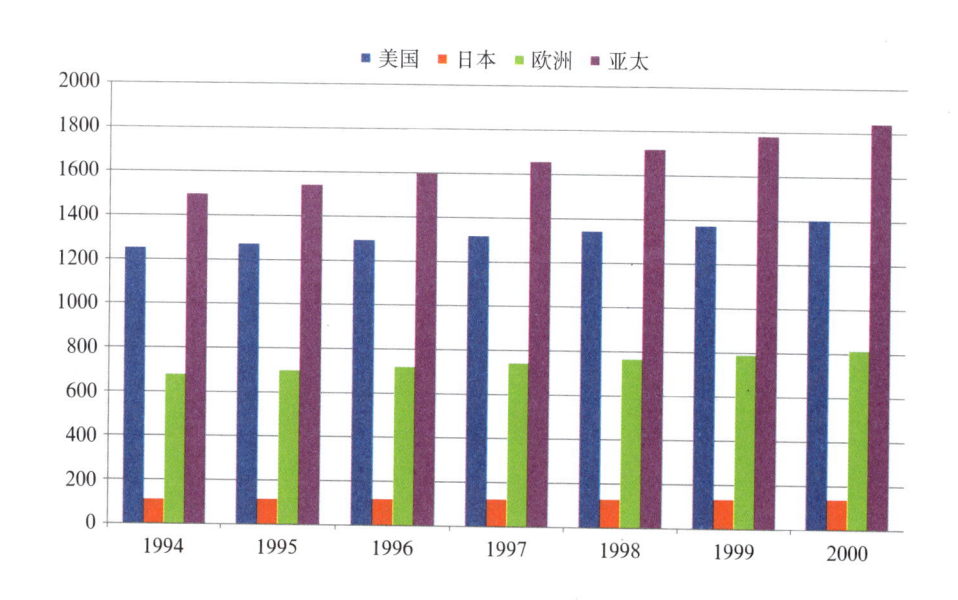

（四）全球其他个人防护装备（手套和鞋靴）市场 15 年透视

全球 1998—2012 年其他个人防护装备（手套和鞋靴）市场发展趋势 [按地理区域，以美元计的销售额计算美国、加拿大、日本、欧洲、亚太（不包括日本）、中东和拉丁美洲等区域性市场占全球市场的份额]。

国家／地区	1998	2008	2012
美国	26.86	21.26	19.86
加拿大	2.58	2.51	2.63
日本	15.31	14.74	15.34
欧洲	34.27	40.92	40.58
亚太地区	11.38	11.15	11.72
中东	3.09	3.00	3.12
拉丁美洲	6.51	6.42	6.75
总计	100.00	100.00	100.00

第十一部分 世界主要国家个人防护装备市场

一、美国个人防护装备市场

（一）市场分析

1. 概览 美国的个人防护装备市场是成熟且发展基础非常好的，特别是在几个已经得到充分开发的终端用户市场方面。市场的渗透程度非常高。此外，个人消费者出于旅行或其他活动用途也购买个人防护装备。安保产品销售商也把个人防护装备作为他们的产品中的一类或他们产品的一种点缀来销售个人防护装备。市场的高度成熟带动了美国个人防护装备市场的成长。由于职工的时尚意识不断增强且新产品能提供更好的舒适性，因此，个人防护装备市场正经历着更快的产品替代速度。

2. 影响增长的因素

- 产业职工队伍不断提升的安全意识。
- 专业化感觉的提高，使得制服和其他工作服装成为了职工随身用具中不可缺少的部分。
- 从头到脚、系列配套的个人防护装备的获得性极大提高。
- 服务领域的不断拓展。
- 一站式商店。
- 个人防护装备设计的时尚性和舒适度水平不断提高。
- "9.11"事件后所有组织对健康和安全的关注度都有很大提高。
- 美国联邦和各州的法律都要求，雇主必须为雇员在其劳动场所配备足够的防护装备。
- 责任感激励雇主去购买个人防护装备。
- 从事探险和冒险性活动的现代生活方式。
- 将安全与时尚相统一、防护与舒适相统一的双重驱动力牵引着产品的不断创新。

3. 对当前和未来的分析 2007年美国个人防护装备市场的规模为84.9亿美元，2008年约为87.9亿美元。到2010年，销售额预计将达到93.3亿美元，2001—2010年间的复合年度增长率（compounded annual growth rate，CAGR）为4.06%。法规和强制性标准的实施是市场增长的主要动力，对恐怖袭击和传染病的担忧也对提升市场需求起到了重要作用。

4. 市场趋势

（1）个人防护装备产业——处于一个兼并重组的驱动力之中：个人防护装备产业处于兼并重组的状态中，这种趋势在未来几年内仍将持续。在同一市场领域内购买不同个人防护装备的增长着的需求，导致了产业内部的兼并与收购。兼并与收购活动促使市场参与者为他们的客户提供一站式的销售服务，以增加市场份额。一旦兼并重组活动完成，市场可能会被少数几家大公司垄断。

（2）坠落防护装备市场——吸引新玩家：过去的5年中，坠落防护装备市场吸引了几个新的市场进入者。坠落防护装备企业受到竞争者的收购或追求，这些收购者意图能在市场上提供综合性的产品系列。

（3）防护鞋靴市场——转向注重价值系数：北美是安全鞋靴的净进口地区。美国工业用安全鞋靴、脚部和腿部防护产品、橡胶或塑料靴的市场非常大。过去的2年间，对工业安全鞋靴的需求有相当的增长。质量已替代价格，成为了主要的需求决定因素。

（4）防护眼镜市场——存在巨大的增长机会：美国每年售出大约 7 500 万付 Plano 安全眼镜（无需凭验光师处方销售的眼镜）。在所有安全眼镜使用者中有大约 10% 的使用者需要使用双焦距眼镜，这就形成了一个约 700 万付双焦距安全眼镜的细分市场。防护眼镜市场呈现的主要趋势包括：

- 过去几年，陆续有新玩家涌入市场。
- 由于新款式的不断出现，替代销售（replacement sales）显著增加。旧款式的眼镜不断被包含了新时尚元素的产品所替代。这一趋势将趋于缓和，因为眼镜的库存需要关注表面质量。
- 对时尚的太阳镜型安全眼镜有着更大的需求。
- 由于新的时尚造型眼镜的引入，对安全标准的符合程度要求更高。
- 超过 1/3 的作为必需品的使用者羞于佩戴眼部防护设备。
- 年龄在 45～60 岁的绝大多数的人们需要阅读用的眼镜，因而有必要使安全眼镜也具备普通阅读眼镜的功能。
- 虽然安全眼镜或眼部防护产品正在以快速的步伐增长，而处方眼镜市场仍然是一个门槛很高的市场。
- 处方眼镜产品是一个专业的细分市场，相对而言，其市场波动的可能性较低；而安全眼镜产品市场则会因进口或缺货等因素而引发市场波动。
- 眼部防护产品市场更受到石油可获得性及其成本的影响，因为石油是制造眼睛所用的聚碳酸酯的原料。

影响防护眼镜需求的原因：

- 关于作业场所眼部伤害防护的法律及其配套文件的实施。
- 来自保险企业的压力。
- 产品设计的时尚性。
- 健康与安全执法机构提高人们关于作业场所防护眼部伤害意识的努力。

（5）听力保护市场——高度竞争：听力保护装备在许多工业终端用户领域获得突破性的发展。一站式商店模式的导入和包括耳罩在内的产品技术创新是驱动市场发展的动力。市场营销和销售促进强化了市场中的竞争强度。来自世界各地低成本制造商处的廉价产品的涌入，导致在资质优异的制造商之间展开了猛烈的竞争。当市场进入成熟阶段时，新的进入者会发现跨越市场门槛非常困难，由此市场将变得繁荣兴旺起来。新的市场进入者应该集聚性价比和产品技术创新的综合优势来追求合理利润，例如对电子耳罩的发明。初始时期，制造商们主要想通过提供具有更高噪声抑制率（NRR）的耳塞来引起市场的注意。除了对产品进行改进之外，制造商现在正在采用先进的设计和款式来生产产品，以满足特定的需求或适应特殊群体的应用需要。阿伊若欧公司（Aearo Technologies Inc.）和斯伯瑞安防护装备公司（Sperian Protection）目前主宰着听力保护装备市场。

美国听力保护装备市场存在的明显趋势包括：

- 成本的增加并不总能反映为价格的提高。当前的工厂全球化背景下，海外加工和外包已经成为了主旋律，重工业的劳动正在加速向东欧、拉美和印度等国家转移。因此，发达国家听力保护装备的制造商们对其产品的价格确定可以有比较宽松的空间。
- 不管现行的海外加工趋势怎样发展，国内市场正在稳步增长的态势已是注定的了。这一态势是被一些制造商意图不断推出先进技术产品的努力所驱动的。这一努力不仅将提升耳部的防护能力，也将使通信能力产生倍增效应。
- 当电子耳罩的价格变得越来越低时，制造商们所关注的是那些能够将安全与娱乐、耐用与舒适结合起来且价格合理的小附属产品，这样为终端消费者提供多样化的选择空间。
- 一次性和可重复使用耳塞占了总需求的 3/4，耳罩占 1/4。

◆ 大量涌入的耳罩主要来自从中国的进口。
◆ 对技术创新的关注度更高：从防护噪声伤害，耳部防护装备的功能已拓展到了必须同时满足高质量的通信要求。对电子化听力保护装备的需求正在不断扩大。
◆ 现行市场参与者的垄断性地位正使得新的市场进入者的努力受到瓦解。

(6) 防护服装市场——在美国政府法规推动和经费支持下增长：尽管过去的20年中服装工业处于衰退之中，但目前美国防护服装工业正呈现出健康发展的势头。销售的增长主要是由于：
◆ 在材料和加工工艺方面所处的技术领先地位。
◆ 雇主惧怕对其提出有关雇员安全的诉讼。
◆ 纤维和材料技术已经引入到了航天和军事领域。

相对于其他类的材料，无纺织物［主要是纺粘型织物，如称为"单纯功能（plain vanilla）"的纺丝粘合产品和杜邦公司的Tyvek®织物］市场正在更快地增长，其原因是成本和多样性。

市场很大程度上受到政府法规和技术进步的影响。最近，高度细分的防护服装产业注意到涉及消防、危险化学品和防弹等领域的职业防护服装的现行标准有了大量的增加和修定。2001年9月11日对世界贸易中心（WTC）的恐怖袭击也在某种程度上促进了这种增长。

美国防护服装市场展望：由于几个方面因素的共同作用，美国防护服装市场正面临着强劲的需求。为消防员、军事人员、油气企业职工、工业企业职工和大量的化工作业人员提供防护的市场增长强劲。对保护军人和文职人员队伍免受化学／生物战剂、抛射物和爆炸物等的伤害的关注越来越强烈，对保护人员免受伤害、疾病和死亡等因素的危害的关注，正驱动着防护服装市场的全面增长。防护服装产业更高的增长率被期望仍能持续4～5年。由于政府拨出了大量预算用于为地方警察部门配备防弹背心，同时军队也有大量的采购订单，因此，防弹衣市场被期望会有一个较大的增长。

阻燃隔热服装市场（消防员和工业用户使用的服装）被期望会有轻微增长。增长的原因与机会是替换市场，现行用户会升级或替换他们现在使用的服装。

化学防护服装市场被期望会有轻微增长，这种增长是由于对恐怖组织发动化学攻击的担忧所驱动的。增长的另一个因素是美国国家职业健康与安全研究所（NIOSH）要对工作场所的化学危害防护措施进行认证。

防弹衣被认为在所有防护服装中是增长最低的。其他防护服装如防切割、防摩擦手套和服装以及洁净室内使用的服装被期望能有更高的增长率，由于终端用户对这些产品有着更强的增长需求。

(7) 重型建筑产业——个人防护装备的使用大幅上升：在过去的年度里，个人防护装备在重型建筑领域内的应用一直在提高。但是，根据强制使用率来衡量，这一产业一直是个人防护装备配备使用率的落后者。建筑工人们陈述的不适用个人防护装备的原因，主要包括：缺乏来自雇主的强制性要求，缺乏舒适性、缺乏时尚性和妨碍工作。

有证据表明，在过去几年里硬质盔帽、安全鞋靴、防护眼镜、面罩、听力保护和连身式防护服装等个人防护装备的使用率已经在建筑工业领域有了较大的提高。硬质盔帽、安全鞋靴和高可视性警示服装是最常使用的个人防护装备。

(8) 呼吸防护装备——机会颇多：过去几年的需求、开支、销售和消费数据显示，呼吸防护装备市场一直呈稳步增长的态势。下列的社会与政治因素可以被认为是需求驱动力：
◆ 由于对严重急性呼吸综合征（severe acute respiratory syndrome, SARS）这样的传染病的惧怕。
◆ 对"9.11"后不可预测的恐怖袭击的惧怕。
◆ 伊拉克战争后的潜在的战争可能。

这些因素一直有助于增强对威胁生命偶发事件的防备意识，从而推动了呼吸防护装备市场让人始料未及的增长。

除了上述列出的因素外，在许多其他工业领域的增长以及在需要安全防护的消费者产品方面的增长，也对呼吸防护装备市场的增长发挥了驱动力的作用。杀菌剂、杀虫剂、吸入剂和油漆等需要喷洒或喷涂作业的领域，也为面部过滤装备市场的增长提供了动力。航空、执法机构、消防部队和军事人员在非常广泛的领域内对先进呼吸防护装备有着持续的需求。医院、急救机构和牙医诊所等健康保健产业是呼吸和防护面具装备四季不断的终端用户。

美国呼吸防护装备市场表现出如下明显趋势：

- 符合强制性标准要求的空气净化呼吸器可能会有很高的需求。
- 尽管对先进装备的需求处于不断增长之中，但是对好的旧式防尘口罩的需求并没有趋于萎缩，因为这类口罩大多数是一次性产品，许多使用者把这些易于使用也易于丢弃的产品视为最高端的装备。
- 作为一种高端产品的细分市场，呼吸防护装备的供应需要有更高水平的专业知识。
- 中国台湾、墨西哥、韩国和中国内地占了全球随弃式口罩和可重复使用口罩产量的绝大部分比例，这是由于这些国家或地区的劳动力成本相对较低。

按产品细分市场对美国过去几年、现在和未来呼吸防护装备进行的市场分析。产品细分市场，按空气净化呼吸器（air purifying respirator）、自给式呼吸器（self contained breathing apparatus, SCBA）、防尘面具（dust masks）、电动送风过滤式呼吸器（powered air purifying respirator, PAPR）、供气式呼吸器（airline respirator）和应急逃生用呼吸器（emergency escape breathing apparatus）等6类产品进行划分。分析基于2001—2010年的销售数据进行，销售额以百万美元计。

国家／地区	2001	2002	2003	2004	2005	2006	2007	2008	2009	2010	复合年增长率(CAGR)%
空气净化呼吸器	398.75	448.09	497.39	546.33	589.30	627.40	660.25	690.34	717.02	736.01	7.05
自给式呼吸器	349.72	415.00	485.53	563.24	638.78	716.24	793.01	868.57	949.82	1 024.01	12.68
防尘面具	215.39	248.79	283.61	321.00	354.96	389.12	421.81	656.14	484.69	512.25	10.10
电动送风过滤式呼吸器	79.11	86.39	93.55	99.81	104.25	106.80	108.21	108.97	108.29	105.75	3.28
供气式呼吸器	70.27	76.28	81.09	85.06	88.24	88.84	88.94	87.31	84.20	80.50	1.52
应急逃生用呼吸器	34.90	38.34	41.35	42.61	43.85	45.81	45.31	46.69	41.27	41.50	1.94
总计	1 148.14	1 312.89	1 482.52	1 658.05	1 819.38	1 974.21	2 117.53	2 256.02	2 385.29	2 500.02	9.03

(1) 本表数据为权威机构统计研究得出，2007—2008年数据系估计得出，2009—2010年数据系预测得出；
(2) 本表数据的误差宽容度为±10%；
(3) 数据没有进行通胀因素处理，通胀率以名义上的期限进行报告；
(4) 数据是以制造商的水平进行报告的；
(5) 报告中分析所覆盖的范围包括工业呼吸防护市场以及诸如消防、执法、军队和第一响应人等在内的终端用户市场。

[图表：2001—2010年美国呼吸防护装备市场数据，图例包括空气净化呼吸器、自给式呼吸器、防尘面具、电动送风过滤式呼吸器]

5．新挑战与增长机遇

（1）来自亚洲进口产品的威胁：个人防护装备市场正在被那些来自低制造成本国家制造的廉价产品和低端、低技术装备所淹没。由于制造成本和市场要求的折扣率都更高，因此美国制造商们面临着巨大的利润压力。个人防护装备的商品特性也为制造商们在开发创新产品、获取竞争优势方面创造了很大的压力。美国制造商们还面临着开发先进技术产品以满足紧急情况需求的挑战以及开发新产品以满足日益复杂的作业场所安全需求提高的挑战。

对美国制造商们而言，一个不祥的威胁是亚洲制造商更猛烈地涌入美国国内市场。亚洲企业相较于质量竞争而言，更多地关注价格竞争，进而更进一步加剧了美国制造商们所面临的价格压力。美国制造商们面临的一个主要挑战是在保证生产高质量产品的同时，保持价格竞争优势。

（2）富于进取心的制造商们将获得好的收益：个人防护装备市场一直在给那些渴望提升销售额的制造商们抛出独特的机遇。由于使用者自身意识的提高以及对终端使用者进行的持续的教育，市场正在诱发着一种持续性的需求。购买者的时尚意识和装备所具有的更高的舒适性程度导致了替换销售的增加。拥有更合理的产品组合且更能把握市场的制造商们，更能在强调消费者需求方面处于更有利的位置。

2001年9月11日世界贸易中心（WTC）遭恐怖袭击后，美国政府对社会安全水平的部署有了更为周密的安排。美国政府一直在为配备安保装备分配更大份额的预算，这些安保装备都将在应对恐怖袭击中被间接地使用到。美国政府也花费了大量经费为消防、健康保健等部门提供安全装备，以备处理紧急情况时使用。

6．竞争形势 与其他市场竞争者相比，3M公司（Minnesota Mining and Manufacturing Co）、诺克罗斯安全产品公司（Norcross Safety Products LLC）、梅思安安全设备公司（Mine Safety Appliances，MSA）、斯伯瑞安防护产品公司（Sperian Protection）和斯考特健康与安全产品公司（Scott Health and Safety）等5家公司在美国个人防护装备市场上居于领导地位。

美国个人防护装备市场由大约50家领先企业和少数几家规模较小的企业组成。由于美国个人防护装备的几个产品细分市场已经具有高水平的市场饱和度，因而参与者为追求增长和扩大市场份额进行着激烈的竞争。作为最温和的增长方式，大企业通过收购或兼并专业化的公司来拓展自己市场的份额。收购与兼并的结果是市场被少数几个大型企业所垄断。

高度的竞争一直是防止制造商通过提高价格来扩大利润的一个有效途径。美国个人防护装备制造商们一直在采取一些策略来对付不景气的增长。这些策略是：

- 为消费者提供一站式的"从头到脚"系统配套的产品打包式服务。
- 发现新的终端用户市场并对现行终端用户市场进行持续深入的开发。
- 采用收购或兼并策略来增加市场份额。
- 通过在质量、设计、品牌,或诸如配色方案等产品特性方面与竞争者的产品有所不同,来使自己的产品具有特色。
- 增加研发预算以持续推出新产品。
- 采用 B2B 电子商务销售模式向小生态市场（niche market）销售他们的产品。

(1) 美国呼吸防护装备市场的主要制造商

美国空气净化呼吸器市场的领先制造商

2004—2006年,美国空气净化呼吸器市场的领先制造商:市场占有率的百分比按3M公司（Minnesota Mining and Manufacturing Co）、诺克罗斯安全产品公司（Norcross Safety Products LLC）、梅思安安全设备公司（Mine Safety Appliances, MSA）、巴固-德洛集团公司（Bacou-Dalloz Group）/塞维威尔公司（Survivair）、斯考特健康与安全产品公司（Scott Health and Safety）以及其他企业来划分。

国家／地区	2004	2005	2006
3M公司	23.10	23.16	23.19
诺克罗斯安全产品公司	20.78	20.81	20.85
梅思安安全设备公司	19.83	19.86	19.84
巴固-德洛集团公司与塞维威尔公司	12.66	12.69	12.73
斯考特健康与安全产品公司	11.08	11.10	11.14
其他企业	12.55	12.38	12.25
总计	100.00	100.00	100.00

(1) 其他企业包括：阿伊若欧公司（Aearo Technologies, Inc.）、路易斯·M·哲森公司（Louis M. Gerson Co, Inc.）、穆尔戴克斯-麦特瑞克公司（Moldex-Metric, Inc.）、塞尔斯卓姆公司（Sellstrom Manufacturing）以及其他企业；
(2) 数据是以制造商的水平进行报告的；
(3) 2007年底,巴固-德洛集团公司更名为斯伯瑞安防护产品公司（Sperian Protection）；
(4) 2008年,霍尼韦尔公司收购了诺克罗斯安全产品公司。

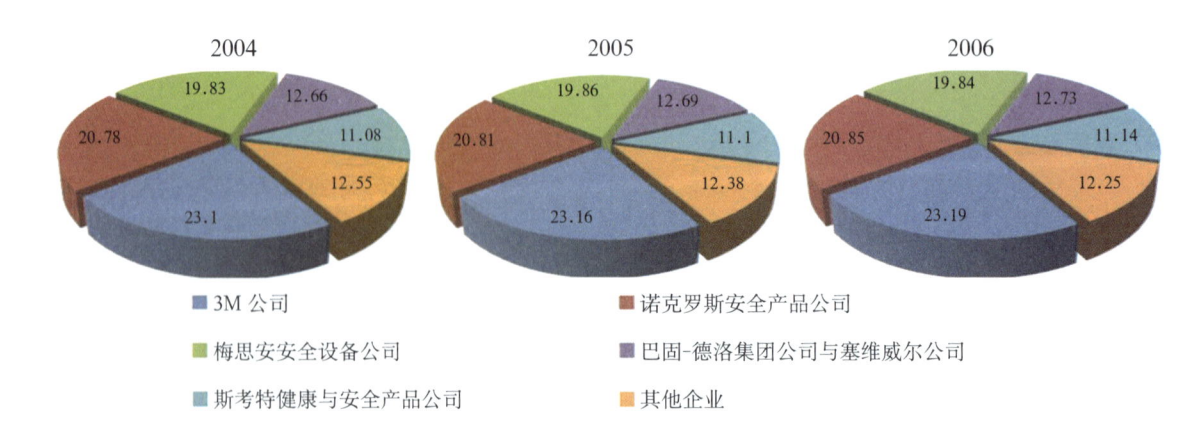

美国电动送风过滤式呼吸器市场的领先制造商

2004—2006年，美国工业用电动送风过滤式呼吸器市场的领先制造商：市场占有率的百分比按3M公司（Minnesota Mining and Manufacturing Co）、梅思安安全设备公司（Mine Safety Appliances，MSA）、斯考特健康与安全产品公司（Scott Health and Safety）以及其他企业来划分。

国家／地区	2004	2005	2006
3 M 公司	44.83	44.91	45.02
梅思安安全设备公司	24.70	24.76	24.79
斯考特健康与安全产品公司	15.09	15.14	15.16
其他企业	15.37	15.19	15.03
总计	100.00	100.00	100.00

（1）其他企业包括：卓格安全产品公司（Dräger Safety AG & Co. KGAA）、巴固－德洛集团公司（Bacou-Dalloz Group）、S.E.A集团公司（The S.E.A Group）以及其他企业；
（2）数据是以制造商的水平进行报告的；
（3）2007年底，巴固－德洛集团公司更名为斯伯瑞安防护产品公司（Sperian Protection）。

美国防尘面具市场的领先制造商

2004—2006年，美国防尘面具市场的领先制造商：市场占有率的百分比按3M公司（Minnesota Mining and Manufacturing Co）、穆尔戴克斯－麦特瑞克公司（Moldex-Metric，Inc.）、路易斯·M·哲森公司（Louis M. Gerson Co，Inc.）以及其他企业来划分。

国家／地区	2004	2005	2006
3 M 公司	25.12	25.17	25.21
穆尔戴克斯－麦特瑞克公司	11.87	11.89	11.96
路易斯·M·哲森公司	5.56	5.62	5.65
其他企业	57.45	57.32	57.18
总计	100.00	100.00	100.00

（1）其他企业包括：阿伊若欧公司（Aearo Technologies Inc.）、欧利固若工业公司（Allegro Industries）、阿尔法先进技术公司（Alpha Pro-Tech）、诺克罗斯安全产品公司（Norcross Safety Products LLC）、巴固－德洛集团公司（Bacou-Dalloz Group）以及其他企业；
（2）数据是以制造商的水平进行报告的；
（3）2007年底，巴固－德洛集团公司更名为斯伯瑞安防护产品公司（Sperian Protection）。

```
    2004              2005              2006
  57.45             57.32             57.18
5.56  11.87  25.12  5.62  11.89  25.17  5.65  11.96  25.21
```

■ 3M 公司　　■ 穆尔戴克斯-麦特瑞克公司　　■ 路易斯·M·哲森公司　　■ 其他企业

美国自给式呼吸器市场的领先制造商

2004—2006 年，美国自给式呼吸器市场的领先制造商：市场占有率的百分比按梅思安安全设备公司（Mine Safety Appliances，MSA）、斯考特健康与安全产品公司（Scott Health and Safety）、巴固-德洛集团公司（Bacou-Dalloz Group）／塞维威尔公司（Survivair）、卓格安全产品公司（Dräger Safety AG & Co. KGAA）以及其他企业来划分。

国家／地区	2004	2005	2006
梅思安安全设备公司	34.21	34.26	34.29
斯考特健康与安全产品公司	32.86	32.89	32.95
巴固-德洛集团公司／塞维威尔公司	10.14	10.19	10.26
卓格安全产品公司	5.47	5.52	5.61
其他企业	17.32	17.14	16.89
总计	100.00	100.00	100.00

（1）其他企业包括：因特斯比若公司（Interspiro AB）和国际安全仪器公司（International Safety Instruments, Inc.）代表着其他企业；
（2）数据是以制造商的水平进行报告的；
（3）2007 年底，巴固－德洛集团公司更名为斯伯瑞安防护产品公司（Sperian Protection）。

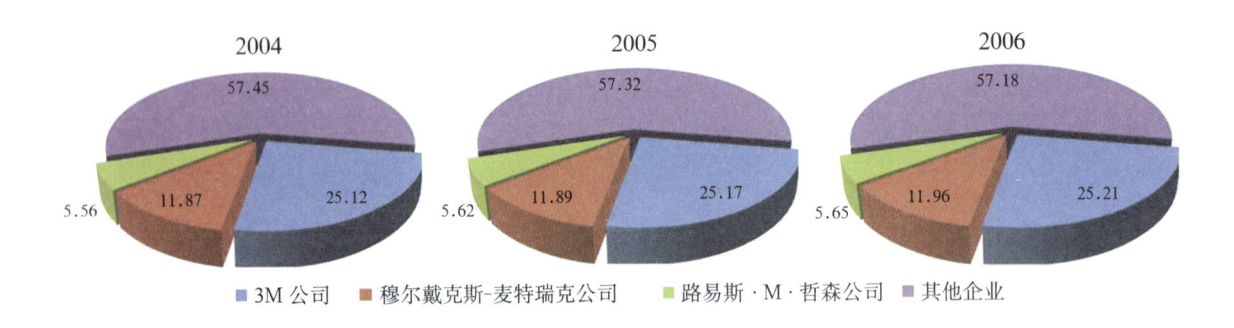

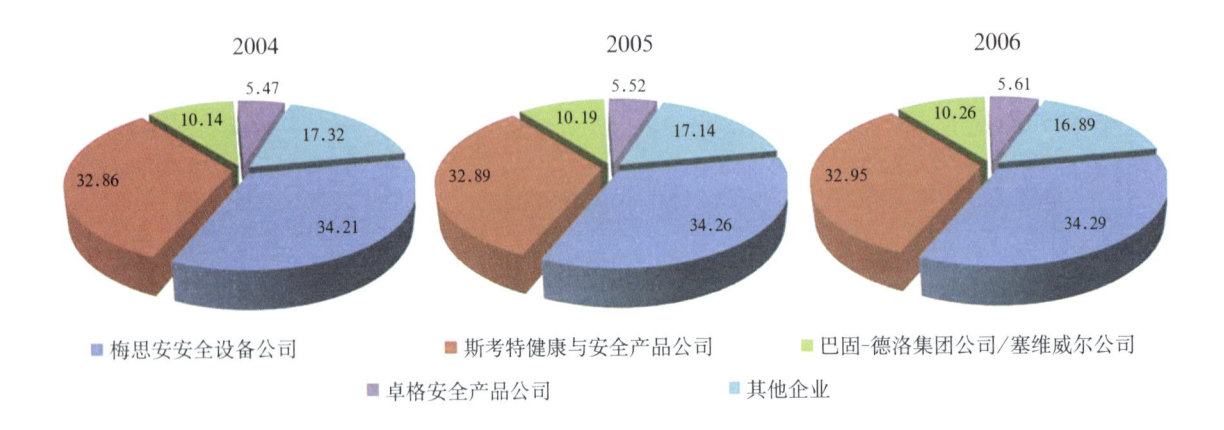

```
      2004                    2005                    2006
5.47                    5.52                    5.61
10.14   17.32          10.19   17.14          10.26   16.89
32.86   34.21          32.89   34.26          32.95   34.29
```

■ 梅思安安全设备公司　　■ 斯考特健康与安全产品公司　　■ 巴固-德洛集团公司/塞维威尔公司
■ 卓格安全产品公司　　■ 其他企业

美国工业用供气式呼吸器市场的领先制造商

2004—2006 年，美国工业用供气式呼吸器市场的领先制造商：市场占有率的百分比按 3M 公司（Minnesota Mining and Manufacturing Co）、梅思安安全设备公司（Mine Safety Appliances，MSA）、斯考特健康与安全产品公司（Scott Health and Safety）以及其他企业来划分。

国家／地区	2004	2005	2006
3M 公司	19.87	19.92	20.03
梅思安安全设备公司	16.41	16.46	16.53
斯考特健康与安全产品公司	15.33	15.41	15.46
其他企业	48.39	48.21	47.98
总计	100.00	100.00	100.00

(1) 其他企业包括：布拉德公司（E. D. Bullard Company）、卓格安全产品公司（Dräger Safety AG & Co. KGAA）、国际安全仪器公司（International Safety Instruments, Inc.）和诺克罗斯安全产品公司（Norcross Safety Products LLC）代表着其他企业；

(2) 数据是以制造商的水平进行报告的。

(2) 美国听力保护装备市场的主要制造商

美国工业用听力保护产品市场的领先制造商

2004—2006年，美国工业听力保护产品市场的领先制造商：市场占有率的百分比按阿伊若欧公司（Aearo Technologies, Inc.）、巴固 - 德洛集团公司（Bacou-Dalloz Group）、穆尔戴克斯 - 麦特瑞克公司（Moldex-Metric, Inc.）以及其他企业来划分。

国家／地区	2004	2005	2006
阿伊若欧公司	33.74	33.71	33.76
巴固 - 德洛集团公司	29.11	29.15	29.21
穆尔戴克斯 - 麦特瑞克公司	13.88	13.92	13.94
其他企业	23.27	23.22	23.09
总计	100.00	100.00	100.00

(1) 3M 公司（Minnesota Mining and Manufacturing Co）、阿戈斯公司（Argus Corp）、大卫 - 克拉克公司（David Clark Co）、捷克森安全产品公司（Jackson Safety, Inc.）、梅思安安全设备公司（Mine Safety Appliances, MSA）和诺克罗斯安全产品公司（Norcross Safety Products LLC）代表着其他企业；

(2) 数据是以制造商的水平进行报告的；

(3) 2007 年底，巴固 - 德洛集团公司更名为斯伯瑞安防护产品公司（Sperian Protection）；

(4) 2008 年，3M 公司收购了阿伊若欧公司。

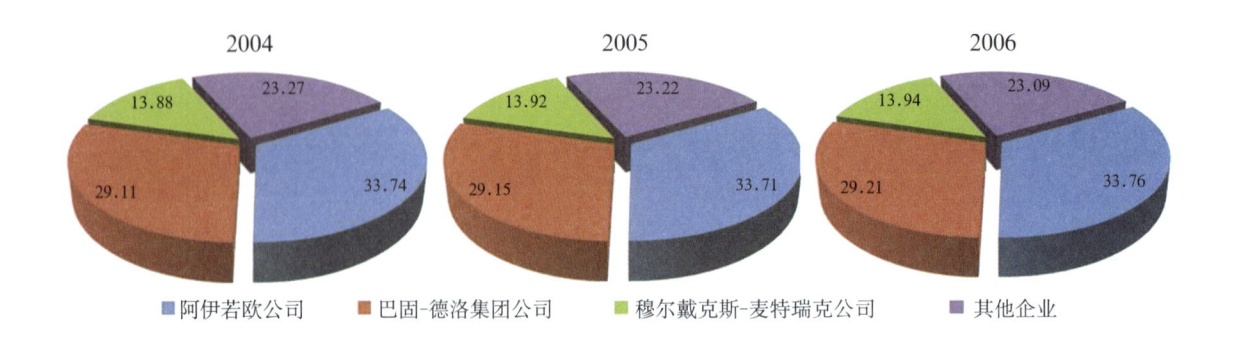

美国工业用耳塞产品市场的领先制造商

2004—2006年，美国工业耳塞产品市场的领先制造商：市场占有率的百分比按阿伊若欧公司（Aearo Technologies，Inc.）、巴固-德洛集团公司（Bacou-Dalloz Group）、穆尔戴克斯-麦特瑞克公司（Moldex-Metric，Inc.）以及其他企业来划分。

国家／地区	2004	2005	2006
阿伊若欧公司	37.76	37.81	37.77
巴固-德洛集团公司	33.12	33.15	33.21
穆尔戴克斯-麦特瑞克公司	15.84	15.90	15.93
其他企业	13.28	13.14	13.09
总计	100.00	100.00	100.00

（1）3M公司（Minnesota Mining and Manufacturing Co）、伊尔维克斯公司（Elvex Corp）、梅思安安全设备公司（Mine Safety Appliances，MSA）、诺克罗斯安全产品公司（Norcross Safety Products LLC）、雷蒂安斯公司（Radians，Inc.）和塔斯可公司（Tasco Corp）代表着其他企业；
（2）数据是以制造商的水平进行报告的；
（3）2007年底，巴固-德洛集团公司更名为斯伯瑞安防护产品公司（Sperian Protection）；
（4）2008年，3M公司收购了阿伊若欧公司。

美国工业用耳罩产品市场的领先制造商

2004—2006年，美国工业用耳罩产品市场的领先制造商：市场占有率的百分比按阿伊若欧公司（Aearo Technologies，Inc.）、巴固-德洛集团公司（Bacou-Dalloz Group）、穆尔戴克斯-麦特瑞克公司（Moldex-Metric，Inc.）、捷克森安全产品公司（Jackson Safety，Inc.）以及其他企业来划分。

国家／地区	2004	2005	2006
阿伊若欧公司	19.12	19.19	19.23
巴固-德洛集团公司	14.89	14.95	15.06
穆尔戴克斯-麦特瑞克公司	10.05	10.12	10.15
捷克森安全产品公司	9.93	9.98	10.06
其他企业	46.01	45.76	45.50
总计	100.00	100.00	100.00

(1) 3M 公司（Minnesota Mining and Manufacturing Co）、大卫-克拉克公司（David Clark Co）、伊尔维克斯公司（Elvex Corp）、梅思安全设备公司（Mine Safety Appliances,MSA）、NCT 集团公司（NCT Group）、诺克罗斯安全产品公司（Norcross Safety Products LLC）、派拉麦克斯安全产品公司（Pyramex Safety）、雷蒂安斯公司（Radians, Inc.）和塔斯可公司（Tasco Corp）代表着其他企业。

(2) 数据是以制造商的水平进行报告的；

(3) 2007 年底，巴固-德洛集团公司更名为斯伯瑞安防护产品公司（Sperian Protection）；

(4) 2008 年，3M 公司收购了阿伊若欧公司。

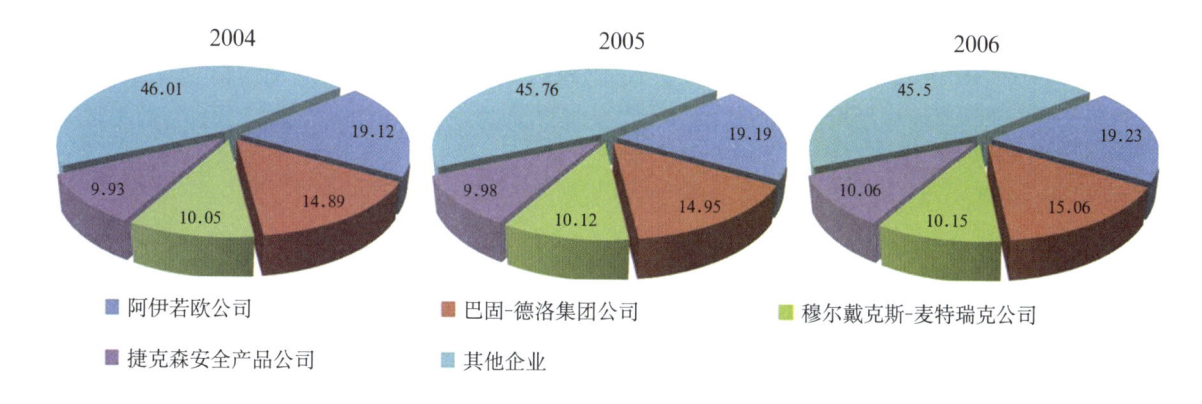

（3）美国眼部防护装备市场的主要制造商：2004—2006 年，美国工业用眼部防护装备市场的领先制造商：市场占有率的百分比按巴固-德洛集团公司（Bacou-Dalloz Group）、阿伊若欧安全产品公司（Aearo Safety）、MCR 安全产品公司（MCR Safety）、捷克森安全产品公司（Jackson Safety, Inc.）以及其他企业来划分。

国家／地区	2004	2005	2006
巴固-德洛集团公司	19.65	19.71	19.73
阿伊若欧安全产品公司	17.89	17.94	18.02
MCR 安全产品公司	13.67	13.73	13.76
捷克森安全产品公司	8.09	8.16	8.21
其他企业	40.70	40.46	40.28
总计	100.00	100.00	100.00

(1) 伊恩康安全产品公司（Encon Safety Products）、伊尔维克斯公司（Elvex Corp）、HL 波顿公司（HL Bouton）、昂格德安全产品公司（On-guard Safety）代表着其他企业。

(2) 数据是以制造商的水平进行报告的；

(3) 2007 年底，巴固-德洛集团公司更名为斯伯瑞安防护产品公司（Sperian Protection）；

(4) 2008 年，3M 公司收购了阿伊若欧公司。

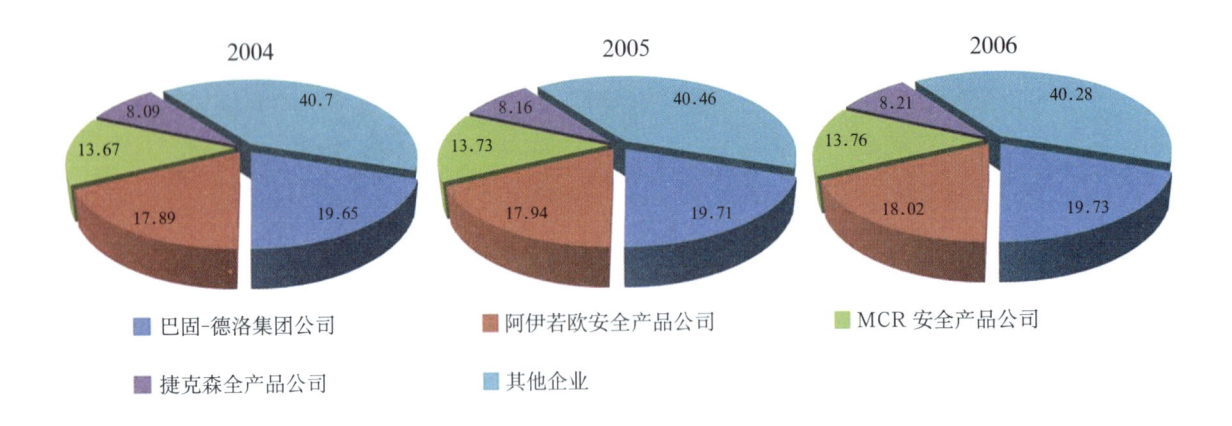

| 2004 | 2005 | 2006 |

- 巴固-德洛集团公司
- 阿伊若欧安全产品公司
- MCR 安全产品公司
- 捷克森全产品公司
- 其他企业

（二）美国主要个人防护装备制造商网址

1. 3M 公司（Minnesota Mining and Manufacturing Co）
   http://solutions.3m.com/wps/portal/3M/en_WW/Worldwide/WW/；
2. 阿伊若欧技术公司（Aearo Technologies Inc.）http://www.aearo.com/；
3. 阿尔法先进技术公司（Alpha Pro Tech Ltd.）
   http://www.alphaprotech.com/default.aspx；
4. 安塞尔公司（Ansell Healthcare Products LLC）
   http://www.ansellhealthcare.com/temps/index.cfm；
5. 阿文-爱斯公司（Avon-ISI）http://www.avon-isi.com/；
6. 大卫-克拉克公司（David Clark Company, Inc.）http://www.davidclark.com/；
7. 布拉德公司（E. D. Bullard Company）http://www.bullard.com/；
8. 伊尔维克斯公司（Elvex Corporation）http://www.elvex.com/；
9. 格特威安全产品公司（Gateway Safety Inc.）http://www.elvex.com/；
10. 霍尼韦尔生命安全产品公司（Honeywell Life Safety）
    http://www.honeywelllifesafety.com/；
11. 捷克森安全产品公司（Jackson Safety, Inc.）http://www.jacksonsafety.com/；
12. 雷克兰德工业公司（Lakeland Industries Inc.）http://www.lakeland.com/；
13. 路易斯·M·哲森公司（Louis M. Gerson Co. Inc.）http://www.gersonco.com/；
14. 兰代尔制造公司（Lendell Manufacturing, Inc. 已于 2008 年 9 月 26 日被 Filtrona 公司收购，建立了 Filtrona Porous Technologies 公司）
    http://www.filtronafibertec.com/en/home；
15. MCR 安全产品公司（MCR Safety）http://www.mcrsafety.com/；
16. 梅思安安全设备公司（Mine Safety Appliances Company, MSA）
    http://www.msanet.com/；
17. 穆尔戴克斯-麦特瑞克公司（Moldex-Metric Inc.）http://www.moldex.com/；
18. NCT 集团公司（NCT Group Inc.）www.nctgroupinc.com；
19. 派拉麦克斯安全产品公司（Pyramex Safety）http://www.pyramexsafety.com/site_region/select；
20. 雷蒂安斯公司（Radians, Inc.）http://www.radians.com/main/default.aspx；
21. 萨福特-伽德国际公司（Saf-T-Gard International, Inc.）http://www.saftgard.com/；
22. 斯考特健康与安全产品公司（Scott Health and Safety）

http://www.scotthealthsafety.com/；
23. 塞尔斯卓姆公司（Sellstrom Manufacturing Company），http://www.sellstrom.com/；
24. 斯伯瑞安防护产品公司（Sperian Protection）
http://www.sperianprotection.com/index.asp；
25. S.E.A 集团公司（The S.E.A Group）http://www.sea.com.au/index.html；
26. 塔斯可公司（Tasco Corporation）http://www.tascocorp.com/；
27. 威尔斯-拉蒙特工业集团公司（Wells Lamont Industry Group）
http://www.wellslamontindustry.com/。

（三）美国制造商近年来推出的技术创新产品

1．2008 年大事记

（1）MCR 安全产品公司将其创新公之于众
（2）MCR 安全产品公司推出 Dallas™ 品牌的安全眼镜
（3）MCR 安全产品公司推出新型夹克式雨衣
（4）斯考特健康与安全产品公司开发的 AV-2000 型封闭式面具获得了 CBRN 批准
（5）安塞尔公司推出 Gammex® 品牌的 PF XP™ 手套产品

2．2007 年大事记

（1）捷克森安全产品公司推出 OTG 安全眼镜
（2）捷克森安全产品公司推出用于听力保护的人为干扰发射机
（3）AOSSafety® 品牌推出新型呼吸器
（4）安塞尔公司推出单只包装的 Micro-Touch®NitraTex® 品牌的消毒手套
（5）安塞尔公司推出 Micro-Touch®NitraTex® 品牌的消毒检验手套
（6）安塞尔公司推出 Encore® HydraSoft® 品牌的手术手套
（7）格特威安全产品公司推出 Wheelz™ 品牌的防护眼镜
（8）格特威安全产品公司推出 4□4™ 品牌的防护眼镜
（9）格特威安全产品公司推出 Serpent™ 品牌的安全头盔
（10）MCR 安全产品公司推出听力保护装备
（11）斯考特健康与安全产品公司推出 BioPak 240 型具有革命性意义的正压氧气呼吸器
（12）威尔森公司推出新型 One-Fit™ 品牌的随弃式健康口罩
（13）威尔森公司推出新型 One-Fit™ 品牌的 NBW95 和 NBW95V 口罩
（14）安塞尔公司推出 HyFlex® 品牌的 11-920 型手套
（15）玛帕公司推出新型防护手套
（16）巴固-德洛集团公司在 Willson A800 系列安全防护眼罩上添加了着色镜片
（17）莱明顿公司推出了新的工作性能手套系列产品

3．2006 年大事记

（1）3M 公司推出先进的呼吸防护系统
（2）阿伊若欧公司展示了其经美国国家职业安全与健康研究所（NIOSH）认证的呼吸器和过滤器滤芯
（3）阿伊若欧公司推出创新的空气过滤呼吸器
（4）阿伊若欧公司推出了半面具式过滤呼吸器
（5）阿伊若欧公司推出新的防护风帽
（6）派尔特公司推出电子听力保护产品

(7) 布拉德公司推出高安全性空气过滤呼吸器
(8) 玛帕公司推出新的涂层手套系列产品
(9) MCR 安全产品公司（MCR Safety）推出一次性防护服
(10) PRO 通信技术公司推出了创新耳罩
(11) 斯考特健康与安全产品公司推出了式样新颖的面罩镜片套件
(12) 斯蒂尔恩斯公司推出完美冰山救援服装
(13) 凯尔恩斯公司推出了消防头盔
(14) 美国卓丹·大卫安全产品公司推出了 ALTRAGRIPS™ 和 All-Traction™ 两个品牌的鞋靴
(15) 克雷恩工具公司为其防护眼镜系列增添了新品种
(16) 马吉德手套与安全产品公司推出了可重复使用的耳塞
(17) 伊尔布拉克声学产品公司推出了"电子噪声消除（ENC）"耳罩
(18) 优唯斯公司推出新型可与眼镜同时使用的防护眼罩
(19) 梅思安安全产品公司推出的新型开槽盔帽是焊工的最佳选择
(20) 巴固-德洛集团公司重新设计了其受欢迎的 Airsoft 品牌的耳塞
(21) 巴固-德洛集团公司推出新型安全眼镜
(22) 巴固-德洛集团公司推出新型 Howard Leight® PerCap® 品牌的绑扎耳塞
(23) GPT 格兰德尔公司推出了 Glendale XC® 品牌的激光防护眼镜
(24) 北方安全产品公司推出改进版的 Eeci 4200™ 品牌的听力保护系列产品
(25) 美国威查德工业公司推出新型双焦点安全眼镜
(26) 北方安全产品公司推出了经美国国家职业安全与健康研究所（NIOSH）认证的紧急逃生呼吸器
(27) 巴固-德洛集团公司推出 Bilsom® Viking™ 系列耳罩
(28) 斯考特健康与安全产品公司首次推出面罩防护罩
(29) 斯考特健康与安全产品公司推出 AV-3000 型保护罩

4．2005 年大事记
(1) 梅思安安全设备公司推出 ACH 防弹头盔
(2) 马吉德手套与安全产品公司推出防护背心
(3) 马吉德手套与安全产品公司推出安全眼镜
(4) 优唯斯公司首次推出 Uvex Protégé™ 品牌的防护眼镜
(5) 优唯斯公司推出"优唯斯极品安全眼镜"
(6) 密尔沃琪电子工具公司开发了重型安全装备
(7) 3M 公司把新型焊接面具推向市场
(8) 梅思安安全设备公司推出全身式坠落保护安全带
(9) 美国北方设计者公司推出了防护眼镜套件新产品

5．2004 年大事记
(1) AOSafety 公司推出了一种 GLAREX 品牌的新型防护眼镜
(2) JSP 推出Ⅵ／Ⅶ马克安全头盔
(3) AOSafety 公司推出了 EX 防护眼镜系列的新产品
(4) 梅思安安全设备公司推出 Ultra Elite 型防毒面具

6．2003 年大事记
(1) 美国欧塞弗公司推出了美国鹰系列安全帽
(2) 美国欧塞弗公司推出了 Seneca 眼镜
(3) E-A-R 公司推出新型传统软质耳塞

(4) AOSafety 公司推出 FLYWEAR 系列的新型防护眼镜
7．2002 年大事记
(1) 美国梅思安安全设备公司推出 V-Gard® 品牌的安全帽
(2) 美国欧塞弗公司推出了新型安全帽
(3) 威尔斯 - 拉蒙特工业集团公司推出新型手套
(4) 优唯斯推出新型防护眼镜
(5) 巴固 - 德洛集团公司推出核生化逃生风帽

（四）战略公司发展

1．2008 年大事记
(1) 3M 公司收购阿伊若欧技术公司
(2) 斯伯瑞安防护装备公司收购美国多斯巴斯特公司

2．2007 年大事记
(1) 霍尼韦尔公司收购诺克罗斯安全产品公司
(2) LS2 公司收购全球服务与贸易公司
(3) 凯科斯通 - 伊斯曼资本公司收购康尼安全产品公司
(4) 北方安全产品公司成为了荷兰皇家能源化学公司的授权伙伴
(5) 德拉诺市消防局从 RJF 保险公司和福来曼基保险公司获得了补助金
(6) 梅思安安全设备公司从美国军方获得了价值 1 510 万美元的合同

3．2006 年大事记
(1) 索诺马可斯公司和欧尤因德安全产品公司签署了一项许可协议
(2) 帕米拉顾问公司收购阿伊罗技术公司
(3) 诺克罗斯安全产品公司收购怀特橡胶与安全产品公司
(4) 梅思安安全设备公司收购帕拉克利蒂装甲与装备公司
(5) 凯末尔巴克公司收购西南汽车运动公司
(6) 陶陶消防公司收购美国菲尔维亚公司
(7) 欧克利公司收购眼部安全系统产品公司
(8) 安全生活公司与垂欧斯因公司合并
(9) 班兹尔公司收购联合美国销售公司
(10) 自豪业务发展控股公司在加利福尼亚建立制造设施
(11) 杜邦公司收购凯普勒安全产品集团公司
(12) 梅思安安全设备公司与美国空军签订了供货合同

4．2005 年大事记
(1) 雅芳橡胶公司收购国际安全仪器公司
(2) 欧第斯公司收购诺克罗斯安全产品公司
(3) 诺克罗斯安全产品公司收购金属纤维产品公司
(4) 卡皮托安全产品集团收购 SINCO 公司
(5) 雷克兰德工业公司收购米夫林峡谷公司
(6) 安塞尔健康保健产品公司与美国儿童健康产品公司和杨基联合公司签订了供应合同

5．2003 年大事记
巴蒂 - 格拉乌国际公司与车斯工效技术公司签署了许可协议

6．2002 年大事记

(1) 通过收购安保与影像公司(Security & Imaging，Inc.)的管理层,成立了爱吉斯机电公司(Aigis Mechtronics LLC)

(2) 巴固－德洛集团公司与威瓦国际公司签署协议

7．2001 年大事记

(1) 巴固（美国）公司与德洛安全产品公司合并

(2) 安塞尔公司与福特汽车公司签署协议

8．2000 年大事记

沃蒂克尔网络公司收购安全在线网

（五）市场分析数据

1．按产品细分市场对美国过去几年、当前和未来个人防护装备市场进行的市场分析　产品细分市场按传统工作服装、防护服装、呼吸防护装备、眼／面部防护装备、听力保护装备、头部保护装备、坠落防护装备、其他个人防护装备（手套和鞋靴）等 8 类产品的细分市场进行分析。分析使用的数据为 2001—2010 年的年度销售额，单位为百万美元。

产品细分市场	2001	2002	2003	2004	2005	2006	2007	2008	2009	2010	复合年增长率(CAGR)%
传统工作服装	1 688.61	1 707.35	1 725.45	1 742.36	1 758.22	1 772.64	1 785.23	1 796.30	1 895.10	1 811.96	0.79
防护服装	1 124.57	1 181.36	1 237.12	1 287.72	1 332.28	1 372.38	1 411.77	1 444.38	1 472.40	1 492.57	3.20
呼吸防护装备	1 148.14	1 312.89	1 482.52	1 658.05	1 819.38	1 974.21	2 117.54	2 256.03	2 385.30	2 500.03	9.03
眼／面部防护装备	648.93	691.37	748.68	822.13	899.66	980.99	1 065.94	1 154.84	1 247.46	1 344.26	8.43
听力保护装备	238.26	244.43	250.96	257.81	265.06	272.74	280.43	288.11	295.77	303.43	2.72
头部保护装备	80.57	83.57	86.88	90.38	93.87	97.39	100.81	104.22	107.56	110.83	3.61
坠落防护装备	158.04	160.43	161.63	162.33	162.67	164.41	165.79	166.83	167.48	167.93	0.68
其他（手套和鞋靴）	1 433.57	1 461.09	1 486.81	1 510.15	1 531.75	1 551.51	1 566.40	1 579.09	1 590.78	1 600.80	1.23
总计	6 520.69	6 842.49	7 180.05	7 530.93	7 862.89	8 186.27	8 493.91	8 789.80	9 071.85	9 331.81	4.06

(1) 本表数据为权威机构统计研究得出，2007—2008 年数据系估计得出，2009—2010 年数据系预测得出；

(2) 本表数据的误差宽容度为 ±10%；

(3) 数据没有进行通胀因素处理，通胀率以名义上的期限进行报告；

(4) 数据是以制造商的水平进行报告的。

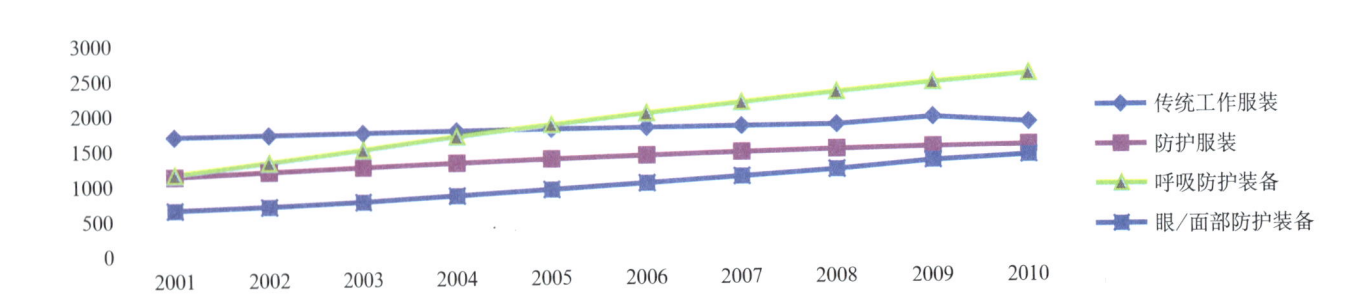

2．2011—2015年美国个人防护装备产品细分市场预测　产品细分市场按传统工作服装、防护服装、呼吸防护装备、眼/面部防护装备、听力保护装备、头部保护装备、坠落防护装备，和其他个人防护装备（手套和鞋靴）等8类产品的细分市场进行分析。预测数据为2011—2015年的年度销售额，单位为百万美元。

产品细分市场	2011	2012	2013	2014	2015	复合年增长率（CAGR）%
传统工作服装	1 820.84	1 831.04	1 843.67	1 857.68	1 874.03	0.72
防护服装	1 508.69	1 523.48	1 537.34	1 550.71	1 563.43	0.89
呼吸防护装备	2 603.03	2 696.48	2 784.92	2 870.97	2 955.09	3.22
眼/面部防护装备	1 444.27	1 545.51	1 646.90	1 746.37	1 843.47	6.29
听力保护装备	311.80	320.53	329.99	339.96	350.57	2.97
头部保护装备	114.08	117.27	120.46	123.66	126.88	0.09
坠落防护装备	168.25	168.50	168.69	168.82	168.89	0.40
其他（手套和鞋靴）	1 609.44	1 617.17	1 624.12	1 630.13	1 635.51	0.40
总计	9 580.40	9 819.98	10 056.09	10 288.30	10 517.87	2.36

（1）2011—2015年数据为权威机构统计研究得出，2007—2008年数据系估计得出，2009—2010年数据系预测得出；
（2）本表数据的误差宽容度为±10%；
（3）数据没有进行通胀因素处理，通胀率以名义上的期限进行报告；
（4）数据是以制造商的水平进行报告的。

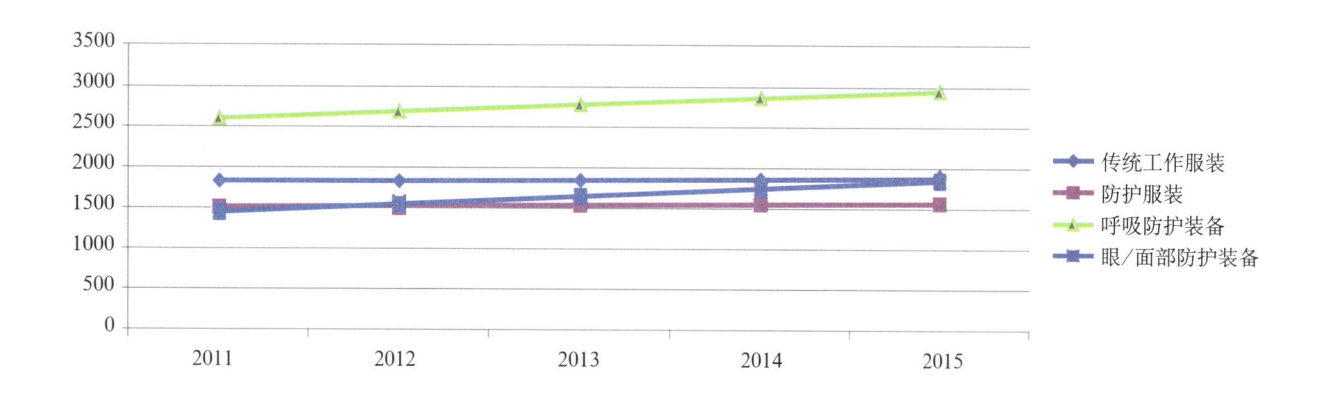

3．美国个人防护装备产品细分市场历史数据分析（1994—2000）　产品细分市场按传统工作服装、防护服装、呼吸防护装备、眼/面部防护装备、听力保护装备、头部保护装备、坠落防护装备、其他个人防护装备（手套和鞋靴）等8类产品的细分市场进行分析。历史数据为1994—2000年的年度销售额，单位为百万美元。

产品细分市场	1994	1995	1996	1997	1998	1999	2000	复合年增长率(CAGR)%
传统工作服装	1 540.97	1 558.69	1 577.39	1 597.27	1 619.95	1 642.63	1 668.09	1.33
防护服装	680.89	731.68	787.21	845.31	909.64	977.41	1 052.57	7.53
呼吸防护装备	352.42	422.66	505.00	601.05	712.19	840.10	985.27	18.69
眼/面部防护装备	481.86	496.51	513.34	533.00	555.76	582.49	612.95	4.09
听力保护装备	203.58	207.49	211.72	215.66	220.88	226.38	232.18	2.22
头部保护装备	64.37	66.31	68.35	70.52	72.81	75.26	77.83	3.22
坠落防护装备	136.70	139.28	142.09	144.63	147.97	151.45	155.25	2.14
其他（手套和鞋靴）	1 252.07	1 272.10	1 294.49	1 318.83	1 345.87	1 374.40	1 404.22	1.93
总计	4 712.86	4 894.72	5 099.59	5 326.27	5 585.07	5 870.12	6 188.26	4.64

（1）本表数据的误差宽容度为 ±10%；
（2）数据是以制造商的水平进行报告的。

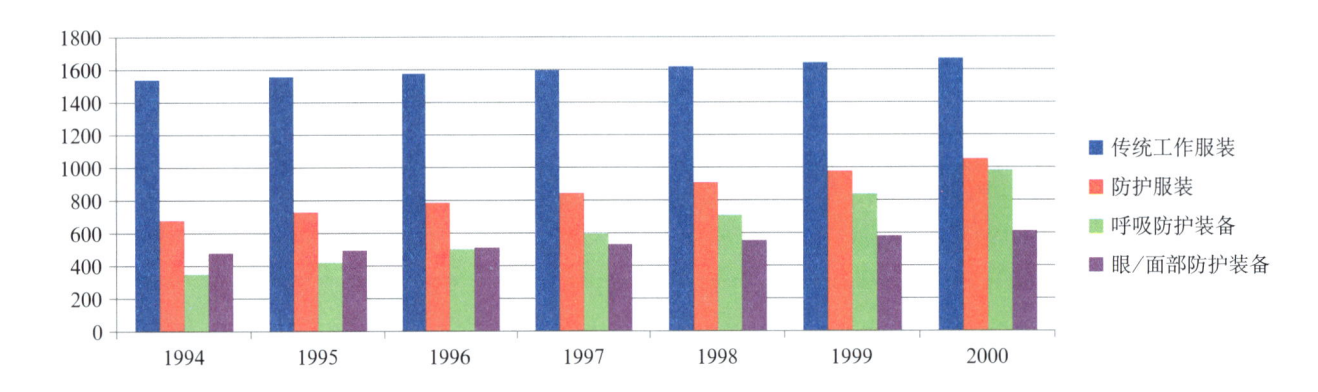

4．美国个人防护装备产品细分市场 15 年透视　产品细分市场按传统工作服装、防护服装、呼吸防护装备、眼/面部防护装备、听力保护装备、头部保护装备、坠落防护装备、其他个人防护装备（手套和鞋靴）等 8 类产品的细分市场进行分析。数据为 1998 年、2008 年和 2012 年各细分产品市场年度销售额占当年度美国个人防护装备市场总额的比例。

产品细分市场	1998	2008	2012
传统工作服装	29.01	20.44	18.65
防护服装	16.29	16.43	15.51
呼吸防护装备	12.75	25.65	27.46
眼/面部防护装备	9.95	13.14	15.74
听力保护装备	3.95	3.28	3.26
头部保护装备	1.30	1.19	1.19
坠落防护装备	2.65	1.90	1.72
其他（手套和鞋靴）	24.10	17.97	16.47
总计	100.00	100.00	100.00

数据是以制造商的水平进行报告的。

1998	2005	2006
29.01	20.44	18.65
16.29	16.43	15.51
12.75	25.65	27.46
24.1	17.97	16.47
3.95	3.28	15.74
9.95	13.14	3.26
2.65	1.9	1.72
1.3	1.19	1.19

■ 传统工作服装　■ 防护服装　■ 呼吸防护装备
■ 眼/面部防护装备　■ 听力保护装备　■ 头部保护装备
■ 坠落防护装备　■ 其他（手套和鞋靴）

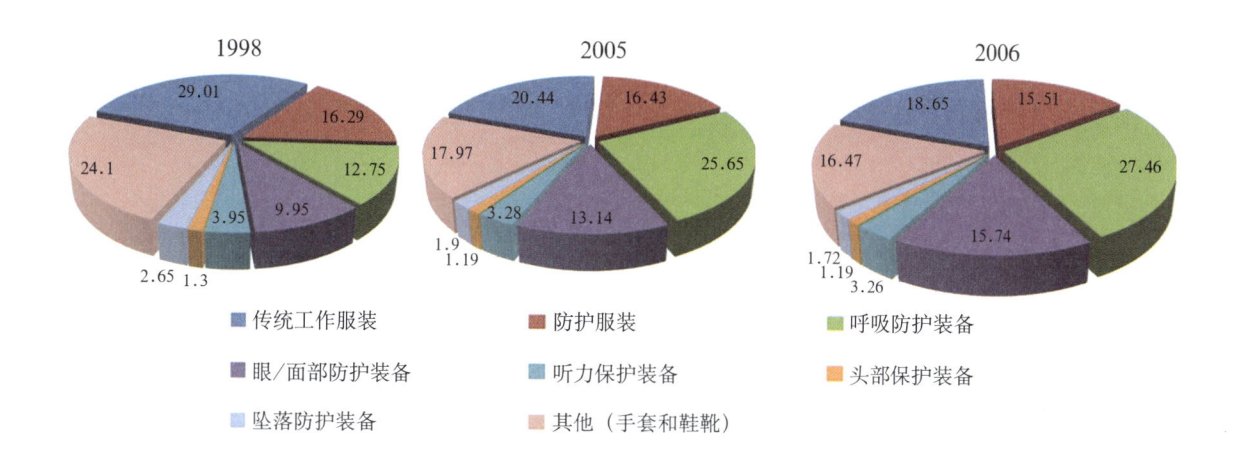

二、加拿大个人防护装备市场

（一）市场分析

1. 现行和未来分析　2007年，加拿大个人防护装备市场容量为6亿4仟6佰1拾3万美元，2008年约为6亿6仟8佰零7万美元。至2010年，销售额预计将达到7亿1仟1佰7拾3万美元，2001—2010年的复合年增长率（CAGR）将为3.35%。

2. 主要制造商——雄心安全产品公司　雄心安全产品公司（OnGuard Safety）是处方安全眼镜细分市场中的区域领袖。公司提供综合性、种类繁多的处方眼镜镜架，产品完全满足或超过美国国家标准研究所颁布的 ANSI Z87.1号标准和加拿大标准协会颁布的 CSA Z94.3号标准的要求。

3. 企业发展策略　2006年，世界坠落防护装备市场上的知名企业，卡皮托安全产品集团（Capital Safety Group）宣布收购加拿大尤尼克-康赛珀特斯公司（Unique Concepts, Ltd.）。尤尼克-康赛珀特斯公司是一家坠落防护装备的制造商，其专注于空间救援装备的制造。这一收购是卡皮托安全产品集团业务战略的一个组成部分，该战略旨在对已经建立知名品牌，如 DBI-SALA、PROTECTA、FIRST 和 SINCO 等进行集成整合，以及 Exofit 牌坠落防护装具、UCL 牌先进系列五部件组合式吊重机系统和旋臂救援系统装备，通过提供解决方案来促进业务发展。

（二）市场分析数据

1. 按产品细分市场对加拿大过去几年、当前和未来个人防护装备市场进行的市场分析　产品细分市场按传统工作服装、防护服装、呼吸防护装备、眼/面部防护装备、听力保护装备、头部保护装备、坠落防护装备、其他个人防护装备（手套和鞋靴）等8类产品的细分市场进行分析。分析使用的数据为2001—2010年的年度销售额，单位为百万美元。

产品细分市场	2001	2002	2003	2004	2005	2006	2007	2008	2009	2010	复合年增长率（CAGR）%
传统工作服装	154.09	155.78	157.42	158.98	160.44	161.82	163.10	164.26	165.29	166.20	0.84
防护服装	133.64	141.28	149.46	158.20	167.57	177.60	188.10	199.09	210.58	222.58	5.83
呼吸防护装备	29.26	30.14	31.02	31.91	33.02	34.24	35.44	36.47	37.50	38.54	3.11
眼/面部防护装备	11.73	11.90	12.08	12.27	12.47	12.69	12.91	13.12	13.30	13.47	1.55
听力保护装备	11.79	11.97	12.19	12.41	12.63	12.96	13.28	13.57	13.85	14.12	2.02
头部保护装备	26.32	27.42	28.39	29.49	30.59	31.69	32.79	33.90	34.62	35.03	3.21
坠落防护装备	17.36	17.94	18.24	18.71	19.25	19.84	20.40	20.92	21.38	21.77	2.55
其他（手套和鞋靴）	145.06	150.13	155.47	161.14	167.13	173.57	180.11	186.74	193.37	200.02	3.63
总计	529.29	546.56	564.27	583.11	603.10	624.41	646.13	668.07	689.89	711.73	3.35

（1）本表数据为权威机构统计研究得出，2007—2008 年数据系估计得出，2009—2010 年数据系预测得出；
（2）本表数据的误差宽容度为 ±10%；
（3）数据没有进行通胀因素处理，通胀率以名义上的期限进行报告；
（4）数据是以制造商的水平进行报告的；
（5）当前数据采用 2008 年 2 月 1 日的货币价值进行了标准化处理。

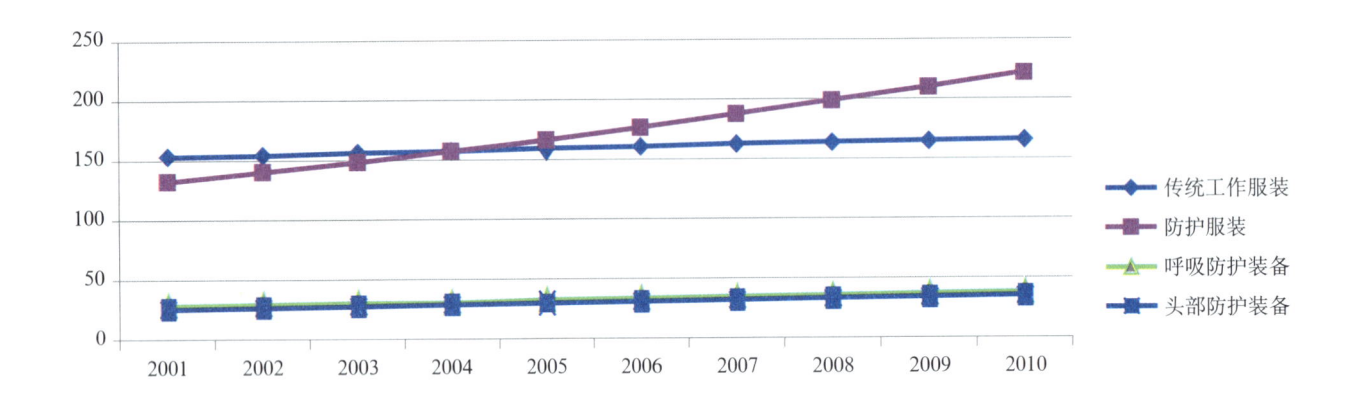

2．2011—2015 年加拿大个人防护装备产品细分市场预测　产品细分市场按传统工作服装、防护服装、呼吸防护装备、眼/面部防护装备、听力保护装备、头部保护装备、坠落防护装备、其他个人防护装备（手套和鞋靴）等 8 类产品的细分市场进行分析。预测数据为 2011—2015 年的年度销售额，单位为百万美元。

产品细分市场	2011	2012	2013	2014	2015	复合年增长率（CAGR）%
传统工作服装	167.23	168.37	169.60	170.96	172.40	0.76
防护服装	235.40	249.38	264.49	280.81	298.47	6.11
呼吸防护装备	39.58	40.63	41.68	42.73	43.79	2.56
眼/面部防护装备	13.66	13.86	14.07	14.30	14.54	1.57
听力保护装备	14.40	14.67	14.93	15.19	15.44	1.76
头部保护装备	35.64	36.37	37.18	38.05	38.97	2.26
坠落防护装备	22.22	22.72	23.26	23.82	24.43	2.40
其他（手套和鞋靴）	207.06	214.43	222.19	230.43	239.23	3.68
总计	735.19	760.43	787.40	816.29	847.27	3.61

（1）2011—2015年数据为权威机构统计研究得出，2007—2008年数据系估计得出，2009—2010年数据系预测得出；
（2）本表数据的误差宽容度为±10%；
（3）数据没有进行通胀因素处理，通胀率以名义上的期限进行报告；
（4）数据是以制造商的水平进行报告的。

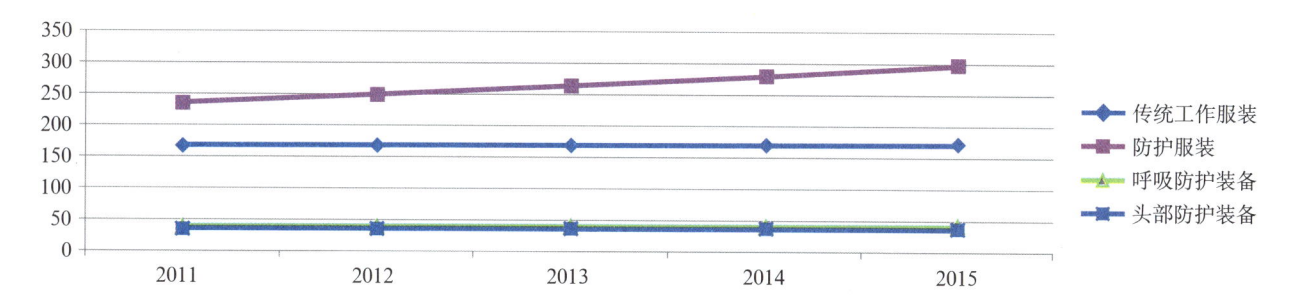

3．加拿大个人防护装备产品细分市场历史数据分析（1994—2000年） 产品细分市场按传统工作服装、防护服装、呼吸防护装备、眼/面部防护装备、听力保护装备、头部保护装备、坠落防护装备、其他个人防护装备（手套和鞋靴）等8类产品的细分市场进行分析。历史数据为1994—2000年的年度销售额，单位为百万美元。

产品细分市场	1994	1995	1996	1997	1998	1999	2000	复合年增长率（CAGR）%
传统工作服装	138.09	140.00	142.16	144.35	146.76	149.33	152.09	1.62
防护服装	88.99	94.04	99.50	105.42	111.82	118.75	126.21	6.00
呼吸防护装备	23.56	24.21	24.91	25.65	26.50	27.37	28.35	3.13
眼/面部防护装备	10.46	10.62	10.79	10.92	11.12	11.33	11.55	1.93
听力保护装备	10.30	10.49	10.66	10.88	11.07	11.28	11.55	1.67
头部保护装备	21.19	21.77	22.44	23.19	23.95	24.79	25.69	3.26
坠落防护装备	15.14	15.32	15.52	15.74	16.04	16.42	16.78	1.73
其他（手套和鞋靴）	111.73	115.70	119.89	124.41	129.17	134.31	139.78	3.80
总计	419.46	432.15	445.87	460.56	476.43	493.58	512.00	3.38

（1）本表数据的误差宽容度为±10%；
（2）数据是以制造商的水平进行报告的；
（3）历史数据未以2007年的货币价值为基础进行标准化。

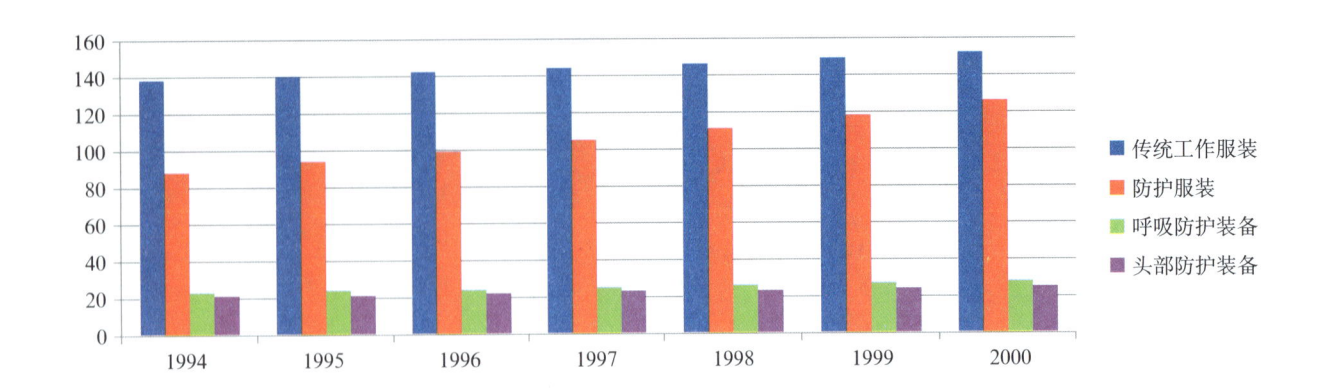

4．加拿大个人防护装备产品细分市场 15 年透视　产品细分市场按传统工作服装、防护服装、呼吸防护装备、眼／面部防护装备、听力保护装备、头部保护装备、坠落防护装备、其他个人防护装备（手套和鞋靴）等 8 类产品的细分市场进行分析。数据为 1998 年、2008 年和 2012 年各细分产品市场年度销售额占当年度美国个人防护装备市场总额的比例。

产品细分市场	1998	2008	2012
传统工作服装	30.81	24.60	22.15
防护服装	23.47	29.80	32.79
呼吸防护装备	5.56	5.46	5.34
眼／面部防护装备	2.33	1.96	1.82
听力保护装备	2.32	2.03	1.93
头部保护装备	5.03	5.07	4.78
坠落防护装备	3.37	3.13	2.99
其他（手套和鞋靴）	27.11	27.95	28.20
总计	100.00	100.00	100.00

数据是以制造商的水平进行报告的

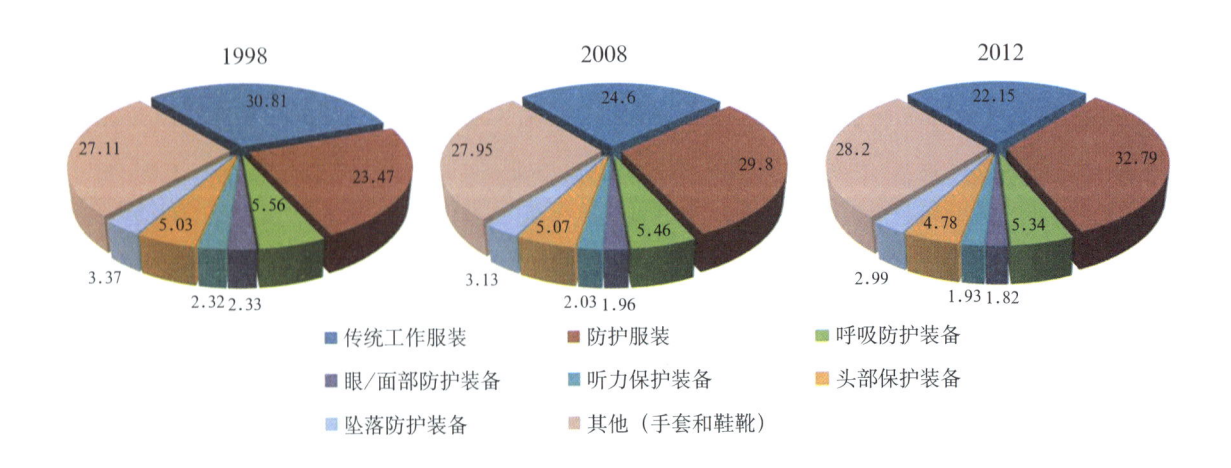

三、日本个人防护装备市场

(一)市场分析

1. 现行与未来的分析 2007年,日本个人防护装备市场容量为36亿5仟万美元(USD3 650 000 000),2008年约为27亿7仟万美元(USD2 770 000 000)。至2010年,销售额预计将达到40亿美元(USD4 000 000 000),2001—2010年的复合年增长率(CAGR)将为3.21%。

2. 行业领导企业 寇肯公司(Koken, Ltd.)是日本一家从事个人防护装备制造销售的领先制造商,其产品主要用于化工、钢铁、核能、造船和汽车等行业作业人员的防护。公司的产品被日本防务省(Japanese Defense Agencies)和灾难防御局(Disaster Management Services)等政府机构采用,同时,在民用领域也有着广泛的应用。

公司的产品组合包括颗粒防护呼吸器、听力保护产品、电动送风空气过滤式呼吸器、抗静电送风式呼吸器、防有害气体面具、供气式呼吸器和自给式呼吸器。

3. 产品介绍 寇肯公司2005年推出BL-100H型安全面具,它针对那些接触石棉的作业人员需求,推出了新研发的呼吸防护面具系列产品。命名为BL-100H的新型面具配有一个空气过滤器,具有很高的安全防护性能,可保护职工免受石棉污染的伤害。

(二)市场分析数据

1. 按产品细分市场对日本过去几年、当前和未来个人防护装备市场进行的市场分析 产品细分市场按传统工作服装、防护服装、呼吸防护装备、眼/面部防护装备、听力保护装备、头部保护装备、坠落防护装备、其他个人防护装备(手套和鞋靴)等8类产品的细分市场进行分析。分析使用的数据为2001—2010年的年度销售额,单位为百万美元。

产品细分市场	2001	2002	2003	2004	2005	2006	2007	2008	2009	2010	复合年增长率(CAGR)%
传统工作服装	816.97	825.47	833.39	840.81	847.71	854.06	859.95	865.28	870.04	874.22	0.76
防护服装	796.84	840.03	885.06	933.65	986.11	1 043.61	1 102.99	1 164.54	1 227.89	1 293.09	5.53
呼吸防护装备	177.50	183.24	189.01	195.21	201.90	209.12	216.27	223.41	230.58	237.73	3.30
眼/面部防护装备	72.38	73.56	74.72	75.95	77.27	78.74	80.18	81.58	82.93	84.18	1.69
听力保护装备	77.42	78.69	79.92	81.24	82.66	84.17	85.63	87.05	88.38	89.62	1.64
头部保护装备	112.25	113.60	115.48	117.34	119.68	121.87	123.91	125.82	127.28	128.68	2.81
坠落防护装备	104.90	107.73	110.52	113.78	117.34	121.27	125.17	128.81	131.90	134.59	2.81
其他(手套和鞋靴)	860.22	889.73	919.44	951.26	985.31	1 021.86	1 058.34	1 094.96	1 131.97	1 168.87	3.47
总计	3 1018.48	2 112.05	3 207.54	3 309.35	3 417.98	3 534.70	3 652.44	3.771.45	3.890.97	4 010.98	3.21

(1) 本表数据为权威机构统计研究得出,2007—2008年数据系估计得出,2009—2010年数据系预测得出;
(2) 本表数据的误差宽容度为±10%;
(3) 数据没有进行通胀因素处理,通胀率以名义上的期限进行报告;
(4) 数据是以制造商的水平进行报告的;
(5) 当前数据采用2008年2月1日的货币价值进行了标准化处理。

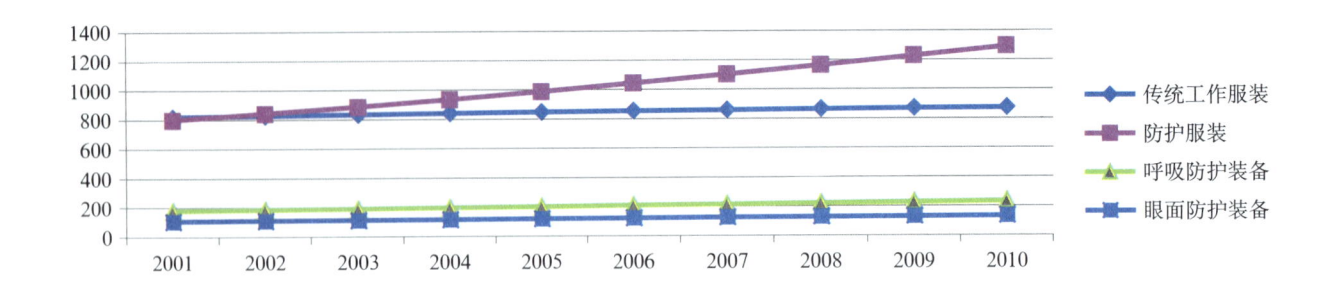

2. 2011—2015年日本个人防护装备产品细分市场预测 产品细分市场按传统工作服装、防护服装、呼吸防护装备、眼/面部防护装备、听力保护装备、头部保护装备、坠落防护和装备、其他个人防护装备（手套和鞋靴）等8类产品的细分市场进行分析。预测数据为2011—2015年的年度销售额，单位为百万美元。

产品细分市场	2011	2012	2013	2014	2015	复合年增长率（CAGR）%
传统工作服装	877.89	881.31	884.39	886.95	889.17	0.32
防护服装	1 362.79	1 436.93	1 517.25	1 604.64	1 700.60	5.69
呼吸防护装备	245.31	253.28	261.64	270.48	279.81	3.34
眼/面部防护装备	85.54	87.03	88.59	90.23	91.95	1.82
听力保护装备	90.96	92.37	93.88	95.51	97.24	1.68
头部保护装备	130.19	131.84	133.63	135.59	137.71	1.41
坠落防护装备	137.65	140.98	144.48	148.16	152.09	2.53
其他（手套和鞋靴）	1 207.91	1 248.98	1 292.19	1 337.93	1 386.23	3.50
总计	4 138.24	4 272.72	4 416.05	4 569.49	4 734.80	3.42

（1）2011—2015年数据为权威机构统计研究得出，2007—2008年数据系估计得出，2009—2010年数据系预测得出；
（2）本表数据的误差宽容度为±10%；
（3）数据没有进行通胀因素处理，通胀率以名义上的期限进行报告；
（4）数据是以制造商的水平进行报告的。

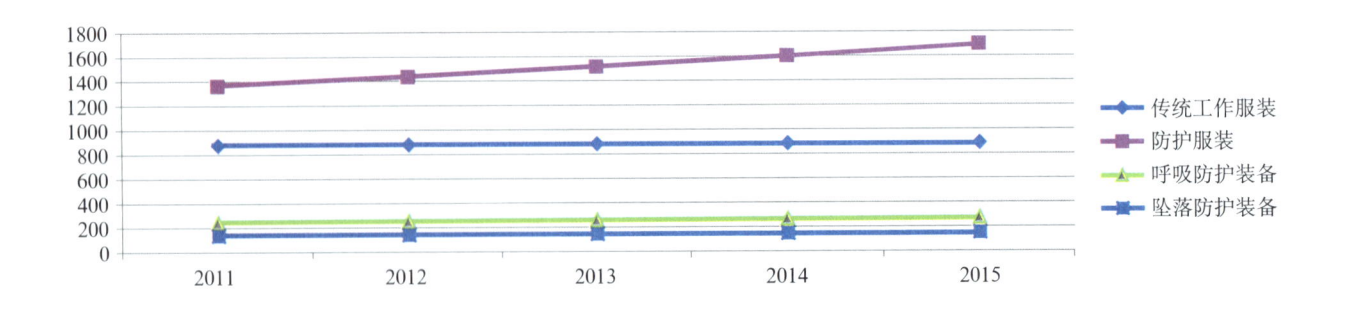

3. 日本个人防护装备产品细分市场历史数据分析（1994—2000） 产品细分市场按传统工作服装、防护服装、呼吸防护装备、眼/面部防护装备、听力保护装备、头部保护装备、坠落防护装备、其他个人防护装备（手套和鞋靴）等8类产品的细分市场进行分析。历史数据为1994—2000年的年度销售额，单位为百万美元。

产品细分市场	1994	1995	1996	1997	1998	1999	2000	复合年增长率（CAGR）%
传统工作服装	761.63	767.46	774.22	780.56	787.27	793.96	801.08	0.85
防护服装	544.96	573.47	603.42	635.35	668.88	703.98	741.18	5.26
呼吸防护装备	141.29	145.55	149.77	154.42	159.03	163.81	168.81	3.01
眼／面部防护装备	64.69	65.66	66.42	67.46	68.27	69.09	70.22	1.38
听力保护装备	69.31	70.15	71.04	71.94	72.88	74.10	75.09	1.34
头部保护装备	99.42	100.73	102.17	103.17	104.54	106.01	107.12	1.25
坠落防护装备	93.44	94.68	96.05	97.48	98.97	100.50	102.47	1.55
其他（手套和鞋靴）	679.19	700.05	721.65	743.93	767.22	791.18	815.98	3.11
总计	2 453.93	2 517.75	2 584.74	2 654.31	2 727.06	2 802.63	2 881.95	2.72

(1) 本表数据的误差宽容度为 ±10%；
(2) 数据是以制造商的水平进行报告的；
(3) 历史数据未以2007年的货币价值为基础进行标准化。

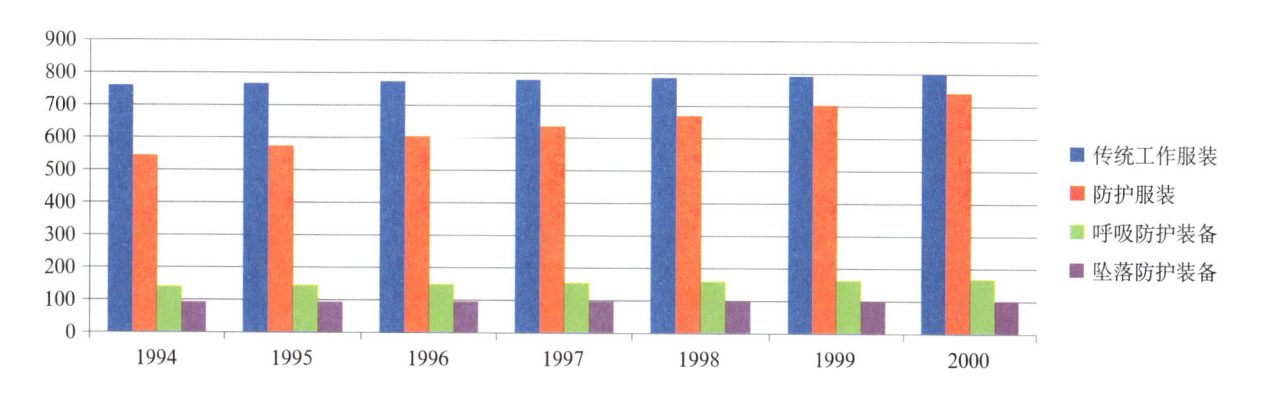

4．日本个人防护装备产品细分市场15年透视 产品细分市场按传统工作服装、防护服装、呼吸防护装备、眼／面部防护装备、听力保护装备、头部保护装备、坠落防护装备和其他个人防护装备（手套和鞋靴）等8类产品的细分市场进行分析。数据为1998年、2008年和2012年各细分产品市场年度销售额占当年度美国个人防护装备市场总额的比例。

产品细分市场	1998	2008	2012
传统工作服装	28.88	22.94	20.63
防护服装	24.53	30.88	33.62
呼吸防护装备	5.83	5.92	5.93
眼／面部防护装备	2.50	2.16	2.04
听力保护装备	2.67	2.31	2.16
头部保护装备	3.83	3.34	3.09
坠落防护装备	3.63	3.42	3.30
其他（手套和鞋靴）	28.13	29.03	29.23
总计	100.00	100.00	100.00

数据是以制造商的水平进行报告的。

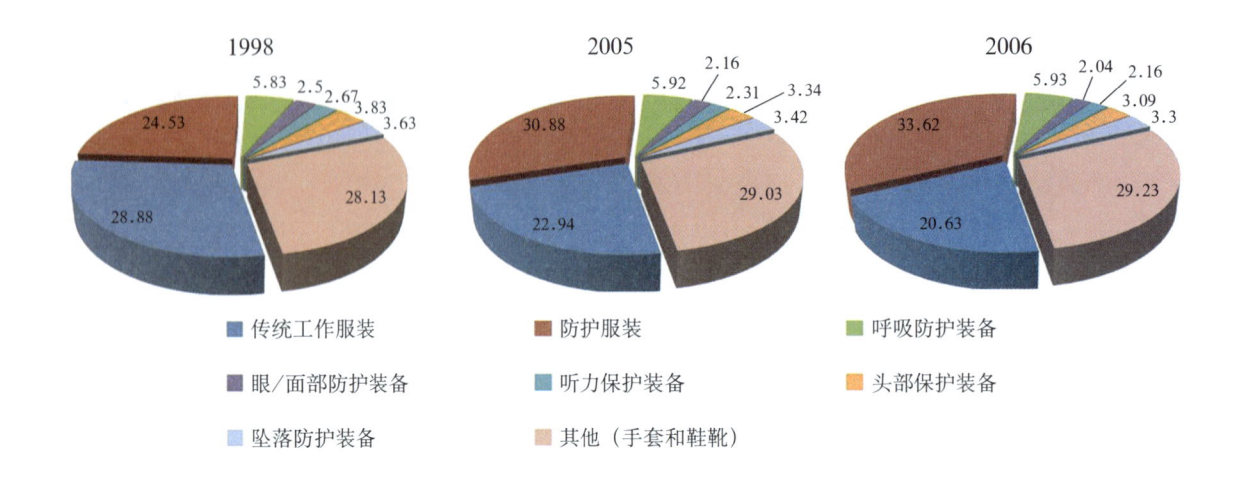

1998	2005	2006
传统工作服装 28.88	传统工作服装 22.94	传统工作服装 20.63
防护服装 24.53	防护服装 30.88	防护服装 33.62
呼吸防护装备 5.83	呼吸防护装备 5.92	呼吸防护装备 5.93
眼/面部防护装备 2.5	眼/面部防护装备 2.16	眼/面部防护装备 2.04
听力保护装备 2.67	听力保护装备 2.31	听力保护装备 2.16
头部保护装备 3.83	头部保护装备 3.34	头部保护装备 3.09
坠落防护装备 3.63	坠落防护装备 3.42	坠落防护装备 3.3
其他（手套和鞋靴）28.13	其他（手套和鞋靴）29.03	其他（手套和鞋靴）29.23

四、欧洲个人防护装备市场

（一）市场分析

1. 概览　由于制造商将加工工厂转移到低成本区域去，西欧国家过去 10 年间使用个人防护装备的工人数量呈螺旋形地急剧下降。雇主们已经意识到了确保职工安全与舒适的重要意义，并且正为满足职工们追求流行和高质量产品的需求而花费更多的钱。欧洲的个人防护装备市场正受到来自亚洲的低端、廉价进口货的冲击。制造商们正面临着来自廉价进口产品的严峻的价格竞争。虽然职工的安全与健康在引起越来越强的重视，但是价格仍然是一项主要被关注的要素。为了抗衡廉价进口产品，制造商们正在推出性能更加舒适、更加时尚的产品，并且使他们推出的舒适、时尚的产品能够比进口产品有更长的使用寿命和更优异的安全水平。功能性是进行购买决策时考虑的一项主要的性能品质，但是，它正在慢慢地为时尚性和舒适性让路。推出能唤起职工心仪和购买者愿意掏钱购买的产品是成功的关键。

2. 当前与未来分析　2007 年，加拿大个人防护装备市场容量为 99 亿 9 仟 2 佰万美元（USD 9 992 000 000），2008 年约为 100 亿 1 仟万美元（USD10 010 000 000）。至 2010 年，销售额预计将达到 100 亿 4 仟 2 佰万美元（USD10 042 000 000），2001—2010 年的复合年增长率（CAGR）将为 5.07%。2001—2005 年欧元对美元的汇率变动非常大，这是造成欧洲个人防护装备市场复合年增长率较高的原因之一。欧洲个人防护装备市场复合年增长率较高的另一个原因是，东欧国家的经济和工业活动都在持续地走高，从而推高了对个人防护装备的需求。

3. 需求驱动力　欧洲个人防护装备市场上明显的需求驱动力包括：

- 诸如欧盟"工作场所噪声防护指令（noise at work directive）"，EN443 号标准和 89/656/EEC 号指令等安全法规得到强制性执行。
- 强制性安全标准的修订，例如对工作场所、实验室、工业和医疗机构对化学、生物、辐射和核物质的暴露防护的标准。
- 职工队伍安全意识的提高。
- 建筑行业使用的安全防护产品的增长。
- 石化行业职工使用个人防护装备数量的增加。
- 应急服务行业更多地使用个人防护装备。
- 女性雇员数量的增加。
- 各类组织机构通过让职工必须穿着制服或工作服装来体现自身的职业化形象。
- 对恐怖袭击和传染病流行的恐惧增加。

4. 市场趋势

(1) 个人防护装备的接受性更加全面：欧洲工业企业和职工们比以往任何时候都更加深刻地认识到了对个人防护装备的需要。企业不再把安全装备作为一种成本支出，而是将它作为一种抵御造成人员伤害事故的投资。在推广应用个人防护装备方面，企业管理层也在扮演着非常积极的角色。伴随着管理个人防护装备的欧洲立法体制的改革，安全信息在更多的工业领域中传播。到处都有一种生产更加舒适又更加时尚产品的推动力，以激励职工在工作场所乐于使用个人防护装备。

企业也在鼓励职工使用功能和质量先进的个人防护装备。这一举动虽然可以帮助制造商们提高他们产品的单价，但是却会使替代销售的产品量下降。

欧洲的个人防护装备市场呈现出了如下趋势：
- 作为私有化的一种结果，较小的个人防护装备企业被兼并。
- 对个人防护装备的需求种类繁多。
- 经常不使用个人防护装备的职工比率在建筑业和农业领域占有更高的比例。
- 职工们遇到许多与个人防护装备和乳胶手套相关的问题。
- 欧盟成员国在灾难防御、消防和应急救援（反恐）方面的预算增加。
- 钟情于服务产业，而制造活动下降。
- 非全职职工和女性职工数量的持续增长；职工队伍有望在诸如健康保健（老龄人口）和零售（延长营业时间）等几个领域获得膨胀性发展。

(2) 欧盟成员国间的差异：欧盟成员国在对个人防护装备的风格追求、终端用户需求和使用普及率水平等方面存在着深刻的差异。由于欧盟在使用和穿戴个人防护装备方面采用了不同的政策，雇主们在向职工提供个人防护装备的使用训练和信息方面是非常不同的。

进而，即便在实施《机械设备与个人防护装备指令（machinary and PPE directives）》这部法规10多年之后，欧洲在确保其得到有效贯彻的努力仍存在遗漏之处。由于监管机构人手和经费严重不足，因而缺乏可信任的适当的监管系统。

(3) 噪声污染——工作场所的主要危害：欧盟每年报告的工伤事故死亡人数在6 000～8 000人。工业设备产生的噪声、电离辐射、振动和非电离辐射是导致职业伤害的主要原因。在几个国家中，噪声是被追诉职业疾病赔偿的主要原因。欧盟国家中工作时间内至少25%的时间（1990年是27%，2000年是29%）是暴露于强噪声中的职工的数量呈边际增长态势。工效问题，在职业健康方面扮演着重要角色，肌肉骨骼失调人数的增加是这一判断的有力证明。

(4) 其他的明显市场趋势：下列趋势在过去4年欧洲个人防护装备市场中表现明显：
- 对呼吸防护装备的需求增长明显，特别在海洋产业和应急救援领域。
- 由于来自远东国家的低成本产品的存在，个人防护装备的价格呈现较强的波动性。
- 为节省加工成本而采用的离岸制造方式，逼迫本土制造商降低价格。
- 消费者对值得信赖的品牌产品的忠诚度正在被大量的低价产品的竞争所淹没。
- 消费者乐于使用及提供高水平安全性又具有更好的使用舒适性的产品。

5. 终端用户市场分析

(1) 农业产业——传统工作服装呈现需求：农业领域包括林业、园艺业和渔业。传统工作服装是农业职工最常使用的个人防护装备，同时，手套、鞋靴和呼吸防护装备也是应用较多的个人防护装备。但是由于农业领域雇用员工数量增长处于低迷水平，因此，该领域对传统工作服装的需求处于降低状态。

(2) 建筑和建设产业——对个人防护装备更高的追求：建筑和建设领域职工总数的55%从事建筑作业，30%从事安装作业，15%从事装修作业。贸易领域职工总数的50%从事零售业，40%从事批发业，10%从事汽车贸易（包括维修）。零售业包括超市、百货商店、药店、肉店、理发店、杂货店等。

建设活动中，使用着大量的帽子、坠落保护、手套和工作服装。由于建设活动的增长，建筑和建设领域对个人防护装备的需求必将增长。

（3）制造产业——工作服装开始失去显著的地位：制造领域职工总数的 70% 从事产业活动。制造业可被划分为轻工业和重工业。重工业包括机器制造以及玻璃、金属和金属制品产业。轻工业包括化工与石油产品、食品、电子／技术、木材与造纸、家具、印刷与出版、纺织与服装以及运输产业。欧洲国家内的其他产业活动还包括公共设施。

在个人防护装备的细分市场中，工作服装在制造业应用量最大，手套、防护服装和鞋靴的用量次之。在服务领域的增长呈上升态势的时期，制造业对个人防护装备的需求呈下降趋势。

（4）酒店、餐馆与供餐行业——强调卫生：酒店、餐馆与供餐行业包含着非常复杂的职能，每一种职能都要求有特定的工作服装。厨师、侍应生、接待员和保洁工都有专门的或传统的制服式工作服装。在食品和供餐行业中，卫生具有至高无上的重要性。主要的服装颜色是白色。围裙和粗大衣也被用来与短上衣一同使用。在个人防护装备中，工作服装在酒店、食品和供餐行业应用量最大，防护服装的用量次之。

（5）运输与通信产业——制服占主导地位：运输与通信包括公共交通、邮政和电信。电信产业是当前坠落防护装备最大的消费者。相当数量的职工使用工作服装，主要是制服。道路运输（货运）职工穿着工作服装的数量极为有限。服务业和邮政员工的制服已经由传统的粗布款式转变为采用便装款式和舒适布料制成的制服。

（6）公共服务领域——工作服装的主要终端用户：公共服务包括地方和中央政府当局。公共服务是主要的制服消费者，终端用户细分市场包括军队、消防、警察、海关、狱警等。公共服务人员通常同时使用几种防护装备。

（7）金融服务领域——对公司工作服装的需求具有更多的空间：金融服务包括银行、保险、房屋互助协会、投资中介等。由于银行等金融服务企业的柜台服务人员数量增长，导致公司工作服装（corporate wear）需求增加。商业服务包括保安公司（制服）、清洁公司、汽车租赁公司和其他租赁公司等，使用防护装备或工作服装的数量并不很多。在电影院、剧场、废物处理、慈善组织和卫生机构工作的职工也需要穿着工作服装。

防护服装通常与制服或传统工作服装配合使用。个人防护装备的关键使用领域是制造、采矿、建筑、农业以及公共服务行业（消防、警察、军队等）。对于传统工作服装而言，所有类别都具有同等的重要性。但是，诸如酒店／餐馆、零售和健康保健等领域则需要特定类型的服装。

6．竞争态势　全球市场领袖巴固-德洛集团公司（Bacou-Dalloz Group）、穆尔戴克斯-麦特瑞克公司（Moldex-Metric, Inc.）、梅思安安全设备公司（Mine Safety Appliances, MSA）和诺克罗斯安全产品公司（Norcross Safety Products LLC）主宰着欧洲个人防护装备市场。与此同时，几个区域的市场领袖在特定类别的产品细分市场上占有主导地位。按产品类别划分的区域市场领袖是：

（1）呼吸防护装备的区域市场领袖：3M 公司在欧洲呼吸防护装备市场上占据着重要份额，穆尔戴克斯-麦特瑞克公司（Moldex-Metric, Inc.）、巴固-德洛集团公司（Bacou-Dalloz Group）、卓格安全产品公司（Dräger Safety AG & Co. KGAA）和梅思安安全设备公司欧洲公司（MSA Europe）按次序紧随其后。欧洲个人防护装备市场的特点是，在非常专业化和小生态环境的市场中有着很多的市场参与者在其间运营。

按产品细分市场进行的欧洲呼吸防护装备市场分析

按产品细分市场对欧洲过去几年、现在和未来较长时期呼吸防护装备进行的市场分析。产品细分市场，按随弃式口罩（disposable face masks）、可重复使用口罩（reusable masks）、电动送风过滤式呼吸器（powered air purifying respirator，PAPR）、自给式呼吸器（self contained breathing apparatus，SCBA）供气式呼吸器（airline respirator）和应急逃生用呼吸器（emergency escape breathing apparatus）以及一体化系统（integrated systems）等 7 类产品进行划分。分析基于 2001—2015 年的销售数据进行，销售额以百万美元计。

国家／地区	2001	2002	2003	2004	2005	2006	2007	2008	2009	2010	2011	2012	2013	2014	2015
随弃式口罩	75.02	92.41	116.03	130.27	117.56	112.45	127.54	132.36	136.86	141.54	146.60	152.41	158.54	165.45	173.14
可重复使用口罩	83.97	103.98	131.46	149.43	135.18	141.17	147.23	153.10	159.37	165.56	172.15	178.58	185.64	193.65	202.25
电动送风过滤式呼吸器	23.43	29.20	37.32	42.74	39.02	40.82	42.88	44.79	47.17	49.33	51.61	54.22	57.08	60.27	63.84
自给式呼吸器	67.31	83.64	106.24	120.87	109.73	115.50	121.02	126.30	131.68	137.33	143.56	150.34	157.97	165.99	175.03
供气式呼吸器	15.04	18.37	22.96	25.79	23.04	23.67	24.22	25.15	25.74	26.43	27.12	27.99	28.76	29.80	30.87
应急逃生用呼吸器	13.63	16.69	21.19	24.34	22.17	23.48	24.77	26.23	27.58	29.02	30.63	32.57	34.37	36.42	38.58
一体化系统	4.90	6.28	8.02	9.25	8.61	9.19	9.75	10.52	11.28	12.01	12.86	13.78	15.37	16.64	17.82
总计	283.29	350.56	443.22	502.79	455.32	476.28	497.41	518.46	539.68	561.22	584.54	609.90	637.73	668.23	701.53

（1）本表数据为权威机构统计研究得出，2007—2008年数据系估计得出，2009—2015年数据系预测得出；
（2）可重复使用口罩数据中包括了半面罩式呼吸器和全面罩式呼吸器的数量；
（3）本表数据的误差宽容度为±10%；
（4）数据没有进行通胀因素处理，通胀率以名义上的期限进行报告；
（5）数据是以制造商的水平进行报告的。

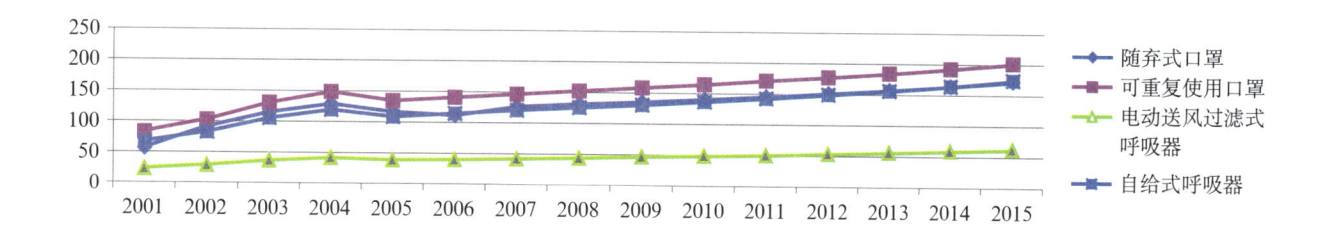

2004—2006年西欧随弃式口罩市场领先企业的占有率

按3M公司、穆尔戴克斯-麦特瑞克公司（Moldex-Metric, Inc.）、巴固-德洛集团公司（Bacou-Dalloz Group）和其他公司4部分对市场占有率进行划分。

国家／地区	2004	2005	2006
3M公司	64.78	64.72	64.76
穆尔戴克斯-麦特瑞克公司	15.19	15.24	15.28
巴固-德洛集团公司	7.83	7.91	8.02
其他企业	12.20	12.13	11.94
总计	100.00	100.00	100.00

（1）其他企业包括：卓格安全产品公司（Dräger Safety AG & Co. KGAA）、梅思安安全设备公司（MSA）和诺克罗斯安全产品公司（Norcross Safety Products LLC）；
（2）数据是以制造商的水平进行报告的；
（3）2007年底，巴固-德洛集团公司更名为斯伯瑞安防护产品公司（Sperian Protection）。

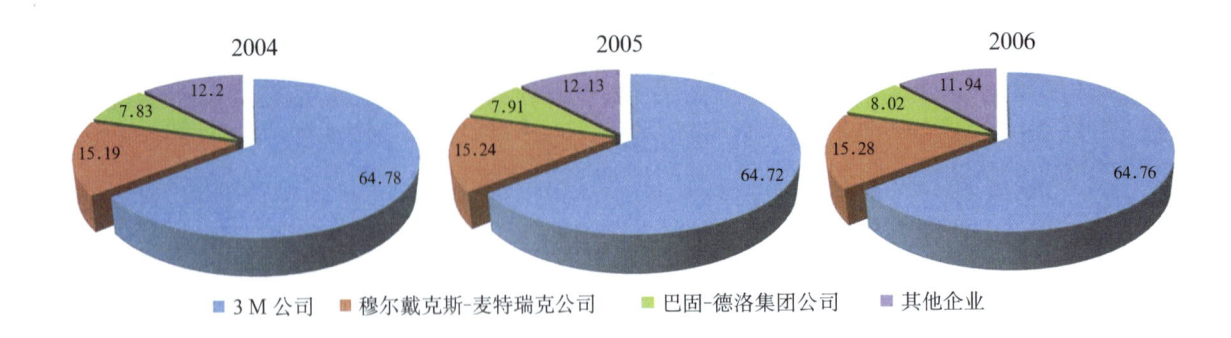

2004—2006 年西欧可重复使用半面罩市场领先企业的占有率

按 3M 公司、巴固 - 德洛集团公司（Bacou-Dalloz Group）、卓格安全产品公司（Dräger Safety AG & Co. KGAA）和其他公司 4 部分对市场占有率进行划分。

国家／地区	2004	2005	2006
3M 公司	34.77	34.81	34.84
巴固 - 德洛集团公司	15.12	15.09	15.15
卓格安全产品公司	11.85	11.89	11.94
其他企业	38.26	38.21	38.07
总计	100.00	100.00	100.00

（1）其他企业包括：巴特尔斯-瑞格消防技术公司（BartelsRieger Atemschutztechnik GmbH & Co）、BLS 集团公司、梅思安安全设备公司（MSA）和诺克罗斯安全产品公司（Norcross Safety Products LLC）；
（2）数据是以制造商的水平进行报告的；
（3）2007 年底，巴固-德洛集团公司更名为斯伯瑞安防护产品公司（Sperian Protection）。

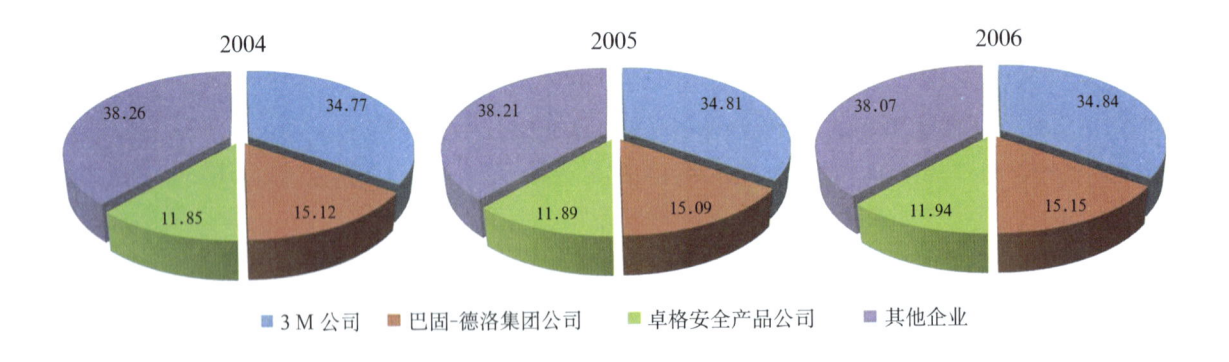

2004—2006 年西欧可重复使用全面罩式呼吸器市场领先企业的占有率

按卓格安全产品公司（Dräger Safety AG & Co. KGAA）、梅思安安全设备公司（MSA）、巴固 - 德洛集团公司（Bacou-Dalloz Group）和其他公司 4 部分对市场占有率进行划分。

国家／地区	2004	2005	2006
卓格安全产品公司	29.88	29.95	30.04
梅思安安全设备公司	25.14	25.21	25.32
巴固-德洛集团公司	19.76	19.81	19.85
其他企业	25.22	25.03	24.79
总计	100.00	100.00	100.00

(1) 其他企业包括：巴特尔斯-瑞格消防技术公司（BartelsRieger Atemschutztechnik GmbH & Co）、BLS 集团公司和斯安德思卓姆安全产品公司（Sundström Safety AB）；
(2) 数据是以制造商的水平进行报告的；
(3) 2007 年底，巴固-德洛集团公司更名为斯伯瑞安防护产品公司（Sperian Protection）。

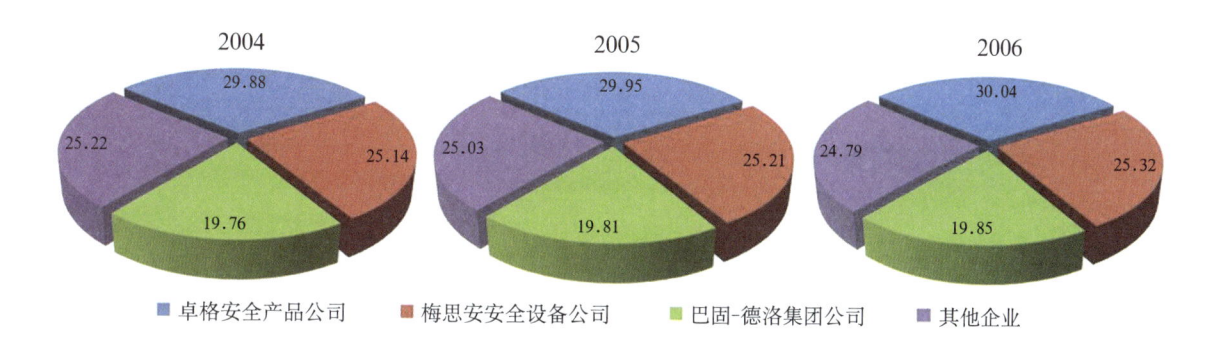

2004—2006 年西欧电动送风过滤式呼吸器市场领先企业的占有率

按 3M 公司、斯考特健康与安全产品公司（Scott Health and Safety）和其他公司 3 部分对市场占有率进行划分。

国家／地区	2004	2005	2006
3M 公司	44.79	44.75	44.82
斯考特健康与安全产品公司	30.11	30.18	30.21
其他企业	25.10	25.07	24.97
总计	100.00	100.00	100.00

(1) 其他企业包括：巴固-德洛集团公司、巴特尔斯-瑞格消防技术公司（BartelsRieger Atemschutztechnik GmbH & Co）、BLS 集团公司（BLS Group）、卓格安全产品公司（Dräger Safety AG & Co. KGAA）、梅思安安全设备公司（MSA）、诺克罗斯安全产品公司（Norcross Safety Products LLC）和斯安德思卓姆安全产品公司（Sundström Safety AB）；
(2) 数据是以制造商的水平进行报告的；
(3) 2007 年底，巴固-德洛集团公司更名为斯伯瑞安防护产品公司（Sperian Protection）。

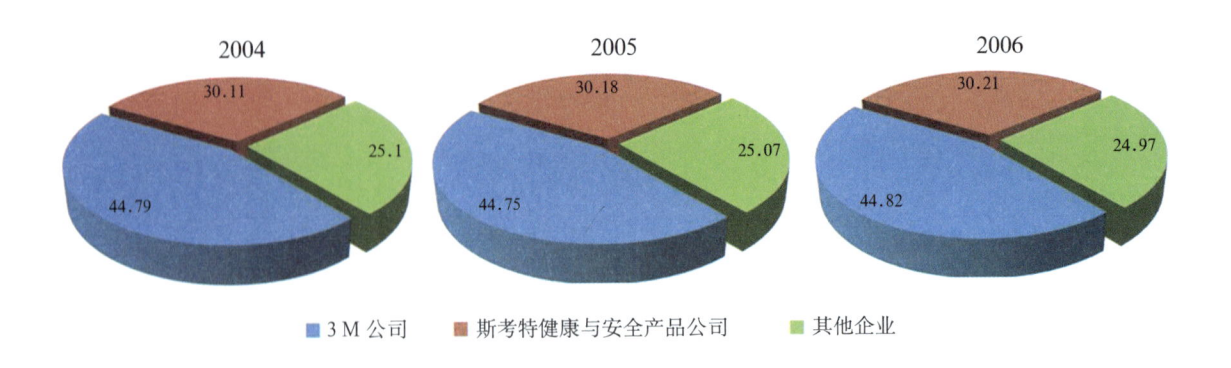

2004—2006 年西欧自给式呼吸器市场领先企业的占有率

按卓格安全产品公司（Dräger Safety AG & Co. KGAA）、梅思安安全设备公司（MSA）、巴固-德洛集团公司（Bacou-Dalloz Group）和其他公司 4 部分对市场占有率进行划分。

国家／地区	2004	2005	2006
卓格安全产品公司	29.87	29.92	29.95
梅思安安全设备公司	19.73	19.76	19.81
巴固-德洛集团公司	10.16	10.22	10.26
其他企业	40.24	40.10	19.98
总计	100.00	100.00	100.00

（1）其他企业包括：巴特尔斯-瑞格消防技术公司（BartelsRieger Atemschutztechnik GmbH & Co）、因特斯比若公司（Interspiro AB）和诺克罗斯安全产品公司（Norcross Safety Products LLC）；
（2）数据是以制造商的水平进行报告的；
（3）2007 年底，巴固-德洛集团公司更名为斯伯瑞安防护产品公司（Sperian Protection）。

2004—2006 年西欧送风式呼吸器市场领先企业的占有率

按卓格安全产品公司（Dräger Safety AG & Co. KGAA）、斯考特健康与安全产品公司（Scott Health and Safety）、巴固-德洛集团公司（Bacou-Dalloz Group）和其他公司 4 部分对市场占有率进行划分。

国家／地区	2004	2005	2006
3M公司	20.11	20.17	20.21
斯考特健康与安全产品公司	14.89	14.95	15.02
巴固-德洛集团公司	9.76	9.80	9.87
其他企业	55.24	55.08	54.90
总计	100.00	100.00	100.00

(1) 其他企业包括：巴特尔斯-瑞格消防技术公司（BartelsRieger Atemschutztechnik GmbH & Co）、梅思安安全设备公司（MSA）和斯安德思卓姆安全产品公司（Sundström Safety AB）；
(2) 数据是以制造商的水平进行报告的；
(3) 2007年底，巴固-德洛集团公司更名为斯伯瑞安防护产品公司（Sperian Protection）。

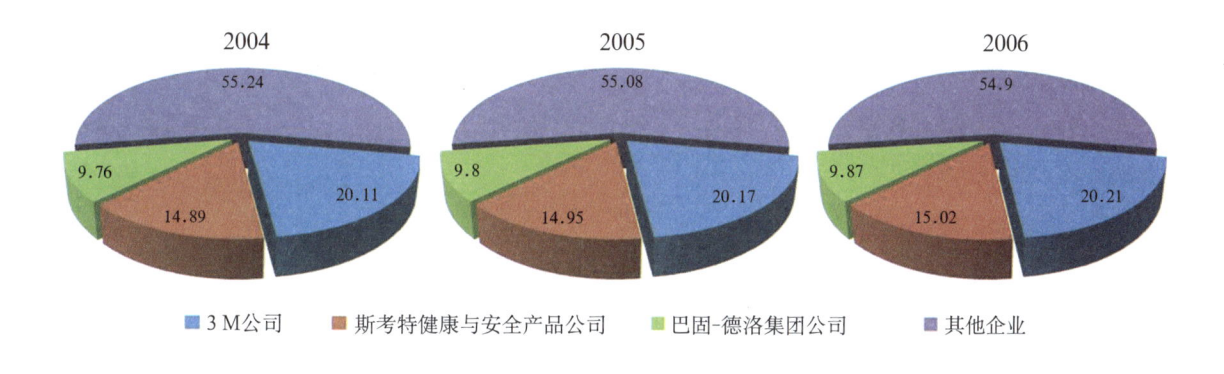

(2) 头部防护装备的区域市场领袖
2004—2006年西欧工业头盔市场领先企业的占有率
按捷斯娉公司（JSP, Ltd.）、森特瑞恩安全产品公司（Centurion Safety Products, Ltd.）、斯考特健康与安全产品公司（Scott Health and Safety）和其他公司4部分对市场占有率进行划分。

国家／地区	2004	2005	2006
捷斯娉公司	15.11	15.17	15.21
森特瑞恩安全产品公司	9.89	9.95	10.04
斯考特健康与安全产品公司	9.76	9.80	9.87
其他企业	65.24	65.08	64.88
总计	100.00	100.00	100.00

(1) 其他企业包括：德尔塔普拉斯公司（Delta Plus Group of France）、卓格安全产品公司（Dräger Safety AG & Co. KGAA）、梅思安安全设备公司（MSA）和派尔特公司（Peltor）；
(2) 数据是以制造商的水平进行报告的。

	2004	2005	2006
捷斯妞公司	15.11	15.17	15.21
森特瑞恩安全产品公司	9.89	9.95	10.04
斯考特健康与安全产品公司	9.76	9.8	9.87
其他企业	65.24	65.08	64.88

2004—2006 年西欧消防头盔市场领先企业的占有率

按梅思安佳雷公司（MSA Gallet）、舒伯斯公司（Schuberth GmbH）、太平洋头盔公司（Pacific Helmet）和其他公司 4 部分对市场占有率进行划分。

国家／地区	2004	2005	2006
梅思安佳雷公司	29.84	29.90	30.01
舒伯斯公司	25.13	25.17	25.24
太平洋头盔公司	14.79	14.86	14.90
其他企业	30.24	30.07	29.85
总计	100.00	100.00	100.00

（1）其他企业包括：布拉德公司（E. D. Bullard Company）和若森布尔集团公司（Rosenbauer Group）；
（2）数据是以制造商的水平进行报告的。

（3）眼部保护装备的区域市场领袖

2004—2006 年西欧安全眼镜（safety spectacles）市场领先企业的占有率

按优唯斯公司（Uvex Safety, Inc.）、巴固 - 德洛集团公司（Bacou-Dalloz Group）、波利安全产品公司（Bolle Safety）和其他公司 4 部分对市场占有率进行划分。

国家／地区	2004	2005	2006
优唯斯公司	24.87	24.93	25.04
巴固-德洛集团公司	20.11	20.20	20.26
波利安全产品公司	14.73	14.82	14.86
其他企业	40.29	40.05	39.84
总计	100.00	100.00	100.00

(1) 其他企业包括：阿伊若欧公司（Aearo Technologies, Inc.）、捷斯媲公司（JSP, Ltd.）、梅思安安全设备公司（MSA）、诺克罗斯安全产品公司（Norcross Safety Products LLC）和斯考特健康与安全产品公司（Scott Health and Safety）；
(2) 数据是以制造商的水平进行报告的；
(3) 2007年底，巴固-德洛集团公司更名为斯伯瑞安防护产品公司（Sperian Protection）。

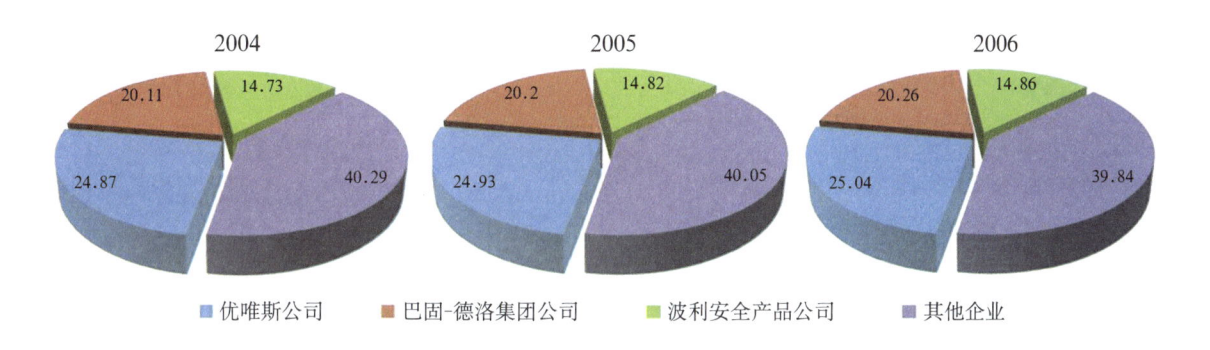

2004—2006年西欧安全眼罩（safety googles）市场领先企业的占有率

按优唯斯公司（Uvex Safety, Inc.）、巴固-德洛集团公司（Bacou-Dalloz Group）、波利安全产品公司（Bolle Safety）和其他公司4部分对市场占有率进行划分。

国家／地区	2004	2005	2006
优唯斯公司	24.74	24.83	24.87
巴固-德洛集团公司	19.86	19.93	20.02
波利安全产品公司	15.09	15.17	15.23
其他企业	40.31	40.08	39.88
总计	100.00	100.00	100.00

(1) 其他企业包括：捷斯媲公司（JSP, Ltd.）、梅思安安全设备公司（MSA）、诺克罗斯安全产品公司（Norcross Safety Products LLC）和斯考特健康与安全产品公司（Scott Health and Safety）；
(2) 数据是以制造商的水平进行报告的；
(3) 2007年底，巴固-德洛集团公司更名为斯伯瑞安防护产品公司（Sperian Protection）。

(4) 听力保护装备的区域市场领袖

2004—2006 年西欧耳塞市场领先企业的占有率

按阿伊若欧公司（Aearo Technologies, Inc.）、巴固-德洛集团公司（Bacou-Dalloz Group）、穆尔戴克斯-麦特瑞克公司（Moldex-Metric AG & Co. KG）和其他公司4部分对市场占有率进行划分。

国家／地区	2004	2005	2006
阿伊若欧公司	59.81	59.77	59.84
巴固-德洛集团公司	19.73	19.82	19.91
穆尔戴克斯-麦特瑞克公司	15.14	15.17	15.24
其他企业	5.29	5.24	5.01
总计	100.00	100.00	100.00

（1）其他企业包括：3M公司、德尔塔普拉斯公司（Delta Plus Group of France）、捷斯媲公司（JSP, Ltd.）、梅思安安全设备公司（MSA）和诺克罗斯安全产品公司（Norcross Safety Products LLC）；
（2）数据是以制造商的水平进行报告的；
（3）2007年底，巴固-德洛集团公司更名为斯伯瑞安防护产品公司（Sperian Protection）。

欧洲耳罩市场领先企业的占有率

按派尔特公司（Peltor）、巴固-德洛集团公司（Bacou-Dalloz Group）、梅思安安全设备公司（MSA）和其他公司4部分对市场占有率进行划分。

国家／地区	2004	2005	2006
派尔特公司	29.79	29.84	29.86
巴固-德洛集团公司	19.86	19.89	19.96
梅思安安全设备公司	12.13	12.21	12.25
其他企业	38.22	38.06	37.93
总计	100.00	100.00	100.00

（1）其他企业包括：3M公司、森特瑞恩安全产品公司（Centurion Safety Products, Ltd.）、德尔塔普拉斯公司（Delta Plus Group of France）、捷斯媲公司（JSP, Ltd.）、诺克罗斯安全产品公司（Norcross Safety Products LLC）和斯考特健康与安全产品公司（Scott Health and Safety）；
（2）数据是以制造商的水平进行报告的；
（3）2007年底，巴固-德洛集团公司更名为斯伯瑞安防护产品公司（Sperian Protection）。

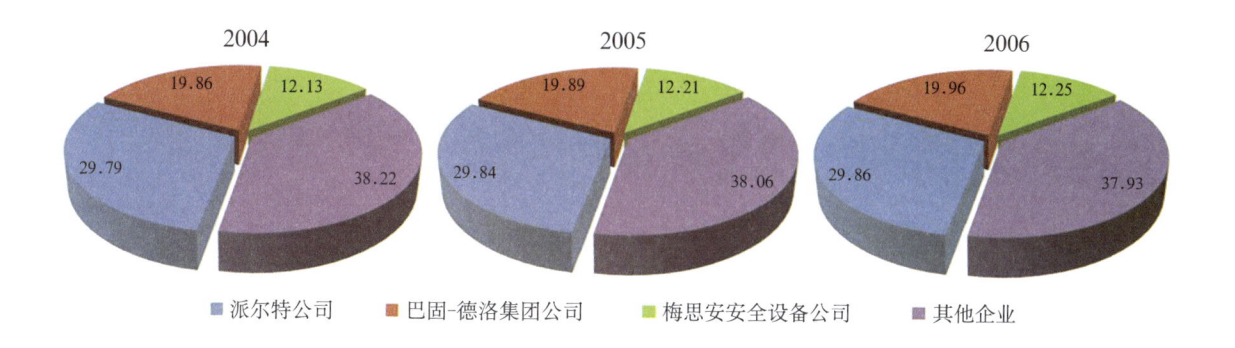

第十一部分 世界主要国家个人防护装备市场

2004
- 19.86
- 12.13
- 29.79
- 38.22

2005
- 19.89
- 12.21
- 29.84
- 38.06

2006
- 19.96
- 12.25
- 29.86
- 37.93

■ 派尔特公司　　■ 巴固-德洛集团公司　　■ 梅思安安全设备公司　　■ 其他企业

2004—2006 年西欧电子耳罩市场领先企业的占有率

按派尔特公司（Peltor）、巴固-德洛集团公司（Bacou-Dalloz Group）、梅思安安全设备公司（MSA）和其他公司 4 部分对市场占有率进行划分。

国家／地区	2004	2005	2006
派尔特公司	29.84	29.89	29.92
梅思安安全设备公司	19.76	19.78	19.83
巴固-德洛集团公司	17.68	17.72	17.74
其他企业	32.72	32.61	32.51
总计	100.00	100.00	100.00

(1) 其他企业包括：德尔塔普拉斯公司（Delta Plus Group of France）、捷斯媲公司（JSP，Ltd.）、斯考特健康与安全产品公司（Scott Health and Safety）和赛棱塔公司（Silenta）；
(2) 数据是以制造商的水平进行报告的；
(3) 2007 年底，巴固-德洛集团公司更名为斯伯瑞安防护产品公司（Sperian Protection）。

2004
- 19.76
- 17.68
- 29.84
- 32.72

2005
- 19.78
- 17.72
- 29.89
- 32.61

2006
- 19.83
- 17.74
- 29.92
- 32.51

■ 派尔特公司　　■ 梅思安安全设备公司　　■ 巴固-德洛集团公司　　■ 其他企业

（5）坠落防护装备的区域市场领袖

2004—2006 年西欧坠落限制器市场领先企业的占有率

按巴固-德洛集团公司（Bacou-Dalloz Group）、卡皮托安全产品集团（Capital Safety Group）和其他公司 4 部分对市场占有率进行划分。

国家／地区	2004	2005	2006
巴固-德洛集团公司	26.12	26.17	26.20
卡皮托安全产品集团	17.24	17.29	17.31
其他企业	56.64	56.54	56.49
总计	100.00	100.00	100.00

(1) 其他企业包括：海特泰克集团公司（The Heightec Group, Ltd.）、诺克罗斯安全产品公司（Norcross Safety Products LLC）、帕门特-皮垂公司（Pammenter & Petrie, Ltd.）和斯班塞特公司（SpanSet UK, Ltd.）；
(2) 数据是以制造商的水平进行报告的；
(3) 2007年底，巴固-德洛集团公司更名为斯伯瑞安防护产品公司（Sperian Protection）。
(4) 2007年，坎多弗投资公司（Candover Investments PLC）收购了卡皮托安全产品集团（Capital Safety Group）。

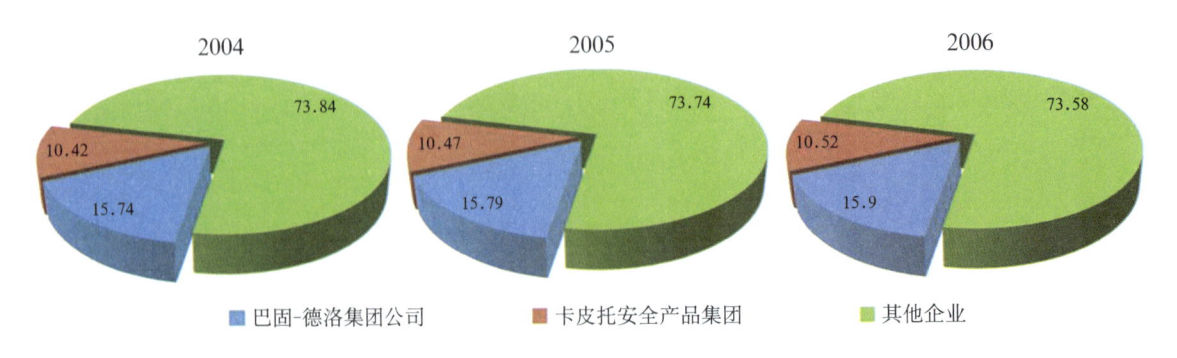

2004—2006年西欧坠落保护用锚固和连接器市场领先企业的占有率

按巴固-德洛集团公司（Bacou-Dalloz Group）、卡皮托安全产品集团（Capital Safety Group）和其他公司4部分对市场占有率进行划分。

国家／地区	2004	2005	2006
巴固-德洛集团公司	15.74	15.79	15.90
卡皮托安全产品集团	10.42	10.47	10.52
其他企业	73.84	73.74	73.58
总计	100.00	100.00	100.00

(1) 其他企业包括：顿恩和考尔公司（Dunn & Cowe）、海特泰克集团公司（The Heightec Group, Ltd.）、诺克罗斯安全产品公司（Norcross Safety Products LLC）、皮特宰尔公司（Petzl）、斯班塞特公司（SpanSet UK, Ltd.）和垂克泰尔公司（Tractel）；
(2) 数据是以制造商的水平进行报告的；
(3) 2007年底，巴固-德洛集团公司更名为斯伯瑞安防护产品公司（Sperian Protection）。
(4) 2007年，坎多弗投资公司（Candover Investments, PLC）收购了卡皮托安全产品集团（Capital Safety Group）。

7．产品与消费情况

（1）制造方面，自给自足：几乎所有欧盟成员国都能生产足够数量的安全鞋靴、眼镜、盔帽和呼吸防护设备。这些产品进口的部分相较于自产的部分要少得多。大多数制造商只专门生产某一类产品，只有少数几家企业生产多类别的产品。企业通过从其他公司购买个人防护装备或担当经销商角色的方式，来满足消费者对一站式服务的需求。少数几家企业在全球范围内运行，并在超过一个欧盟国家中设有销售办公室。除制造商外，几家批发商也在欧盟国家扮演着积极的角色。批发商们提供种类繁多的个人防护装备，这些产品既有欧盟制造商生产的，也有从欧盟之外的国家进口的。

（2）生产结构，分散化：由于高昂的成本，欧洲制造商们正在采取去本土化制造的策略。欧洲的公司主要采取如下去本土化制造的策略。

分包合约：第三方使用主制造商提供的原材料来制造装备。第三方依照主制造商的指令来发挥作用。

外国生产：一家欧洲企业的国外的助手来生产装备。

开发采购：根据委托人提供的产品规范的要求采购物资。

出口加工贸易（outward processing trade，OPT）：欧洲国家将原材料出口到发展中国家，在发展中国家将原材料加工成产品。他们以特惠关税（以增值部分计算）进口这些制成品。丹麦和德国的制造商主要采用出口加工贸易的方式。

（3）安全鞋靴，全年稳定生产：欧洲的安全鞋靴市场是成熟和基础良好的。由于严格的规范约束，安全鞋靴的使用且安全性能的标准非常高，因此人均消费相对较高。市场是非常稳定的，且没有受到衰退的影响，因为职工们自觉要求穿用安全鞋靴。

（4）全身式安全带：全身式安全带的主要消费者是德国、法国、意大利、西班牙和斯堪的纳维亚国家。斯堪的纳维亚国家主要是在近岸海洋工程和石油化工等行业使用。产品的主要供应商来自法国、意大利、西班牙和美国。

（5）工作服（连身工作服／锅炉工作服／工作服）：连体工作服在欧洲一年四季都可以使用。由于天气寒冷，相较于南欧国家的职工，北欧国家的职工使用的工作服更加厚重。工作服的主要消费国是：意大利、德国、法国、西班牙和荷兰。荷兰扮演了一个主要的中转贸易中心的角色。主要的供应商包括中国、斯洛伐克、突尼斯、捷克、中国台湾和美国。

工作服装的离域化生产

过去20年间，随着制造成本的不断提高，欧洲几家大型制造商重新调整了战略，对包括工作服装在内的服装的生产进行了重新布局。重新布局调整行动不是很明显的国家有西班牙、意大利和葡萄牙。作为他们的对外政策，大多数的企业或在国外建设工厂，或在低成本国家建设合资企业。对外政策确保欧盟制造商们保持对外包运营的质量控制权并对市场需求的变化进行快速响应。

（6）防护服装市场概观：防护服装产业是服装加工、服装原材料和服装面料后整理、供应商和制造商等几个重要领域的整合。防护服装市场是多样化的，它包括了几个主要的领域，每一个领域都有其专用的材料和要求。防护服装产业是对先进技术、创新和创造性的融合，其中包括了几个小生态市场。通过不断为消防员、工业企业职工、警察和军人提供先进的防护服装，防护服装产业正在持续推动技术进步。

防护服装市场对于新的供应商和创新性产品是具有接受性的，并且其对新产品具有持续的需求。由于全球化引发了相互依赖性的增强，主导欧洲和北美市场的职工工作服和相应防护标准正逐渐向亚洲转化。

这为廉价和功能性材料创造了需求。尽管如此，市场是复杂而脆弱的。开发和交货期是昂贵且耗时的。这一市场的新来者，应当做好准备，在产品开发方面投入巨大的代价。既具功能性又具品牌优势的，诸如可透气膜和涂层等先进专用织物，被指望支撑单价的增长。

多功能服装和小生态市场存在新的市场机遇

价格竞争和市场饱和挤压了利润空间,并且是市场参与者持续地处于价格压力之下。由于不需要顾虑降低成本,因而,包括电锯防护服在内的多功能防护服和小生态产品抛弃了在市场上寻求增长的机会。除了时尚性和舒适性之外,高性能也是驱动欧洲工业防护服市场发展的一种驱动力。当欧洲个人防护装备制造商正在加紧将他们的制造基地向远东地区转移的时候,他们也正面临着区域竞争者们的紧张竞争。从产量和消费量两个方面看,东欧国家正在成为潜在市场,西欧制造商们需要认识、开发,并且确保他们在东欧国家的从事工业防护服生产和市场营销的商业方案具有可行性。

(7) 价格和利润:欧洲国家的进口商们在发展中国家寻求更为廉价的产品。处于不同层次的供应商的利润受到几个因素的影响,根据每种产品/市场的结合不同,利润水平有所差异。这些原因是:

- 风险程度
- 业务规模
- 功能或投入的市场营销服务
- 总体经济条件
- 专有性
- 竞争

相较于高风险、小批量、售后服务依赖性强的产品,低风险、大批量的标准化产品的价格差异很大。由于经济条件的不同,不同的进口商获得的利润不同。

总之,由于高库存等原因导致的激烈竞争,手套,特别是廉价类产品(棉手套、棉与剖层皮结合型手套、家用手套和橡胶外科手术手套),处于很强的价格压力之中。手套市场的批发商利润一般为销售价格的 10%~12%。

工作服装市场的批发商/供应商利润为销售价格的 25%~30%。盔帽、鞋靴、呼吸器和坠落限制器的利润为销售价格的 30%~40%;听力和眼部防护产品的利润更高,为 40%~50%。

(8) 分销动力

欧盟个人防护装备市场的分销趋势

- 制造商根据双方的沟通基础只向大型国际化公司直接销售产品。
- 专业化生产某一类专用产品的独立企业,既做出口生意也做国内市场生意。
- 采用进口和收购其他类别专用产品制造企业的办法,大型企业补充自身产品类别的不足。
- 每个国家都有一个区域水平的大型分销网络。分销商们也经营进口产品。

批发商/进口商提高他们在分销渠道方面的赌注

那些供应多类别个人防护装备产品的批发商/进口商们(既经营进口产品也经营欧洲制造商的产品),在欧洲个人防护装备分销市场上的份额正在得到提高。它们通常使用他们的标识来销售制造商的品牌产品。零售商既向专业使用者也向普通消费者销售小批量的产品,特别是工作服装领域的零售商。批发商和制造商通过直接邮寄活动(产品目录和互联网)销售。制造商也扮演着进口商的角色(垂直集成)。

8. 欧洲制造商近年来推出的技术创新产品

2008 年大事记

巴塔工业公司(Bata Industrials)在东欧和中欧推出安全鞋靴

2007 年大事记

安塞尔健康保健公司推出 Gammex® PF 9.5 外科手术手套

安塞尔健康保健公司推出 Gammex® PF 内衬手套

巴塔工业公司(Bata Industrials)推出 The Natural 系列安全鞋靴的改进版

安塞尔健康保健公司推出系列防护手套

2006 年大事记

巴固-德洛集团公司推出 Dyneema® 材料制成的防切割手套

2005 年大事记

巴固-德洛集团公司推出 OPTREL® 品牌的焊接头盔

2004 年大事记

巴固-德洛集团公司推出全面罩式面具

巴固-德洛集团公司推出全钢质手套

9. 欧洲战略公司的发展

2008 年大事记

斯伯瑞安防护装备公司收购了英国坎比瑟福国际公司（Combisafe International AB）

2007 年大事记

坎多弗投资公司（Candover Investments PLC）收购了英国卡皮托安全产品集团

巴固-德洛集团公司收购了纳克瑞公司（Nacre AS）

2006 年大事记

比阮德森安全产品公司（Berendsen Safety AB）更名为布觉恩克拉德公司（Björnkläder AB）

2005 年大事记

阿莱克赞德拉公司（Alexandra, plc）收购了德贝尔公司（de Baer, plc）

阿莱克赞德拉公司收购了普莱马职业服装公司（Prima Corporate Wear, Ltd.）

2004 年大事记

美国欧辛寇公司（Ocenco Incorporated）与瑞典因特斯比若公司（Interspiro AB）结成伙伴关系

巴固-德洛集团公司与蒂姆伯兰德公司（Timberland Company）签订了许可协议

巴固-德洛集团公司剥离阿布瑞亚姆公司（Abrium）的资产

巴固-德洛集团公司启用新分销中心

2003 年大事记

俄罗斯沃斯托克服务公司（Vostok-Servis）收到了可为能源工业部门提供工作服、鞋靴和个人防护装备的生产和销售批准书

2002 年大事记

北方安全产品公司收购了荷兰阿宾个体防护公司（Arbin Personal Protection）

（二）市场分析数据

1. 按地理区域对欧洲过去几年、当前和未来个人防护装备市场进行的市场分析 按法国、德国、意大利、英国、西班牙和其他欧洲国家将欧洲划分为 6 块地理区域，对其 2001—2010 年的销售数据进行分析，销售额以百万美元计。

欧洲地理区域	2001	2002	2003	2004	2005	2006	2007	2008	2009	2010	复合年增长率（%）
法国	1 146.16	1 362.88	1 642.98	1 801.14	1 581.69	1 605.09	1 626.72	1 646.47	1 663.51	1 675.11	4.31
德国	1 617.72	1 921.05	2 313.66	2 529.53	2 212.38	2 232.08	2 247.33	2 257.69	2 264.30	2 267.34	3.82
意大利	903.72	1 084.86	1 320.56	1 460.12	1 290.73	1 315.29	1 338.57	1 359.98	1 379.79	1 398.63	4.96
英国	1 247.68	1 503.56	1 836.70	2 038.79	1 809.54	1 852.06	1 892.84	1 930.59	1 966.02	1 998.00	5.37
西班牙	485.59	586.55	718.46	800.40	713.87	734.44	754.53	774.18	792.71	810.40	5.86
其他欧洲国家	1 278.40	1 554.67	1 917.69	2 146.67	1 924.51	1 990.88	2 059.13	2 128.95	2 201.03	2 275.40	6.62
总计	6 679.27	8 013.57	9 749.72	10 776.65	9 532.72	9 729.84	9 919.12	10 197.86	10 267.36	10 723.88	5.07

（1）本表数据为权威机构统计研究得出，2007—2008 年数据系估计得出，2009—2010 年数据系预测得出；
（2）2001—2005 年欧洲市场的复合年增长率（CAGR）相对较高，反映出欧元和美元的汇率波动；
（3）由于未对历史市场数据（1994—2000 年）进行汇率波动处理，导致 2000—2001 年的增长显现出了一个更高的偏差；用于 2001—2004 年的近似汇率为：1 欧元 = 0.89 美元（2001 年），1.05 美元（2002 年），1.26 美元（2003 年），1.36 美元（2004 年）；
（4）本表数据的误差宽容度为 ±10%；
（5）为使表中数据得以标准化，不同货币间的交换率为：1 美元 =1 加拿大元，106.40 日元，0.67 欧元，0.50 英镑；
（6）数据没有进行通胀因素处理，通胀率以名义上的期限进行报告；
（7）数据是以制造商的水平进行报告的；
（8）当前数据采用 2008 年 2 月 1 日的货币价值进行了标准化处理；
（9）欧洲的数据源自以下国家：奥地利、比利时、保加利亚、捷克、丹麦、芬兰、希腊、匈牙利、爱尔兰、荷兰、挪威、波兰、葡萄牙、罗马尼亚、俄罗斯、斯洛伐克、瑞典、瑞士和土耳其。

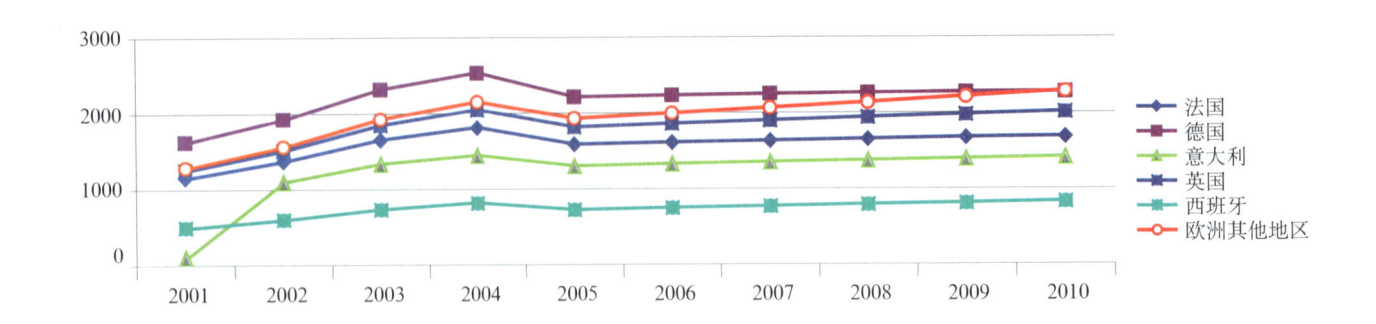

2. 按地理区域对欧洲长期个人防护装备市场进行的预测 按法国、德国、意大利、英国、西班牙和其他欧洲国家将欧洲划分为6块地理区域，对其2011—2015年的销售数据进行分析，销售额以百万美元计。

欧洲地理区域	2011	2012	2013	2014	2015	复合年增长率（CAGR）%
法国	1 693.74	1 717.80	1 746.99	1 782.17	1 823.30	1.86
德国	2 272.35	2 279.00	2 287.69	2 297.61	2 308.89	0.40
意大利	1 417.56	1 439.25	1 462.34	1 486.68	1 512.50	1.63
英国	2 032.44	2 069.34	2 108.05	2 149.25	2 193.40	1.92
西班牙	829.38	849.77	871.41	894.50	919.31	2.61
其他欧洲国家	2 354.80	2 440.75	2 534.71	2 638.52	2 752.66	3.98
总计	10 600.27	10 795.91	11 044.19	11 248.73	11 510.06	2.08

（1）2011—2015年数据为权威机构研究预测得出；
（2）本表数据的误差宽容度为 ±10%；
（3）为使表中数据得以标准化，不同货币间的交换率为：1美元 =1 加拿大元，106.40 日元，0.67 欧元，0.50 英镑；
（4）数据没有进行通胀因素处理，通胀率以名义上的期限进行报告；
（5）数据是以制造商的水平进行报告的；
（6）当前数据采用 2008 年 2 月 1 日的货币价值进行了标准化处理；
（7）欧洲的数据源自以下国家：奥地利、比利时、保加利亚、捷克、丹麦、芬兰、希腊、匈牙利、爱尔兰、荷兰、挪威、波兰、葡萄牙、罗马尼亚、俄罗斯、斯洛伐克、瑞典、瑞士和土耳其。

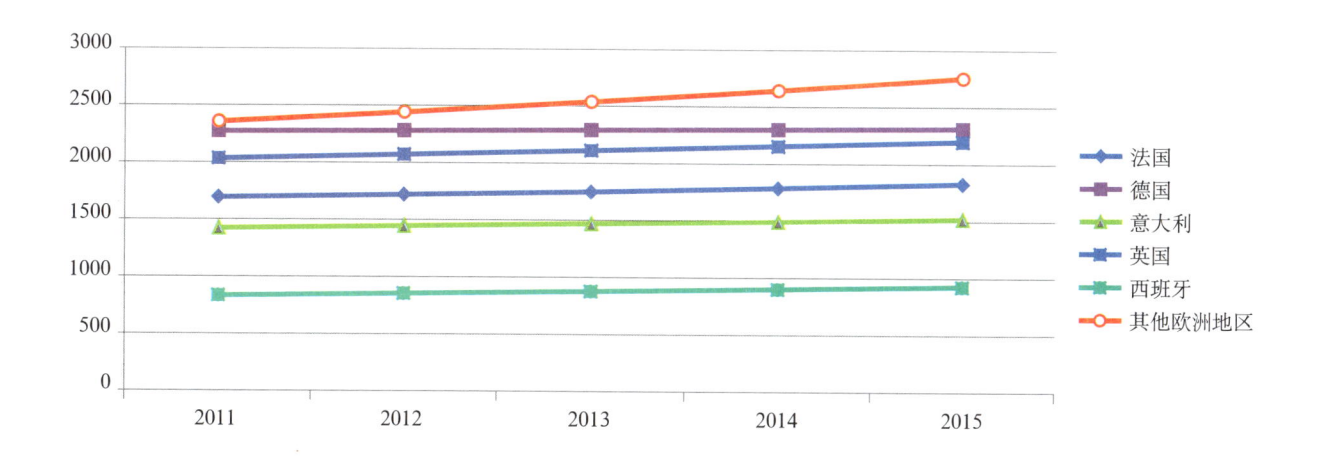

3. 按产品细分市场对欧洲过去几年、当前和未来个人防护装备市场进行的市场分析 产品细分市场按传统工作服装、防护服装、呼吸防护装备、眼/面部防护装备、听力保护装备、头部保护装备、坠落防护装备、其他个人防护装备（手套和鞋靴）等8类产品的细分市场进行分析。分析使用的数据为2001—2010年的年度销售额，单位为百万美元。

产品细分市场	2001	2002	2003	2004	2005	2006	2007	2008	2009	2010	复合年增长率(CAGR)%
传统工作服装	2 745.07	3 254.18	3 883.71	4 219.35	3 674.24	3 678.30	3 677.03	3 668.86	3 656.41	3 637.78	3.18
防护服装	823.28	1 009.30	1 266.11	1 437.55	1 302.98	1 364.99	1 427.33	1 490.44	1 553.83	1 615.22	7.78
呼吸防护装备	283.29	350.56	443.22	502.79	455.32	476.28	497.41	518.46	539.68	561.22	7.89
眼/面部防护装备	155.71	190.36	238.27	269.27	242.91	252.76	262.70	272.51	282.47	292.37	7.25
听力保护装备	108.21	131.17	162.72	182.71	163.47	168.77	174.20	179.73	185.37	191.16	6.53
头部保护装备	435.34	521.15	628.83	695.68	615.07	629.66	643.51	656.14	668.04	678.58	5.06
坠落防护装备	163.99	198.47	245.52	276.01	247.26	255.88	264.47	272.92	281.11	288.68	6.49
其他（手套和鞋靴）	1 964.38	2 358.38	2 881.34	3 193.29	2 831.47	2 903.20	2 972.47	3 038.80	3 100.45	3 158.87	5.42
总计	6 679.27	8 013.57	9 749.72	10 776.65	9 532.72	9 729.84	9 919.12	10 097.86	10 267.36	10 423.88	5.07

(1) 2007—2008年数据由权威机构估计得出，2009—2010年数据系预测得出；
(2) 本表数据的误差宽容度为 ±10%；
(3) 为使表中数据得以标准化，不同货币间的交换率为：1美元=1加拿大元，106.40日元，0.67欧元，0.50英镑；
(4) 数据没有进行通胀因素处理，通胀率以名义上的期限进行报告；
(5) 数据是以制造商的水平进行报告的；
(6) 当前数据采用2008年2月1日的货币价值进行了标准化处理；
(7) 欧洲的数据源自以下国家：奥地利、比利时、保加利亚、捷克、丹麦、芬兰、希腊、匈牙利、爱尔兰、荷兰、挪威、波兰、葡萄牙、罗马尼亚、俄罗斯、斯洛伐克、瑞典、瑞士和土耳其。

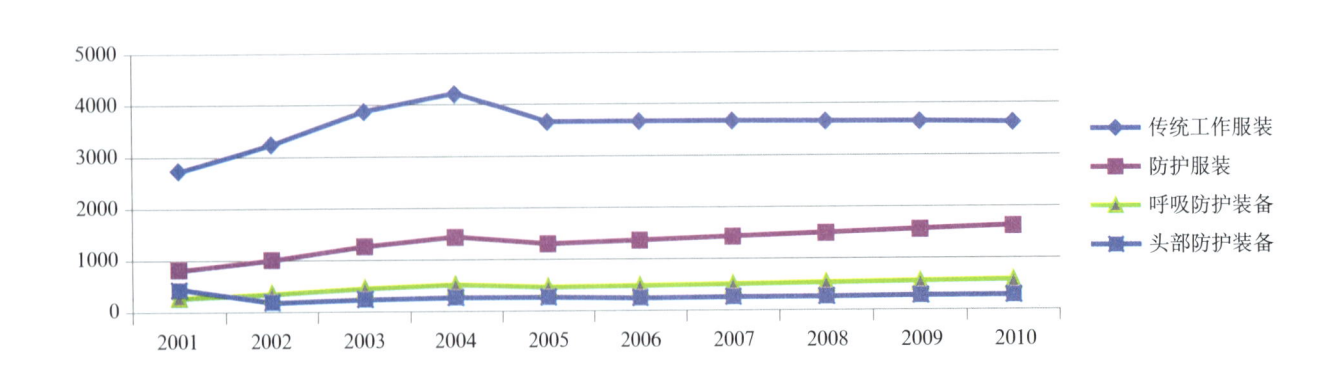

4. 2011—2015年欧洲个人防护装备产品细分市场预测 产品细分市场按传统工作服装、防护服装、呼吸防护装备、眼／面部防护装备、听力保护装备、头部保护装备、坠落防护装备和其他个人防护装备（手套和鞋靴）等8类产品的细分市场进行分析。预测数据为2011—2015年的年度销售额，单位为百万美元。

产品细分市场	2011	2012	2013	2014	2015	复合年增长率（CAGR）%
传统工作服装	3 616.80	3 593.75	3 568.55	3 542.08	3 514.43	−0.72
防护服装	1 683.80	1 759.32	1 842.92	1 925.89	2 038.22	4.89
呼吸防护装备	584.54	609.90	637.73	668.23	701.53	4.67
眼／面部防护装备	302.91	314.29	326.67	340.01	354.46	4.01
听力保护装备	197.52	204.48	212.03	220.24	229.11	3.78
头部保护装备	690.94	704.99	720.39	737.10	755.38	2.25
坠落防护装备	297.12	306.34	316.40	327.16	338.67	3.33
其他（手套和鞋靴）	3 226.64	3 302.84	3 386.50	3 478.02	3 578.26	2.62
总计	10 600.27	10 795.91	11 011.19	11 248.73	11 510.06	2.08

（1）2011—2015年数据为权威机构研究预测得出；
（2）本表数据的误差宽容度为±10%；
（3）为使表中数据得以标准化，不同货币间的交换率为：1美元＝1加拿大元，106.40日元，0.67欧元，0.50英镑；
（4）数据没有进行通胀因素处理，通胀率以名义上的期限进行报告；
（5）数据是以制造商的水平进行报告的；
（6）当前数据采用2008年2月1日的货币价值进行了标准化处理；
（7）欧洲的数据源自以下国家：奥地利、比利时、保加利亚、捷克、丹麦、芬兰、希腊、匈牙利、爱尔兰、荷兰、挪威、波兰、葡萄牙、罗马尼亚、俄罗斯、斯洛伐克、瑞典、瑞士和土耳其。

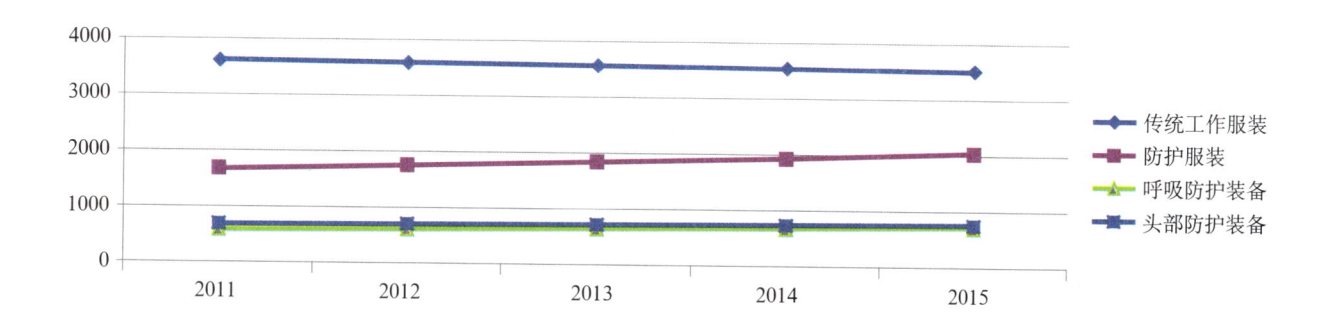

5．按地理区域划分欧洲个人防护装备市场历史数据分析（1994—2000年） 按法国、德国、意大利、英国、西班牙和其他欧洲国家将欧洲划分为6块地理区域，对其1994—2000年的销售数据进行分析，销售额以百万美元计。

欧洲地理区域	1994	1995	1996	1997	1998	1999	2000	复合年增长率（CAGR）%
法国	727.34	755.72	787.16	819.54	855.52	890.58	923.86	4.07
德国	1 434.74	1 466.55	1 499.82	1 536.36	1 576.41	1 616.64	1 654.90	2.41
意大利	785.18	800.03	818.27	838.56	859.73	883.46	908.91	2.47
英国	787.60	800.47	814.60	829.61	845.96	862.91	881.09	1.89
西班牙	413.74	426.82	440.47	456.00	472.55	491.03	507.36	3.46
其他欧洲国家	1 257.99	1 286.29	1 328.68	1 368.31	1 411.48	1 457.56	1 509.97	3.09
总计	5 406.59	5 535.88	5 689.00	5 848.38	6 021.65	6 202.18	6 386.09	2.81

（1）本表数据的误差宽容度为 ±10%；
（2）数据是以制造商的水平进行报告的；
（3）报告的历史数据未按2007年的货币价值进行标准化处理；
（4）欧洲的数据源自以下国家：奥地利、比利时、保加利亚、捷克、丹麦、芬兰、希腊、匈牙利、爱尔兰、荷兰、挪威、波兰、葡萄牙、罗马尼亚、俄罗斯、斯洛伐克、瑞典、瑞士和土耳其。

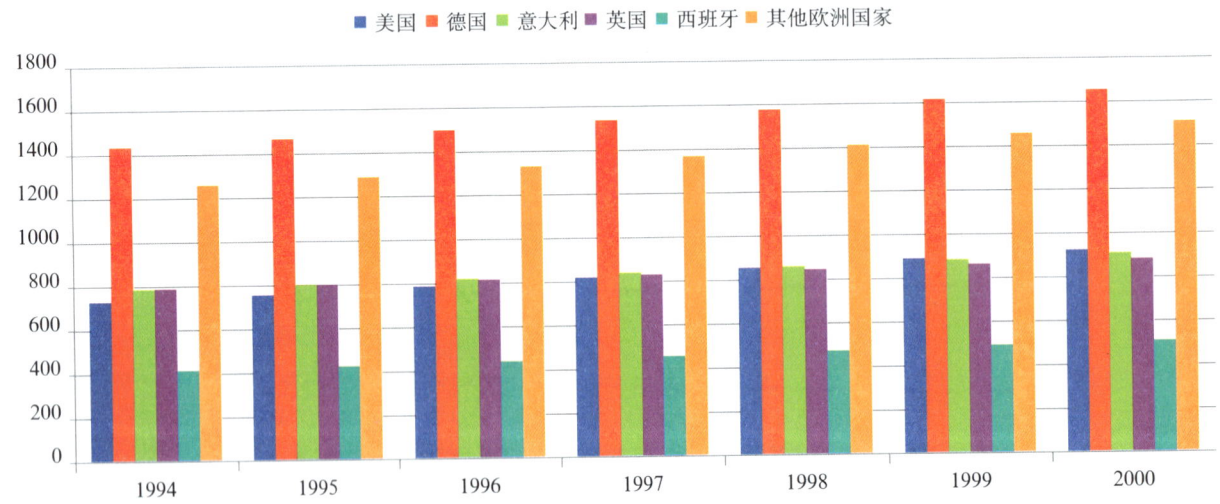

6．欧洲个人防护装备产品细分市场历史数据分析（1994—2000年） 产品细分市场按传统工作服装、防护服装、呼吸防护装备、眼／面部防护装备、听力保护装备、头部保护装备、坠落防护装备和其他个人防护装备（手套和鞋靴）等 8 类产品的细分市场进行分析。历史数据为 1994—2000 年的年度销售额，单位为百万美元。

产品细分市场	1994	1995	1996	1997	1998	1999	2000	复合年增长率(CAGR)%
传统工作服装	2 451.99	2 480.29	2 516.47	2 551.20	2 586.85	2 625.61	2 666.06	1.40
防护服装	580.70	608.68	639.69	672.28	713.14	753.59	797.46	5.43
呼吸防护装备	199.19	208.64	219.16	230.46	243.07	256.49	270.93	5.26
眼／面部防护装备	114.44	118.96	124.11	129.57	135.13	141.45	148.30	4.41
听力保护装备	83.47	86.20	89.37	92.44	95.79	99.77	103.89	3.71
头部保护装备	352.55	360.98	369.44	378.05	387.93	397.11	406.38	2.40
坠落防护装备	127.43	130.51	133.69	137.56	141.87	146.73	151.74	2.95
其他（手套和鞋靴）	1 496.82	1 541.62	1 597.07	1 656.82	1 717.87	1 781.43	1 841.33	3.51
总计	5 406.59	5 535.88	5 689.00	5 848.38	6 021.65	6 202.18	6 386.09	2.81

（1）本表数据的误差宽容度为 ±10%；
（2）数据是以制造商的水平进行报告的；
（3）报告的历史数据未按 2007 年的货币价值进行标准化处理；
（4）欧洲的数据源自以下国家：奥地利、比利时、保加利亚、捷克、丹麦、芬兰、希腊、匈牙利、爱尔兰、荷兰、挪威、波兰、葡萄牙、罗马尼亚、俄罗斯、斯洛伐克、瑞典、瑞士和土耳其。

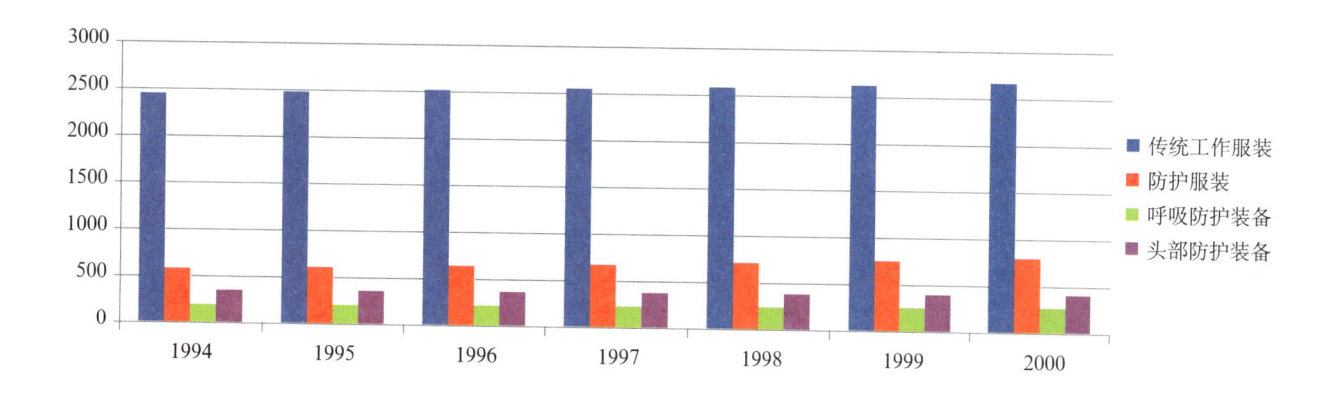

7. 按地理区域划分欧洲个人防护装备产品细分市场 15 年透视　按法国、德国、意大利、英国、西班牙和其他欧洲国家将欧洲划分为 6 块地理区域。数据为 1998 年、2008 年和 2012 年各国年度销售额占当年度欧洲个人防护装备市场总额的比例。

欧洲地理区域	1998	2008	2012
法国	14.21	16.31	15.91
德国	26.17	22.37	21.11
意大利	14.28	13.47	13.33
英国	14.05	19.12	19.17
西班牙	7.85	7.67	7.87
其他欧洲国家	23.44	21.08	22.61
总计	100.00	100.00	100.00

数据是以制造商的水平进行报告的。

8. 欧洲个人防护装备产品细分市场 15 年透视　产品细分市场按传统工作服装、防护服装、呼吸防护装备、眼/面部防护装备、听力保护装备、头部保护装备、坠落防护装备、其他个人防护装备（手套和鞋靴）等 8 类产品的细分市场进行分析。数据为 1998 年、2008 年和 2012 年各细分产品市场年度销售额占当年度美国个人防护装备市场总额的比例。

产品细分市场	1998	2008	2012
传统工作服装	42.96	36.34	33.29
防护服装	11.84	14.76	16.30
呼吸防护装备	4.04	5.13	5.65
眼/面部防护装备	2.24	2.70	2.91
听力保护装备	1.59	1.78	1.89
头部保护装备	6.44	6.50	6.53
坠落防护装备	2.36	2.70	2.84
其他（手套和鞋靴）	28.53	30.09	30.59
总计	100.00	100.00	100.00

数据是以制造商的水平进行报告的。

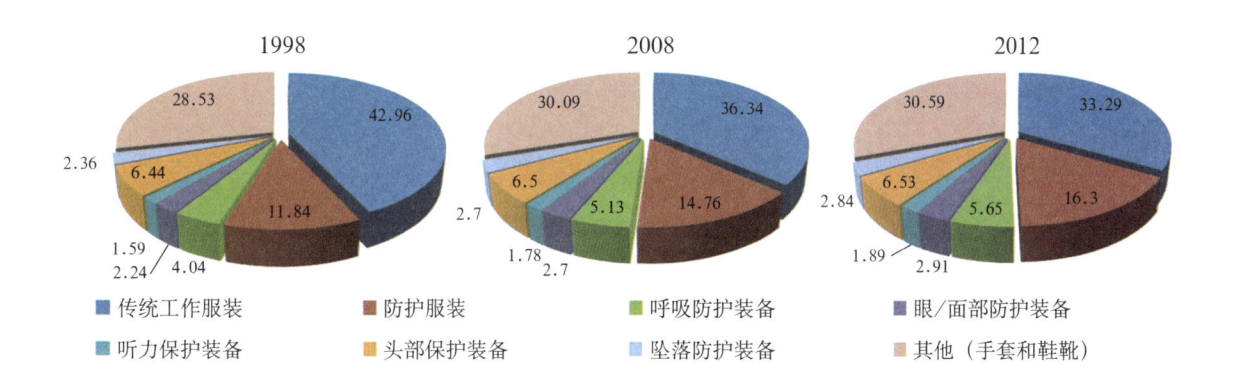

（三）欧洲主要国家个人防护装备市场分析

1. 法国个人防护装备市场

（1）市场分析

当前与未来分析：2007年，法国个人防护装备市场的规模约为16亿3千万美元（USD1 630 000 000），2010年预计将达到16亿8千万美元（USD1 680 000 000），2001—2010年的复合年增长率约为4.31%。

新产品引入（2006年）

卡皮托安全产品集团推出了独特的 Rollgliss R250 型下降器

卡皮托安全产品集团推出了经过重新设计的 PRO 型安全带系列产品

卡皮托安全产品集团扩展了全身安全带系列产品

卡皮托安全产品集团推出另一种独特的 ExoFit XP 型安全带产品

卡皮托安全产品集团推出了 AD120BR 型自收缩救生绳和 AB119/2AU 型安全带等成套坠落保护新产品

法国战略公司的发展（2007年）

欧辛寇公司（Ocenco Incorporated）收购了法国马蒂塞克公司（Matisec S.A）

巴固-德洛集团公司开始以斯伯瑞安防护产品公司（Sperian Protection）的名称运营

重要制造商简介

波利安全产品公司（Bolle Safety）

德尔塔普拉斯集团公司（Delta Plus Group）

佳雷特集团公司（Jallatte Group）

玛帕公司（MAPA Spontex，Inc.）

(2) 法国个人防护装备市场分析数据

按产品细分市场对法国过去几年、当前和未来个人防护装备市场进行的市场分析：产品细分市场按传统工作服装、防护服装、呼吸防护装备、眼／面部防护装备、听力保护装备、头部保护装备、坠落防护装备、其他个人防护装备（手套和鞋靴）等8类产品的细分市场进行分析。分析使用的数据为2001—2010年的年度销售额，单位为百万美元。

产品细分市场	2001	2002	2003	2004	2005	2006	2007	2008	2009	2010	复合年增长率(CAGR)%
传统工作服装	460.75	538.61	628.44	672.00	577.16	571.41	564.15	554.90	544.19	531.62	1.60
防护服装	141.78	176.49	225.09	263.15	245.95	265.64	285.83	307.04	328.90	349.29	10.54
呼吸防护装备	41.15	49.34	60.79	67.00	58.84	59.55	60.18	60.73	61.20	61.60	4.58
眼／面部防护装备	27.97	33.53	41.57	46.47	41.28	42.05	42.78	43.46	44.00	44.30	5.24
听力保护装备	17.88	21.26	25.79	28.28	24.52	24.56	24.59	24.62	24.63	24.64	3.63
头部保护装备	51.58	60.92	70.65	78.89	70.23	72.23	74.21	76.16	77.84	79.09	4.86
坠落防护装备	28.88	34.34	42.39	47.37	42.23	43.66	45.10	46.55	47.98	49.05	6.06
其他（手套和鞋靴）	376.17	448.39	548.26	597.98	521.48	525.99	529.88	533.01	534.77	535.52	4.00
总计	1 146.16	1 362.88	1 642.98	1 801.14	1 581.69	1 605 09	1 626.72	1 646 47	1 663.51	1 675.11	4.31

(1) 2007—2008 年数据由权威机构估计得出，2009—2010 年数据系预测得出；

(2) 本表数据的误差宽容度为 ±10%；

(3) 2001—2005 年欧洲市场的复合年增长率（CAGR）相对较高，反映出欧元和美元的汇率波动；

(4) 由于未对历史市场数据（1994—2000 年）进行汇率波动处理，导致 2000—2001 年的增长显现出了一个更高的偏差；用于 2001—2004 年的近似汇率为：1 欧元 = 0.89 美元（2001 年），1.05 美元（2002 年），1.26 美元（2003 年），1.36 美元（2004 年）；

(5) 用于商标中数据进行标准化的汇率为：1 美元 = 0.67 欧元；

(6) 数据没有进行通胀因素处理，通胀率以名义上的期限进行报告；

(7) 数据是以制造商的水平进行报告的；

(8) 当前数据采用 2008 年 2 月 1 日的货币价值进行了标准化处理。

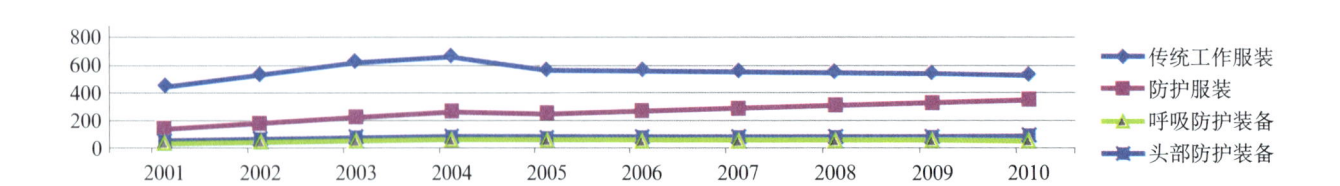

2011—2015 年法国个人防护装备产品细分市场预测 产品细分市场按传统工作服装、防护服装、呼吸防护装备、眼/面部防护装备、听力保护装备、头部保护装备、坠落防护装备和其他个人防护装备（手套和鞋靴）等 8 类产品的细分市场进行分析。预测数据为 2011—2015 年的年度销售额，单位为百万美元。

产品细分市场	2011	2012	2013	2014	2015	复合年增长率（CAGR）%
传统工作服装	518.70	505.53	492.23	478.84	465.58	−2.66
防护服装	373.22	400.84	432.75	469.49	510.95	8.17
呼吸防护装备	61.91	62.13	62.32	62.43	62.48	0.23
眼/面部防护装备	44.46	44.53	44.58	44.58	44.51	0.03
听力保护装备	24.67	24.74	24.82	24.93	25.05	0.38
头部保护装备	80.55	82.14	83.83	85.65	87.64	2.13
坠落防护装备	50.32	51.72	53.24	54.84	56.53	2.95
其他（手套和鞋靴）	539.91	546.17	553.22	561.41	570.56	1.39
总计	1 693.74	1 717.80	1 746.99	1 782.17	1 823.30	1.86

（1）2011—2015 年数据为权威机构研究预测得出；
（2）本表数据的误差宽容度为 ±10%；
（3）用于商标中数据进行标准化的兑换率为：1 美元 = 0.67 欧元；
（4）数据没有进行通胀因素处理，通胀率以名义上的期限进行报告；
（5）数据是以制造商的水平进行报告的；
（6）当前数据采用 2008 年 2 月 1 日的货币价值进行了标准化处理。

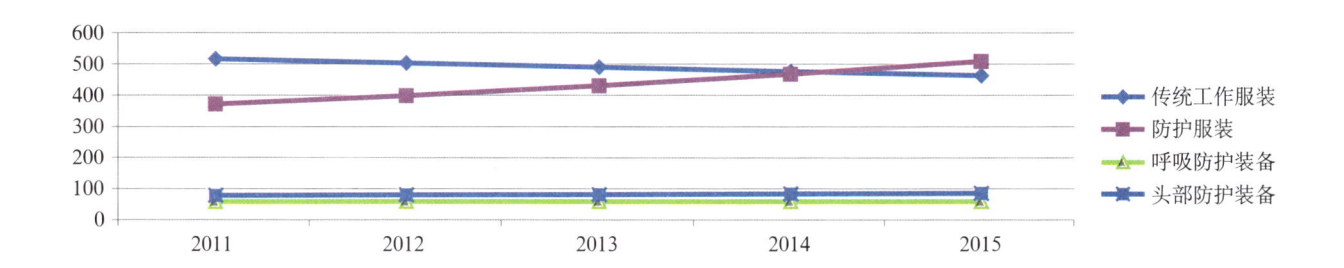

法国个人防护装备产品细分市场历史数据分析（1994—2000年）产品细分市场按传统工作服装、防护服装、呼吸防护装备、眼／面部防护装备、听力保护装备、头部保护装备、坠落防护装备、其他个人防护装备（手套和鞋靴）等8类产品的细分市场进行分析。历史数据为1994—2000年的年度销售额，单位为百万美元。

产品细分市场	1994	1995	1996	1997	1998	1999	2000	复合年增长率（CAGR）%
传统工作服装	322.70	331.06	339.80	349.04	358.78	368.22	376.36	2.60
防护服装	68.54	73.95	79.91	86.29	93.43	101.22	109.73	8.16
呼吸防护装备	27.54	28.37	29.26	30.13	31.09	32.10	33.18	3.15
眼／面部防护装备	18.26	18.85	19.48	20.14	20.87	21.64	22.46	3.51
听力保护装备	12.28	12.61	12.97	13.27	13.66	14.08	14.53	2.84
头部保护装备	36.60	36.96	38.32	38.94	40.28	40.92	41.59	2.15
坠落防护装备	17.85	18.55	19.32	20.18	21.13	22.20	23.36	4.59
其他（手套和鞋靴）	223.57	235.37	248.10	261.55	276.28	290.20	302.65	5.18
总计	707.34	755.72	787.46	819.54	855.52	890.58	923.86	4.07

（1）本表数据的误差宽容度为±10%；
（2）数据是以制造商的水平进行报告的；
（3）报告的历史数据未按2007年的货币价值进行标准化处理。

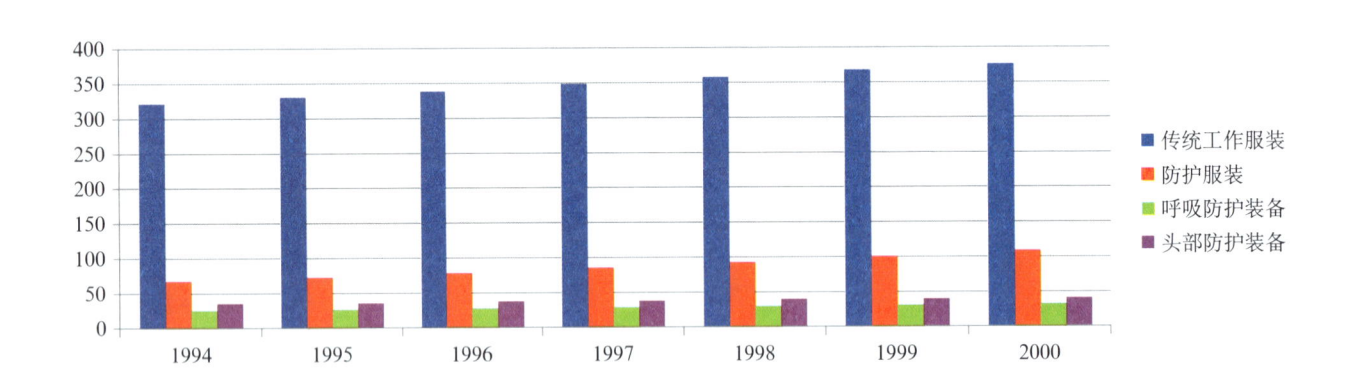

第十一部分　世界主要国家个人防护装备市场

法国个人防护装备产品细分市场15年透视　产品细分市场按传统工作服装、防护服装、呼吸防护装备、眼/面部防护装备、听力保护装备、头部保护装备、坠落防护装备、其他个人防护装备（手套和鞋靴）等8类产品的细分市场进行分析。数据为1998年、2008年和2012年各细分产品市场年度销售额占当年度美国个人防护装备市场总额的比例。

产品细分市场	1998	2008	2012
传统工作服装	41.94	33.69	29.43
防护服装	10.92	18.65	23.33
呼吸防护装备	3.63	3.69	3.62
眼/面部防护装备	2.44	2.64	2.59
听力保护装备	1.60	1.50	1.44
头部保护装备	4.71	4.63	4.78
坠落防护装备	2.47	2.83	3.01
其他（手套和鞋靴）	32.29	32.37	31.80
总计	100.00	100.00	100.00

数据是以制造商的水平进行报告的。

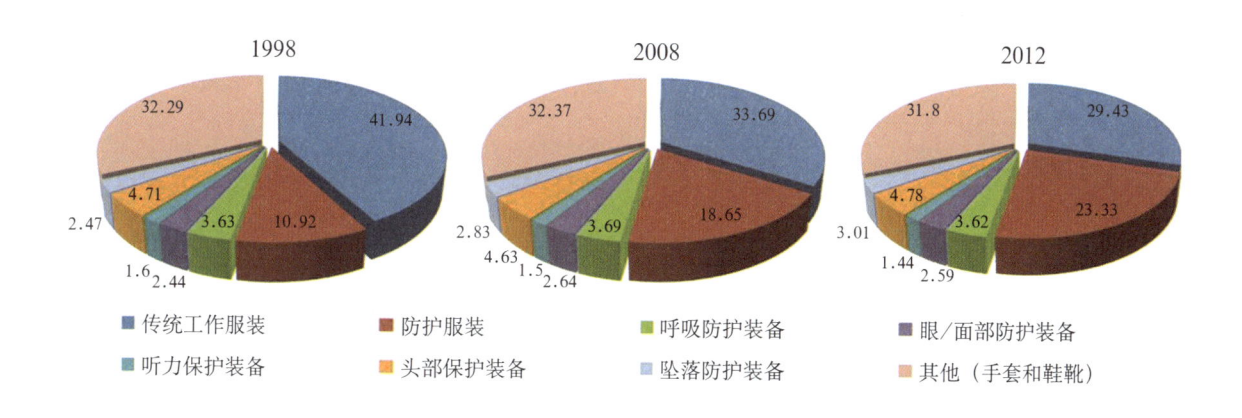

2. 德国个人防护装备市场

(1) 市场分析

情况概览：高度竞争与需求市场

德国的个人防护装备市场是高度竞争的。德国的个人防护装备市场增长水平低且稳定，而利润则较通用制造业略高。防护服装构成了最大的个人防护装备细分市场。德国购买者（特别是工业购买者和公共机构购买者）高度关注标准。从某种意义上而言，德国客户的要求高于欧盟标准，只是把欧盟标准作为最低限的要求。

德国的职业安全文化

德国社会公众对被保险人的财产或工作能力的过早损失保持着高度的关注。与英国不同，德国有一部名为《法定事故保险计划（statutory accident insurance scheme）》的法规，该法规就如何处理上下班途中的事故、工作时的事故和职业病作出了详细规定。"法定事故保险计划"的执行，使雇主们所支付的保险费从1960年占成本的1.51%降低到了1999年的占成本的1.33%。雇主保险费的降低并未顾及由于工业伤害和事故所导致的赔偿成本和康复成本的巨幅增长，而这些增长恰恰是由"法定事故保险计划"赔付给受伤雇员的。

德国的事故保险系统已经有近110年的历史了。虽然德国的健康与安全教育系统的历史与英国一样历史悠久，但是它们的组织形式却不相同。德国事故保险协会（Accident Insurance Association，Berufsgenossenschuaften-BG）负责事故防范教育的实施，并负责管理保险计划。德国事故保险协会在预防事故方面做了大量的工作。该机构对工厂的作业场所进行仔细的检查，并指出弱点。如果这些弱点没有得到改进，该机构有权关闭办公室或全部工作场所。事故基金由社会公众和公司根据公共法律来共同承担。这些活动都处于政府的监督之下。

欧盟个人防护装备指令的影响

德国于1992年加入了欧盟个人防护装备法令（European Union's Personal Protective Equipment Directive，89/686/EEC）。欧盟个人防护装备法令将德国标准与法规置于了与欧盟其他国家的相关标准与法规同等的位置。该法令改进了德国的安全文化。这使得那些在总体上认识健康与安全重要性，特别是个人防护装备重要性的贸易伙伴，在德国能够得到优先级的待遇。

需求动力

- 欧盟有关作业场所安全与健康事项的法规。
- 电子和重工业领域庞大的设施。
- 工作场所健康与安全措施意识的提高。

现行与未来分析

2007年，德国个人防护装备市场的规模约为22亿5千万美元（USD2 250 000 000），2010年预计将达到22亿7千万美元（USD2 270 000 000），2001—2010年的复合年增长率约为3.82%。2008年，传统工作服是德国个人防护装备市场中占据份额最大的细分产品市场，为33.18%。

新产品引入

2007年：舒伯斯公司推出了S1 PRO型摩托车头盔

2006年：卓格安全产品公司推出了诸如X-plore 4700型和X-plore 2100型半面罩式防护面具

德国战略公司的发展

2006年：梅思安安全设备公司（MSA）获得了德国军方订单

重要制造商简介

巴特尔斯-瑞格消防技术公司（BartelsRieger Atemschutztechnik GmbH & Co）

卓格沃克公司（Drägerwerk AG & Co. KGaA）

欧洲制服公司（Eurodress GmbH）

KCI 公司
舒伯斯公司（Schuberth GmbH）
斯盖洛泰克公司（Skylotec）
优唯斯安全产品集团公司（Uvex Safety Group）

(2) 德国个人防护装备市场分析数据

按产品细分市场对德国过去几年、当前和未来个人防护装备市场进行的市场分析：产品细分市场按传统工作服装、防护服装、呼吸防护装备、眼/面部防护装备、听力保护装备、头部保护装备、坠落防护装备、其他个人防护装备（手套和鞋靴）等8类产品的细分市场进行分析。分析使用的数据为2001—2010年的年度销售额，单位为百万美元。

产品细分市场	2001	2002	2003	2004	2005	2006	2007	2008	2009	2010	复合年增长率(CAGR)%
传统工作服装	585.94	687.93	811.63	882.81	766.15	762.25	756.76	719.19	741.02	731.76	2.50
防护服装	241.36	290.08	355.61	395.37	350.44	359.81	368.70	377.40	385.14	392.15	5.54
呼吸防护装备	60.50	73.00	92.78	103.20	91.37	93.08	94.68	95.87	96.80	97.62	5.46
眼/面部防护装备	32.68	39.87	49.74	54.89	48.89	50.00	50.94	51.66	52.31	52.84	5.48
听力保护装备	23.13	27.66	34.47	37.94	33.41	33.70	33.95	34.18	34.36	34.54	4.56
头部保护装备	131.68	157.53	188.80	204.64	177.65	178.57	179.28	179.75	180.09	180.36	3.56
坠落防护装备	41.58	49.95	62.24	68.80	60.62	61.61	62.47	63.21	63.77	64.20	4.94
其他（手套和鞋靴）	500.85	595.33	718.39	781.88	683.85	693.06	700.55	706.43	710.81	713.87	4.02
总计	1 617.72	4 921.05	2 313.66	2 529.53	2 212.38	2 232.08	2 247.33	2 257.69	2 264.30	2 267.34	3.82

(1) 2007—2008年数据由权威机构估计得出，2009—2010年数据系预测得出；
(2) 本表数据的误差宽容度为±10%；
(3) 2001—2005年欧洲市场的复合年增长率（CAGR）相对较高，反映出欧元和美元的汇率波动；由于未对历史市场数据（1994—2000年）进行汇率波动处理，导致2000—2001年的增长显现出了一个更高的偏差；用于2001—2004年的近似汇率为：1欧元＝0.89美元（2001年），1.05美元（2002年），1.26美元（2003年），1.36美元（2004年）；
(4) 用于商标中数据进行标准化的汇率为：1美元＝0.67欧元；
(5) 数据没有进行通胀因素处理，通胀率以名义上的期限进行报告；
(6) 数据是以制造商的水平进行报告的；
(7) 当前数据采用2008年2月1日的货币价值进行了标准化处理。

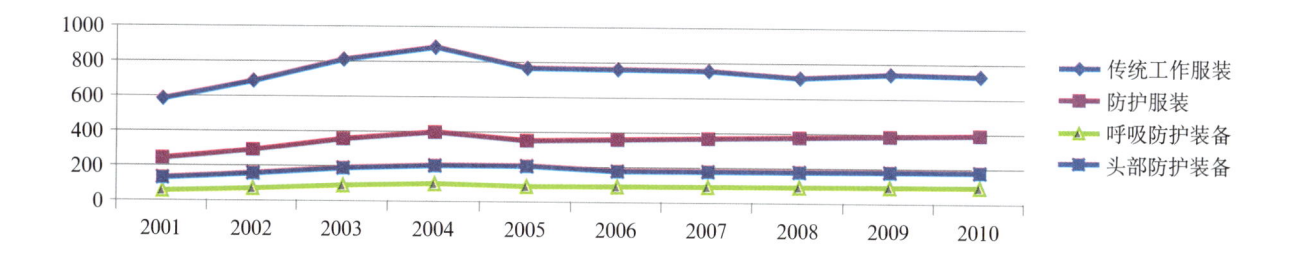

2011—2015年德国个人防护装备产品细分市场预测：产品细分市场按传统工作服装、防护服装、呼吸防护装备、眼／面部防护装备、听力保护装备、头部保护装备、坠落防护装备、其他个人防护装备（手套和鞋靴）等8类产品的细分市场进行分析。预测数据为2011—2015年的年度销售额，单位为百万美元。

产品细分市场	2011	2012	2013	2014	2015	复合年增长率（CAGR）%
传统工作服装	722.03	711.63	700.88	689.81	678.36	−1.55
防护服装	400.39	409.32	419.23	430.34	442.60	2.54
呼吸防护装备	98.39	99.11	99.78	100.39	100.95	0.64
眼／面部防护装备	53.30	53.72	54.12	54.48	54.78	0.69
听力保护装备	34.69	34.80	34.88	34.93	34.95	0.19
头部保护装备	180.96	181.90	183.05	184.29	185.69	0.65
坠落防护装备	64.79	65.48	66.27	67.11	68.01	1.22
其他（手套和鞋靴）	717.80	723.04	729.48	736.26	743.55	0.89
总计	2 272.35	2 279.00	2 287.69	2 297.61	2 308.89	0.40

（1）2011—2015年数据为权威机构研究预测得出；
（2）本表数据的误差宽容度为 ±10%；
（3）用于商标中数据进行标准化的兑换率为：1美元 = 0.67欧元；
（4）数据没有进行通胀因素处理，通胀率以名义上的期限进行报告；
（5）数据是以制造商的水平进行报告的；
（6）当前数据采用2008年2月1日的货币价值进行了标准化处理。

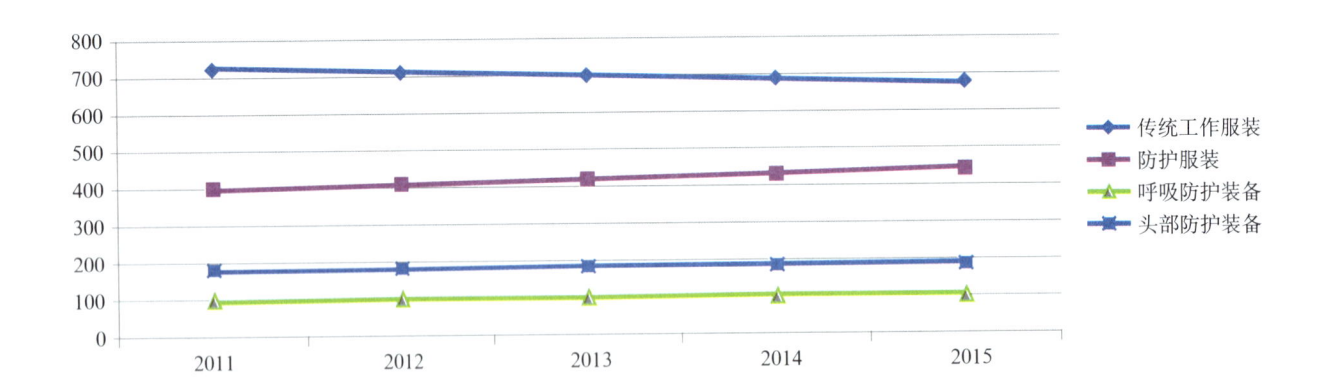

第十一部分　世界主要国家个人防护装备市场

德国个人防护装备产品细分市场历史数据分析（1994—2000年）：产品细分市场按传统工作服装、防护服装、呼吸防护装备、眼/面部防护装备、听力保护装备、头部保护装备、坠落防护装备、其他个人防护装备（手套和鞋靴）等8类产品的细分市场进行分析。历史数据为1994—2000年的年度销售额，单位为百万美元。

产品细分市场	1994	1995	1996	1997	1998	1999	2000	复合年增长率(CAGR)%
传统工作服装	586.75	589.16	592.16	595.95	599.53	603.55	607.77	0.59
防护服装	179.46	187.84	197.04	207.07	217.92	229.40	241.88	5.10
呼吸防护装备	51.28	52.73	54.24	55.83	57.56	59.33	61.25	3.01
眼/面部防护装备	27.00	27.89	28.73	29.73	30.78	31.91	32.93	3.36
听力保护装备	19.99	20.50	21.05	21.58	22.15	22.76	23.43	2.68
头部保护装备	117.70	120.89	123.01	125.33	129.47	131.74	134.22	2.21
坠落防护装备	35.41	36.29	37.26	38.37	39.62	41.02	42.28	3.00
其他（手套和鞋靴）	417.15	431.25	446.30	462.50	479.68	496.93	511.14	3.44
总计	1 434.74	1 466.55	1 499.82	1 536.36	1 576.41	1 616.64	1 654.90	2.41

（1）本表数据的误差宽容度为±10%；
（2）数据是以制造商的水平进行报告的；
（3）报告的历史数据未按2007年的货币价值进行标准化处理。

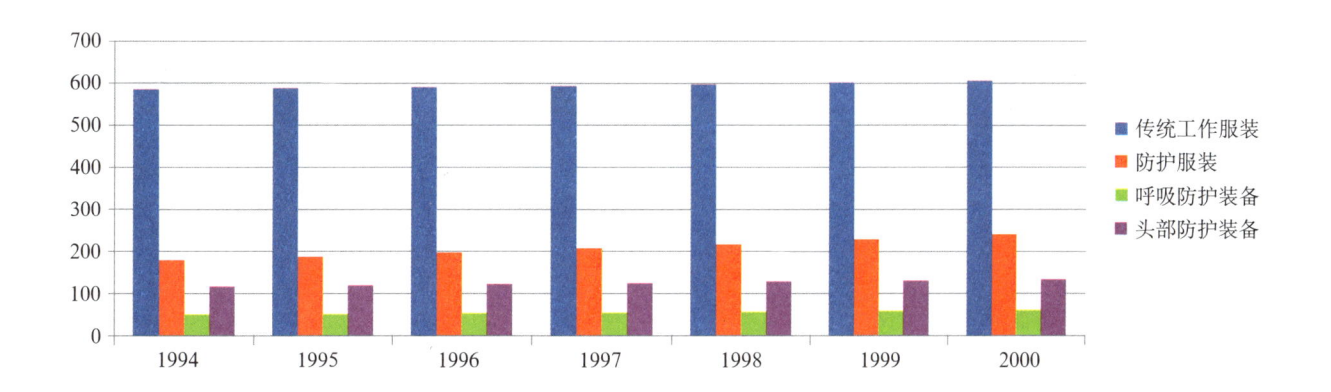

德国个人防护装备产品细分市场 15 年透视：产品细分市场按传统工作服装、防护服装、呼吸防护装备、眼/面部防护装备、听力保护装备、头部保护装备、坠落防护装备、其他个人防护装备（手套和鞋靴）等 8 类产品的细分市场进行分析。数据为 1998 年、2008 年和 2012 年各细分产品市场年度销售额占当年度美国个人防护装备市场总额的比例。

产品细分市场	1998	2008	2012
传统工作服装	38.04	33.18	31.22
防护服装	13.82	16.72	17.96
呼吸防护装备	3.65	4.25	4.35
眼/面部防护装备	1.95	2.29	2.36
听力保护装备	1.41	1.51	1.53
头部保护装备	8.21	7.96	7.98
坠落防护装备	2.51	2.80	2.87
其他（手套和鞋靴）	30.41	31.29	31.73
总计	100.00	100.00	100.00

数据是以制造商的水平进行报告的。

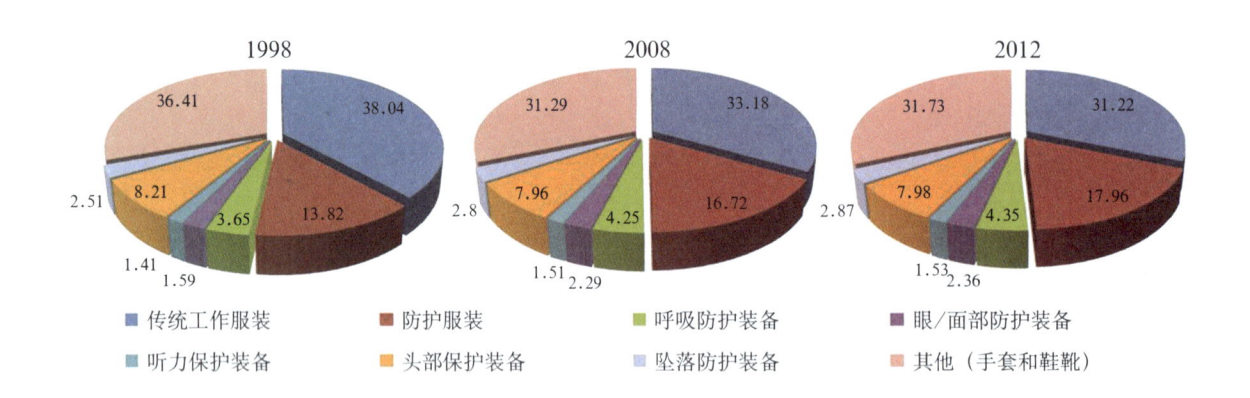

3. 意大利个人防护装备市场

(1) 市场分析

情况概览：高度竞争与需求市场： 尽管劳动力成本非常高，意大利在全球服装和鞋靴市场上仍扮演着关键角色。尽管近年来在规模上有所增长，但意大利的职业制服市场的发展并不如其他主要欧盟国家（德国、法国和英国）那样好。

推动增长的原因
- 价格
- 职工中的时尚意识增强
- 服装的新颖性
- 技术创新

第十一部分 世界主要国家个人防护装备市场

现行和未来分析：2007年，意大利个人防护装备市场的规模约为13亿4仟万美元（USD1 340 000 000），2010年预计将达到14亿美元（USD1 400 000 000），2001—2010年的复合年增长率约为4.96%。

一个领先的企业——BLS s.r.l.公司：作为唯一被欧盟认可的随弃式非织造材料口罩的意大利生产企业，BLS s.r.l.公司显得与众不同。该公司的产品包括：带有过滤层的口罩、折叠式平面口罩和杯形口罩。

（2）意大利个人防护装备市场分析数据

按产品细分市场对意大利过去几年、当前和未来个人防护装备市场进行的市场分析：产品细分市场按传统工作服装、防护服装、呼吸防护装备、眼/面部防护装备、听力保护装备、头部保护装备、坠落防护装备、其他个人防护装备（手套和鞋靴）等8类产品的细分市场进行分析。分析使用的数据为2001—2010年的年度销售额，单位为百万美元。

产品细分市场	2001	2002	2003	2004	2005	2006	2007	2008	2009	2010	复合年增长率(CAGR)%
传统工作服装	307.81	364.73	431.43	467.68	408.91	411.16	413.01	414.66	416.15	417.52	3.45
防护服装	117.21	143.74	180.52	203.54	182.38	188.35	194.06	199.28	204.44	209.31	6.65
呼吸防护装备	24.85	31.14	39.75	44.53	39.75	41.04	42.27	43.49	44.66	45.66	6.99
眼/面部防护装备	14.28	17.25	21.39	23.51	20.65	21.04	21.41	21.73	22.02	22.28	5.07
听力保护装备	10.03	12.04	14.79	16.35	14.33	14.60	14.86	15.12	15.37	15.61	5.04
头部保护装备	64.44	76.70	92.84	102.50	90.22	91.81	93.20	94.34	95.24	95.86	4.51
坠落防护装备	10.84	13.67	17.56	20.44	18.84	19.99	21.18	22.39	23.61	24.88	9.67
其他（手套和鞋靴）	354.26	425.59	522.28	581.57	515.65	527.30	538.58	548.97	558.30	566.51	5.35
总计	903.72	1 084.86	1 320.56	1 460.12	1 290.73	1 315.29	1 338.57	1 359.98	1 379.79	1 379.63	4.96

（1）2007—2008年数据由权威机构估计得出，2009—2010年数据系预测得出；

（2）本表数据的误差宽容度为±10%；

（3）2001—2005年欧洲市场的复合年增长率（CAGR）相对较高，反映出欧元和美元的汇率波动；由于未对历史市场数据（1994—2000年）进行汇率波动处理，导致2000—2001年的增长显现出了一个更高的偏差；用于2001—2004年的近似汇率为：1欧元 = 0.89美元（2001年），1.05美元（2002年），1.26美元（2003年），1.36美元（2004年）；

（4）用于商标中数据进行标准化的汇率为：1美元 = 0.67欧元；

（5）数据没有进行通胀因素处理，通胀率以名义上的期限进行报告；

（6）数据是以制造商的水平进行报告的；

（7）当前数据采用2008年2月1日的货币价值进行了标准化处理。

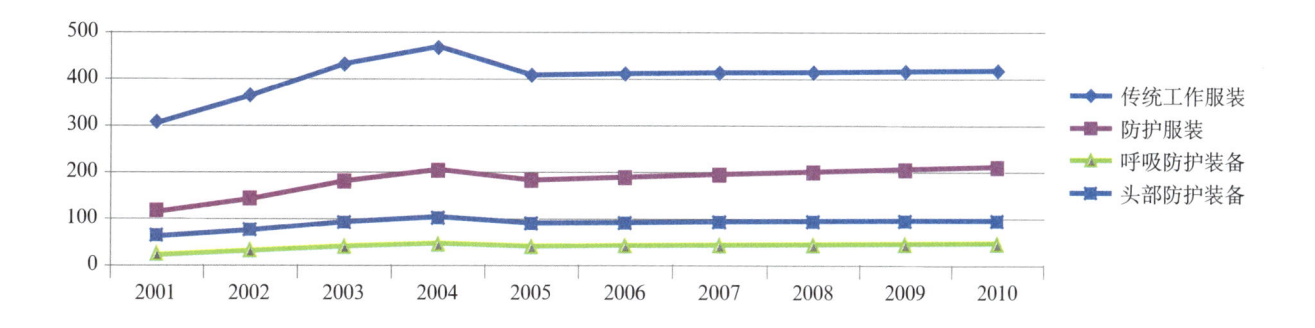

2011—2015 年意大利个人防护装备产品细分市场预测：产品细分市场按传统工作服装、防护服装、呼吸防护装备、眼／面部防护装备、听力保护装备、头部保护装备、坠落防护装备、其他个人防护装备（手套和鞋靴）等 8 类产品的细分市场进行分析。预测数据为 2011—2015 年的年度销售额，单位为百万美元。

产品细分市场	2011	2012	2013	2014	2015	复合年增长率（CAGR）%
传统工作服装	418.73	419.73	420.53	421.16	421.62	0.17
防护服装	214.63	220.32	226.29	232.65	239.54	2.78
呼吸防护装备	46.75	47.90	49.14	50.46	51.86	2.63
眼／面部防护装备	22.57	22.88	23.22	23.59	23.99	1.54
听力保护装备	15.89	16.21	16.56	16.93	17.33	2.19
头部保护装备	96.75	97.86	99.15	100.55	102.05	1.34
坠落防护装备	26.27	27.78	19.44	31.25	33.21	6.04
其他（手套和鞋靴）	575.97	586.57	598.01	610.09	622.90	1.98
总计	1 417.56	1 439.25	1 462.34	1 486.68	1 512.50	1.63

（1）2011—2015 年数据为权威机构研究预测得出；
（2）本表数据的误差宽容度为 ±10%；
（3）用于商标中数据进行标准化的汇率为：1 美元 = 0.67 欧元；
（4）数据没有进行通胀因素处理，通胀率以名义上的期限进行报告；
（5）数据是以制造商的水平进行报告的；
（6）当前数据采用 2008 年 2 月 1 日的货币价值进行了标准化处理。

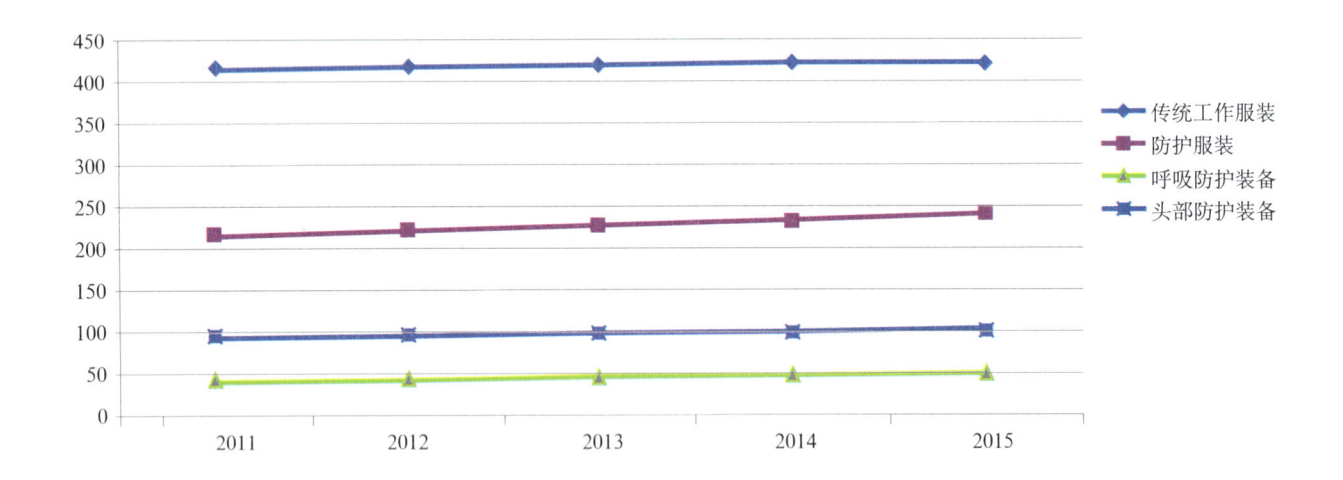

第十一部分 世界主要国家个人防护装备市场

意大利个人防护装备产品细分市场历史数据分析（1994—2000 年）：产品细分市场按传统工作服装、防护服装、呼吸防护装备、眼／面部防护装备、听力保护装备、头部保护装备、坠落防护装备、其他个人防护装备（手套和鞋靴）等 8 类产品的细分市场进行分析。历史数据为 1994—2000 年的年度销售额，单位为百万美元。

产品细分市场	1994	1995	1996	1997	1998	1999	2000	复合年增长率（CAGR）%
传统工作服装	287.17	290.67	294.42	298.39	302.63	307.41	312.39	1.41
防护服装	101.50	101.43	103.03	105.06	107.82	111.51	115.74	2.21
呼吸防护装备	15.51	16.61	17.82	19.15	20.58	22.20	23.97	7.52
眼／面部防护装备	11.21	11.60	12.04	12.51	13.03	13.61	14.19	4.01
听力保护装备	8.34	8.59	8.83	9.10	9.40	9.72	10.06	3.17
头部保护装备	55.19	56.38	58.05	60.35	61.90	63.36	65.02	2.77
坠落防护装备	7.80	8.14	8.52	8.94	9.40	9.93	10.52	5.11
其他（手套和鞋靴）	298.46	306.61	315.56	325.06	334.97	345.72	357.02	3.03
总计	785.18	800.03	818.27	838.56	859.73	883.46	908.91	2.47

（1）本表数据的误差宽容度为 ±10%；
（2）数据是以制造商的水平进行报告的；
（3）报告的历史数据未按 2007 年的货币价值进行标准化处理。

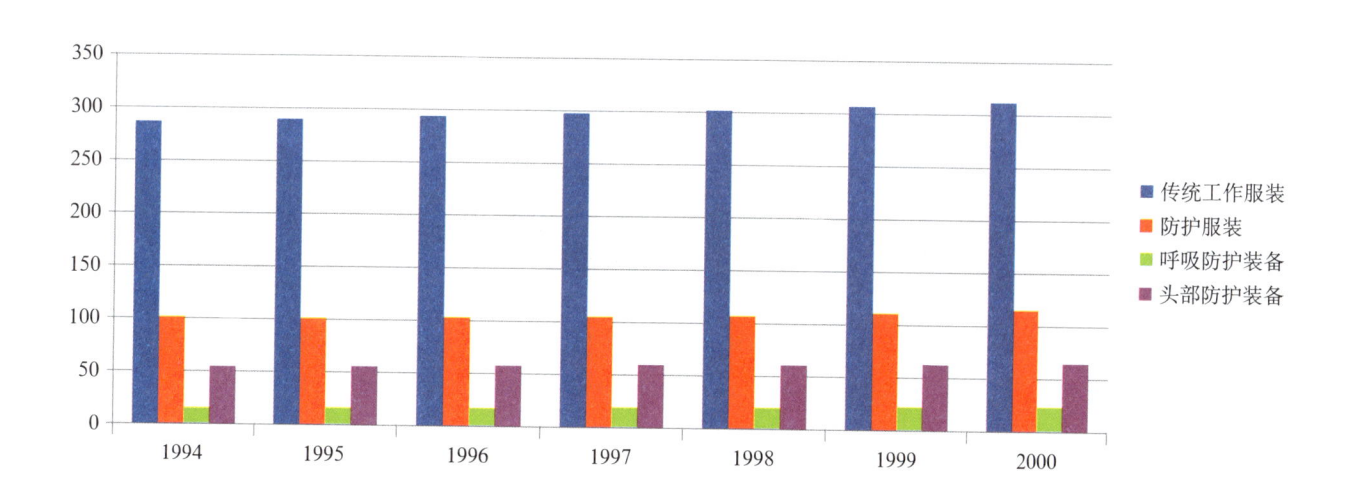

全球个人防护装备产业技术与市场

意大利个人防护装备产品细分市场 15 年透视：产品细分市场按传统工作服装、防护服装、呼吸防护装备、眼/面部防护装备、听力保护装备、头部保护装备、坠落防护装备、其他个人防护装备（手套和鞋靴）等 8 类产品的细分市场进行分析。数据为 1998 年、2008 年和 2012 年各细分产品市场年度销售额占当年度美国个人防护装备市场总额的比例。

产品细分市场	1998	2008	2012
传统工作服装	35.21	30.48	29.46
防护服装	12.54	14.65	15.31
呼吸防护装备	2.39	3.20	3.33
眼/面部防护装备	1.52	1.60	1.59
听力保护装备	1.09	1.11	1.13
头部保护装备	7.20	6.94	6.82
坠落防护装备	1.09	1.65	1.93
其他（手套和鞋靴）	38.96	40.37	40.75
总计	100.00	100.00	100.00

数据是以制造商的水平进行报告的

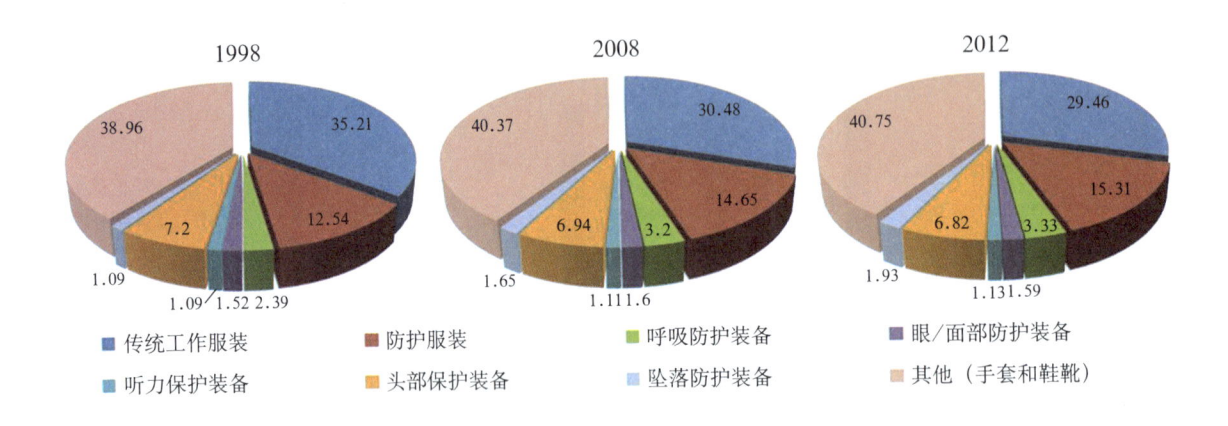

4. 英国个人防护装备市场

(1) 市场分析

现行与未来分析: 2007年, 英国个人防护装备市场的规模约为18亿9仟万美元(USD1 890 000 000); 2008年, 市场规模预计为19亿3仟万美元(USD1 930 000 000); 2010年预计将达到20亿(USD2 000 000 000); 2001—2010年的复合年增长率约为5.37%。

影响市场的关键因素
- 暴露于危险之中。
- 法律和其他规定要求必须使用个人防护装备。
- 在终端消费产品市场中的就业水平。
- 个人防护装备的审美吸引力。
- 工作场所中人们对于安全和健康问题的意识。

市场趋势

下列趋势正在对产业施加着相互矛盾的影响:
- 来自职工和法律要求使用防护服装的压力。
- 由于英国重型制造与加工产业的外迁造成对个人防护装备的需求降低。虽然如此, 防护服装的需求却有所增长, 如阻燃(FR)内衣。
- 复杂纤维的使用不断增长, 如超细纤维。
- 职工对更高性能防护服装的需求不断增长, 如对戈尔(gore tex)织物夹克的需求。
- 中间档次产品的市场需求持续下降。
- 关键材料和纤维制造商们的创新, 如DSM公司、杜邦公司和3M公司。

英国防护服装产业的需求
- 欧盟和英国有关个人防护装备使用与接受性法律法规方面的知识宣传。
- 根据相关个人防护装备法律法规以及现行对防护服装CE标识的要求, 对防护服装的使用进行更加严格的监管。
- 在服装设计和加工方面研发的投入增加。
- 服装技术课程中技术设计的推广。
- 对具有创新能力的小型专业制造商的支持(如通过为其提供孵化器进行培育)。

支持个人防护服装产业的组织

英国安全产业联盟(British Safety Industry Federation)

个人安全产品制造商协会(Personal Safety Manufacturers Association)

安全装备协会(Safety Equipment Association)

重要制造商简介

阿莱克赞德拉公司(Alexandra, Plc.)

卡皮托安全产品集团公司(Capital Safety Group, Ltd.)

森特瑞恩安全产品公司(Centurion Safety Products Ltd.)

捷斯媲公司(JSP, Ltd.)

拉驰维斯集团公司(Latchways Group)

帕门特-皮垂公司(Pammenter & Petrie, Ltd.)

瑞斯比尔公司(Respire, Ltd.)

斯班塞特公司(SpanSet UK, Ltd.)

海特泰克集团公司(The Heightec Group, Ltd.)

(2) 英国个人防护装备市场分析数据

按产品细分市场对英国过去几年、当前和未来个人防护装备市场进行的市场分析：产品细分市场按传统工作服装、防护服装、呼吸防护装备、眼／面部防护装备、听力保护装备、头部保护装备、坠落防护装备、其他个人防护装备（手套和鞋靴）等8类产品的细分市场进行分析。分析使用的数据为2001—2010年的年度销售额，单位为百万美元。

产品细分市场	2001	2002	2003	2004	2005	2006	2007	2008	2009	2010	复合年增长率(CAGR)%
传统工作服装	455.90	548.79	667.27	726.83	635.87	638.96	641.32	641.96	641.25	638.43	3.81
防护服装	176.55	218.62	279.18	319.48	291.34	306.51	322.11	338.12	354.73	371.82	8.63
呼吸防护装备	50.16	61.95	77.14	85.83	76.18	77.97	79.69	81.20	82.60	83.77	5.86
眼／面部防护装备	27.82	33.38	40.59	46.28	41.26	42.60	43.94	45.28	46.63	48.00	6.25
听力保护装备	19.71	23.46	28.29	32.01	28.41	29.08	29.69	30.29	30.88	31.46	5.33
头部保护装备	102.06	121.64	146.38	162.90	144.76	148.91	152.81	156.11	159.20	161.67	5.24
坠落防护装备	30.69	37.14	45.37	50.97	45.78	47.41	49.04	50.70	52.38	53.88	6.45
其他（手套和鞋靴）	384.79	458.58	552.48	614.49	545.94	560.62	574.24	586.93	598.32	608.97	5.23
总计	1 247.68	1 503.56	1 836.70	2 238.79	1 809.54	1 852.06	1 890.84	1 930.59	1 966.02	1 998.00	5.37

(1) 2007—2008年数据由权威机构估计得出，2009—2010年数据系预测得出；
(2) 本表数据的误差宽容度为±10%；
(3) 2001—2005年欧洲市场的复合年增长率（CAGR）相对较高，反映出欧元和美元的汇率波动；由于未对历史市场数据（1994—2000年）进行汇率波动处理，导致2000—2001年的增长显现出了一个更高的偏差；用于2001—2004年的近似汇率为：1欧元＝0.89美元（2001年），1.05美元（2002年），1.26美元（2003年），1.36美元（2004年）；
(4) 用于商标中数据进行标准化的汇率为：1美元＝0.67欧元；
(5) 数据没有进行通胀因素处理，通胀率以名义上的期限进行报告；
(6) 数据是以制造商的水平进行报告的；
(7) 当前数据采用2008年2月1日的货币价值进行了标准化处理。

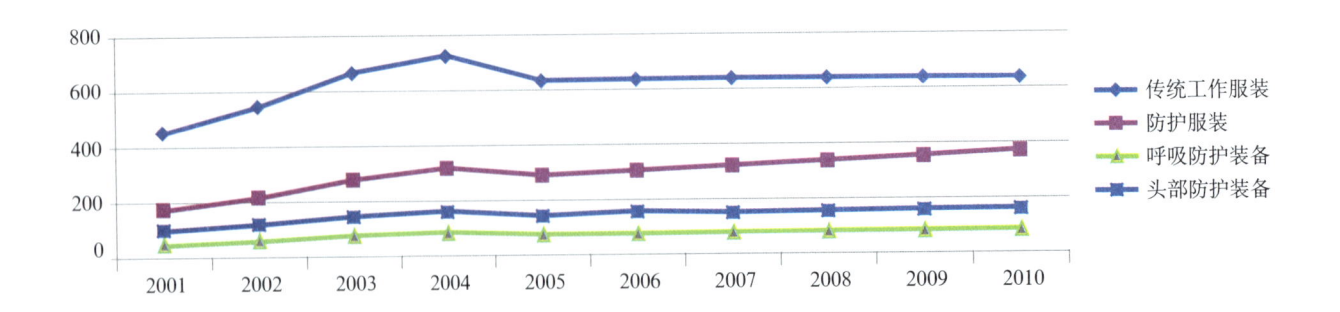

第十一部分　世界主要国家个人防护装备市场

2011—2015年英国个人防护装备产品细分市场预测：产品细分市场按传统工作服装、防护服装、呼吸防护装备、眼/面部防护装备、听力保护装备、头部保护装备、坠落防护装备、其他个人防护装备（手套和鞋靴）等8类产品的细分市场进行分析。预测数据为2011—2015年的年度销售额，单位为百万美元。

产品细分市场	2011	2012	2013	2014	2015	复合年增长率（CAGR）%
传统工作服装	635.17	631.68	627.45	622.93	618.20	−0.67
防护服装	390.00	409.46	430.38	452.97	477.25	5.18
呼吸防护装备	85.14	86.65	88.26	89.96	91.80	1.90
眼/面部防护装备	49.44	50.96	52.59	54.31	56.13	3.22
听力保护装备	32.07	32.71	33.38	34.10	34.86	2.11
头部保护装备	164.58	167.81	171.28	174.93	178.80	2.09
坠落防护装备	55.56	57.37	59.29	61.33	63.48	3.39
其他（手套和鞋靴）	620.48	632.70	645.42	658.72	672.88	2.05
总计	2 032.44	2 069.34	2 108.05	2 149.25	2 193.40	1.92

（1）2011—2015年数据为权威机构研究预测得出；
（2）本表数据的误差宽容度为±10%；
（3）用于商标中数据进行标准化的汇率为：1美元=0.67欧元；
（4）数据没有进行通胀因素处理，通胀率以名义上的期限进行报告；
（5）数据是以制造商的水平进行报告的；
（6）当前数据采用2008年2月1日的货币价值进行了标准化处理。

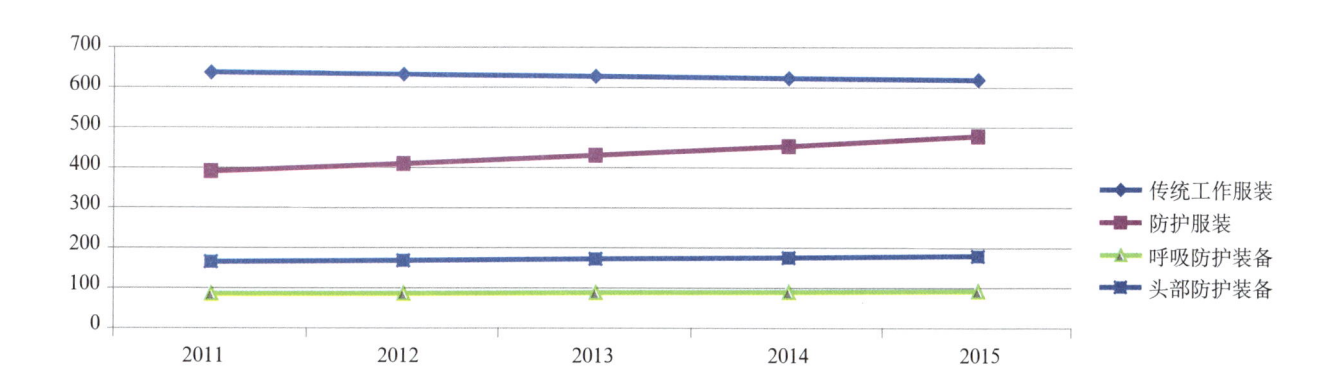

英国个人防护装备产品细分市场历史数据分析（1994—2000年）：产品细分市场按传统工作服装、防护服装、呼吸防护装备、眼/面部防护装备、听力保护装备、头部保护装备、坠落防护装备、其他个人防护装备（手套和鞋靴）等8类产品的细分市场进行分析。历史数据为1994—2000年的年度销售额，单位为百万美元。

产品细分市场	1994	1995	1996	1997	1998	1999	2000	复合年增长率（CAGR）%
传统工作服装	289.56	294.28	299.58	305.06	310.37	316.33	322.53	1.81
防护服装	89.51	93.70	98.26	103.23	108.68	114.56	120.99	5.15
呼吸防护装备	27.24	28.06	29.06	30.21	31.49	32.90	34.46	4.00
眼/面部防护装备	18.18	18.39	18.63	18.89	19.18	19.50	19.81	1.44
听力保护装备	13.37	13.46	13.57	13.68	13.82	13.93	14.09	0.88
头部保护装备	71.00	71.62	71.99	72.18	72.94	72.86	72.78	0.41
坠落防护装备	17.82	18.29	18.82	19.42	20.08	20.84	21.46	3.31
其他（手套和鞋靴）	260.92	262.67	264.69	266.94	269.40	271.99	274.76	0.87
总计	787.60	800.47	814.60	829.60	845.96	862.91	881.09	1.89

（1）本表数据的误差宽容度为±10%；
（2）数据是以制造商的水平进行报告的；
（3）报告的历史数据未按2007年的货币价值进行标准化处理。

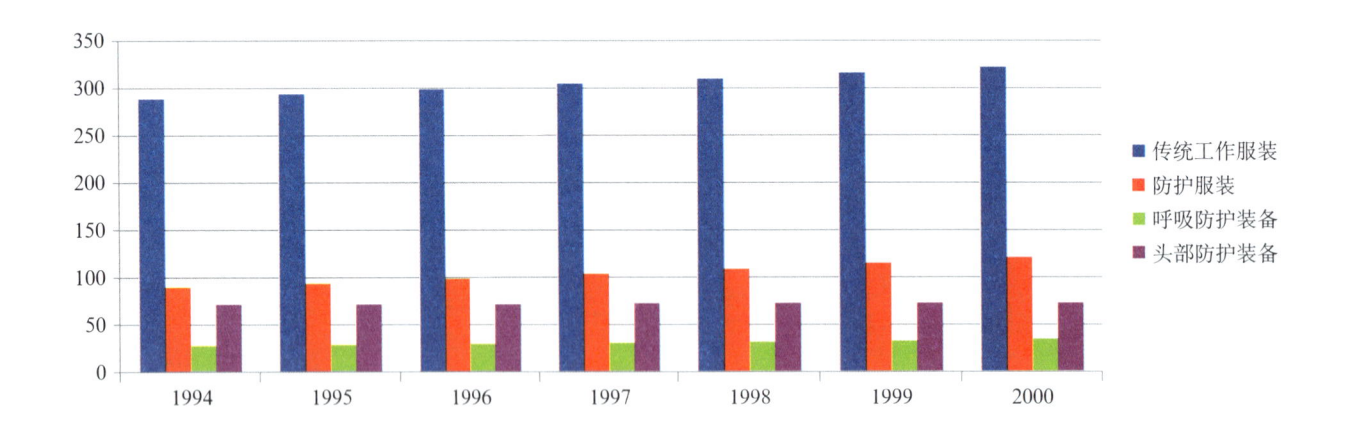

第十一部分 世界主要国家个人防护装备市场

英国个人防护装备产品细分市场15年透视：产品细分市场按传统工作服装、防护服装、呼吸防护装备、眼／面部防护装备、听力保护装备、头部保护装备、坠落防护装备、其他个人防护装备（手套和鞋靴）等8类产品的细分市场进行分析。数据为1998年、2008年和2012年各细分产品市场年度销售额占当年度美国个人防护装备市场总额的比例。

产品细分市场	1998	2008	2012
传统工作服装	36.69	33.24	30.53
防护服装	12.85	17.51	19.79
呼吸防护装备	3.72	4.21	4.19
眼／面部防护装备	2.27	2.35	2.46
听力保护装备	1.63	1.57	1.58
头部保护装备	8.62	8.09	8.11
坠落防护装备	2.37	2.63	2.77
其他（手套和鞋靴）	31.85	30.40	30.57
总计	100.00	100.00	100.00

数据是以制造商的水平进行报告的。

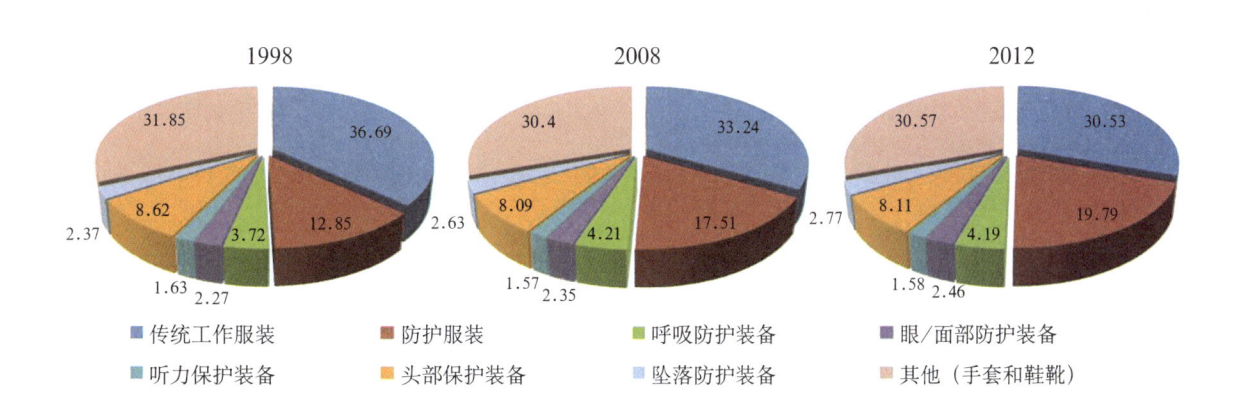

5. 西班牙个人防护装备市场

(1) 市场分析

现行和未来分析：2007年，西班牙个人防护装备市场的规模约为7亿5仟4佰万美元（USD754 000 000），2010年预计将达到8亿1仟零4拾万美元（USD810 400 000），2001—2010年的复合年增长率约为5.86%。

(2) 西班牙个人防护装备市场分析数据

按产品细分市场对西班牙过去几年、当前和未来个人防护装备市场进行的市场分析：产品细分市场按传统工作服装、防护服装、呼吸防护装备、眼/面部防护装备、听力保护装备、头部保护装备、坠落防护装备、其他个人防护装备（手套和鞋靴）等8类产品的细分市场进行分析。分析使用的数据为2001—2010年的年度销售额，单位为百万美元。

产品细分市场	2001	2002	2003	2004	2005	2006	2007	2008	2009	2010	复合年增长率（CAGR）%
传统工作服装	178.75	213.97	259.72	284.86	251.14	254.48	257.38	259.88	261.86	263.46	4.40
防护服装	69.68	85.22	105.68	118.62	107.01	111.49	115.89	120.09	124.13	128.02	6.99
呼吸防护装备	12.92	16.66	20.91	25.13	24.06	26.66	29.42	32.39	35.61	39.08	13.09
眼/面部防护装备	9.37	11.44	14.23	15.69	13.85	14.25	14.62	14.94	15.24	15.51	5.76
听力保护装备	6.65	8.04	9.91	10.81	9.49	9.69	9.88	10.05	10.20	10.31	4.99
头部保护装备	49.53	59.12	72.64	80.20	70.82	72.64	74.33	75.82	77.27	78.57	5.26
坠落防护装备	9.81	11.91	14.30	16.73	15.13	15.72	16.29	16.86	17.39	17.89	6.90
其他（手套和鞋靴）	148.88	180.19	221.07	248.36	222.37	229.51	236.79	244.15	251.01	257.56	6.28
总计	485.59	586.55	718.46	800.40	713.87	734.44	754.53	774.18	792.71	810.40	5.86

(1) 2007—2008年数据由权威机构估计得出，2009—2010年数据系预测得出；

(2) 本表数据的误差宽容度为±10%；

(3) 2001—2005年欧洲市场的复合年增长率（CAGR）相对较高，反映出欧元和美元的汇率波动；由于未对历史市场数据（1994—2000年）进行汇率波动处理，导致2000—2001年的增长显现出了一个更高的偏差；用于2001—2004年的近似汇率为：1欧元＝0.89美元（2001年），1.05美元（2002年），1.26美元（2003年），1.36美元（2004年）；

(4) 用于商标中数据进行标准化的汇率为：1美元＝0.67欧元；

(5) 数据没有进行通胀因素处理，通胀率以名义上的期限进行报告；

(6) 数据是以制造商的水平进行报告的；

(7) 当前数据采用2008年2月1日的货币价值进行了标准化处理。

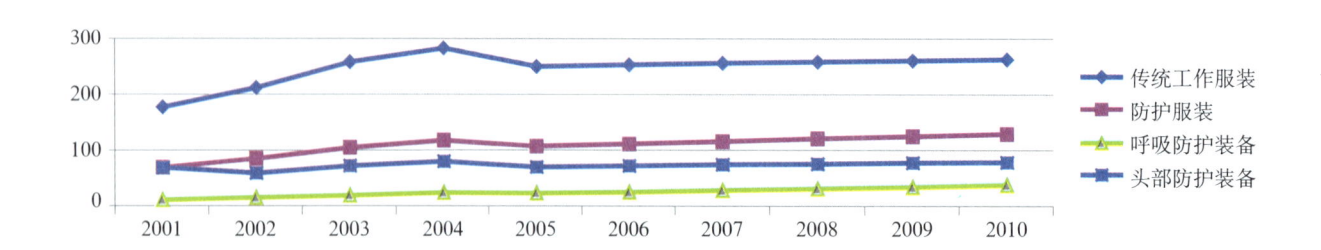

2011—2015年西班牙个人防护装备产品细分市场预测：产品细分市场按传统工作服装、防护服装、呼吸防护装备、眼／面部防护装备、听力保护装备、头部保护装备、坠落防护装备、其他个人防护装备（手套和鞋靴）等8类产品的细分市场进行分析。预测数据为2011—2015年的年度销售额，单位为百万美元。

产品细分市场	2011	2012	2013	2014	2015	复合年增长率（CAGR）%
传统工作服装	264.75	265.86	266.66	267.27	267.75	0.28
防护服装	132.22	136.68	141.45	146.61	152.21	3.58
呼吸防护装备	42.95	47.27	52.15	57.65	63.80	10.41
眼／面部防护装备	15.82	16.17	16.56	14.97	17.42	2.44
听力保护装备	10.46	10.64	10.85	11.09	11.35	2.06
头部保护装备	80.05	81.74	83.53	85.44	87.58	2.27
坠落防护装备	18.45	19.07	19.75	20.46	21.23	3.57
其他（手套和鞋靴）	264.69	272.34	280.46	289.01	297.97	3.01
总计	829.38	849.77	871.41	894.50	919.31	2.61

（1）2011—2015年数据为权威机构研究预测得出；
（2）本表数据的误差宽容度为±10%；
（3）用于商标中数据进行标准化的汇率为：1美元＝0.67欧元；
（4）数据没有进行通胀因素处理，通胀率以名义上的期限进行报告；
（5）数据是以制造商的水平进行报告的；
（6）当前数据采用2008年2月1日的货币价值进行了标准化处理。

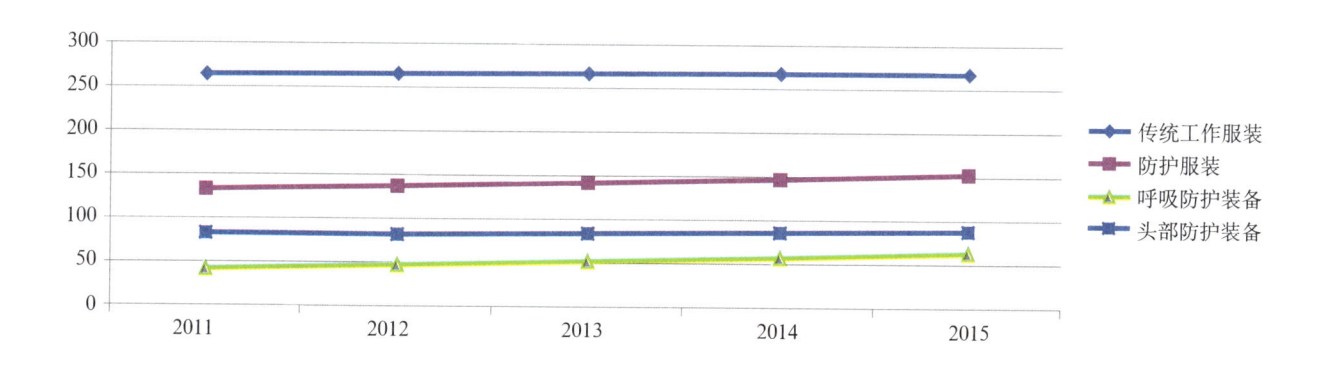

西班牙个人防护装备产品细分市场历史数据分析（1994—2000 年）：产品细分市场按传统工作服装、防护服装、呼吸防护装备、眼／面部防护装备、听力保护装备、头部保护装备、坠落防护装备、其他个人防护装备（手套和鞋靴）等 8 类产品的细分市场进行分析。历史数据为 1994—2000 年的年度销售额，单位为百万美元。

产品细分市场	1994	1995	1996	1997	1998	1999	2000	复合年增长率（CAGR）%
传统工作服装	163.70	167.73	171.35	175.58	179.64	184.36	188.90	2.42
防护服装	55.63	57.93	60.46	63.45	66.71	70.32	71.77	4.34
呼吸防护装备	6.85	7.55	8.33	9.21	10.20	11.32	12.59	10.68
眼／面部防护装备	7.22	7.55	7.90	8.28	8.69	9.14	9.63	4.92
听力保护装备	5.50	5.67	5.86	6.09	6.34	6.64	6.92	3.90
头部保护装备	43.42	44.53	45.76	47.10	48.65	50.37	52.23	3.13
坠落防护装备	8.56	8.76	8.98	9.25	9.55	9.90	10.25	3.05
其他（手套和鞋靴）	122.86	127.10	131.83	137.04	142.77	148.98	155.07	3.96
总计	413.74	426.82	440.47	456.00	472.55	491.03	507.36	3.4

（1）本表数据的误差宽容度为 ±10%；
（2）数据是以制造商的水平进行报告的；
（3）报告的历史数据未按 2007 年的货币价值进行标准化处理。

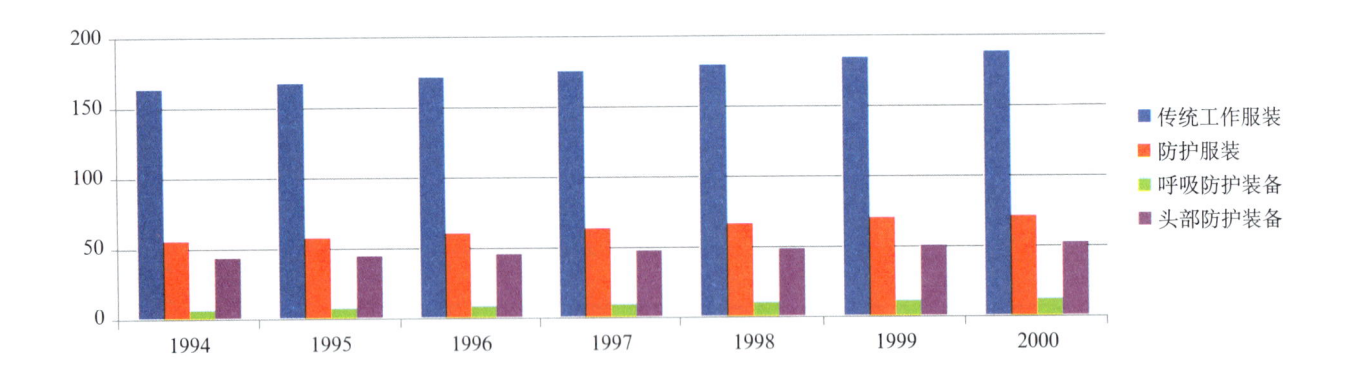

西班牙个人防护装备产品细分市场15年透视：产品细分市场按传统工作服装、防护服装、呼吸防护装备、眼/面部防护装备、听力保护装备、头部保护装备、坠落防护装备、其他个人防护装备（手套和鞋靴）等8类产品的细分市场进行分析。数据为1998年、2008年和2012年各细分产品市场年度销售额占当年度美国个人防护装备市场总额的比例。

产品细分市场	1998	2008	2012
传统工作服装	38.01	33.57	31.30
防护服装	14.12	15.51	16.08
呼吸防护装备	2.16	4.18	5.56
眼/面部防护装备	1.84	1.93	1.90
听力保护装备	1.34	1.30	1.25
头部保护装备	10.30	9.79	9.62
坠落防护装备	2.02	2.18	2.24
其他（手套和鞋靴）	30.21	31.54	32.05
总计	100.00	100.00	100.00

数据是以制造商的水平进行报告的。

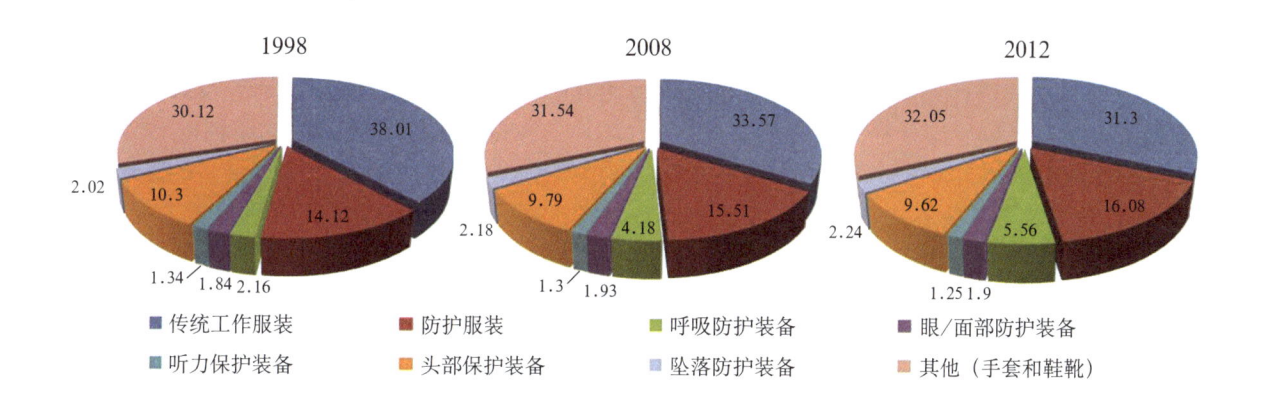

6. 其他欧洲国家个人防护装备市场

（1）市场分析

①现行和未来分析

2007年，欧洲其他国家个人防护装备市场的规模约为20亿零6佰万美元（USD2 006 000 000），2010年预计将达到22亿8仟万美元（USD2 280 000 000），2001—2010年的复合年增长率约为6.62%。

②俄罗斯个人防护装备市场概览

俄罗斯是东欧的一个大经济体。俄罗斯的个人防护装备产业可以供应本国职工符合最新国际标准的防护装备。由于只有15%的使用需求得到了满足，因而存在着非常大的供需鸿沟。因此，俄罗斯的个人防护装备市场存在着非常大的机会。

俄罗斯个人防护装备市场的重要厂商——乌斯托克服务公司

乌斯托克服务公司（Vostok Service）是一家成立于1992年的俄罗斯纺织和轻工企业联盟，其功能为俄罗斯和独联体（Commenwealth of Independent States, CIS）国家鞋靴、工作服和个人防护装备的批发商、生产商和零售商。乌斯托克服务公司有700多名雇员，拥有5家服装厂、2家鞋厂、1个覆盖面非常广的销售网络、1个中心仓库和1个由50辆运输卡车车队组成的运输服务企业。

③波兰个人防护装备市场概览

由于经济的快速增长、就业率增加和终端用户需求提高等因素支撑，波兰的个人防护装备市场正在向更高的水平攀升。由于加入了欧盟，高增长率已经成为了市场化的标志。20世纪90年代后期，支出水平的下降和低就业率对市场需求造成了冲击。尽管如此，波兰的就业和海外投资很快地恢复到了稳定增长的状态。波兰的个人防护装备市场对价格非常敏感，对使用个人防护装备的负面态度、执行安全和健康法律法规的力度太弱以及产品质量欠佳等原因，制约着需求的进一步提升。许多制造商都在消减成本以应对价格压力的挑战。

新法规正带来乐观和兴奋的情绪：波兰的个人防护装备市场在2006年发生了巨变，安全与健康法律法规修正案的出台对此发挥了至关重要的作用。新修正的法律法规要求雇主必须为职工提供个人防护装备，职工更广泛地使用个人防护装备使安全威胁得以降低到最小，从而确保了安全。市场的快速发展帮助波兰国内的制造商以应对来自欧洲和亚洲的国际制造商们提供低成本产品的挑战。虽然国际制造商已经在波兰拥有了稳定的立足点，但微妙的市场知识和忠诚的客户基础是国际制造商们探寻其是否有更高市场存在热情的首要原因。虽然新法规的执行带来了新的财政投入来源，但是遵守新法规修正案的形势依然很不乐观。提高自觉遵守新法规的意识依然是一个需要下大功夫去做的事情。在如此情况下，经销商们扮演着一个至关重要的角色，因为他们在促使中小企业购买个人防护装备方面可以施加更大的影响力。在大公司进入之前，经销商是波兰羽翼丰满的个人防护装备市场上唯一参与者，超过80%的个人防护装备的销售由二级经销商来实现，只有最大的最终用户可以直接向制造商购买产品。

④战略公司发展

2007年塞瓦公司进行资本扩张：捷克共和国的塞瓦公司（Cerva Export Import）投入约1 000万欧元，将其业务拓展到了匈牙利、波兰和俄罗斯。这项投资被期待着能增加25%的年销售额增长。塞瓦公司是俄罗斯沃斯托克服务公司（Vostok-Servis）的一部分，主要业务是个人安全装备的制造。

2006年布觉恩克拉德公司的收购拓展了其销售渠道：作为拓展销售渠道的举措，布觉恩克拉德公司（Björnkläder AB）收购了CARE诺德公司（CARE Nord AB）、卡尔诺德伦德公司（Carl Nordlund AB）和克努公司（Kenu AB）。布觉恩克拉德公司把收购到的门店与其现有的、以Grolls为品牌的门店整合在了一起。CARE诺德公司在于墨澳（Umeä）和谢莱福特澳（Skellefteä）地区的门店，是瑞典最大的个人防护装备和劳动防护服的专业销售门店。

⑤重要市场参与者

荷兰巴塔工业（欧洲）公司（Bata Industrials Europe）

比利时伯克纳 - 恩威公司（Bekina, NV）

瑞典布觉恩克拉德公司（Björnkläder, AB）

瑞典因特斯比若公司（Interspiro, AB）

土耳其寇莱尔 - 爱斯姆公司（Korel I.S.M, Ltd.）

挪威克温泰特公司（Kwintet, AB）

芬兰欧伊 - 斯兰塔公司（Oy Silenta, Ltd.）

比利时斯伊欧恩工业公司（Sioen Industries, NV）

瑞典斯安德思卓姆安全产品公司（Sundström Safety, AB）

卢森堡揣克泰尔集团公司（Tractel Group）

(2) 其他欧洲国家个人防护装备市场分析数据

按产品细分市场对意大利过去几年、当前和未来个人防护装备市场进行的市场分析：产品细分市场按传统工作服装、防护服装、呼吸防护装备、眼／面部防护装备、听力保护装备、头部保护装备、坠落防护和装备、其他个人防护装备（手套和鞋靴）等8类产品的细分市场进行分析。分析使用的数据为2001—2010年的年度销售额，单位为百万美元。

产品细分市场	2001	2002	2003	2004	2005	2006	2007	2008	2009	2010	复合年增长率(CAGR)%
传统工作服装	755.92	900.15	1 085.17	1 185.17	1 035.01	1 040.04	1 044.41	1 048.27	1 051.94	1 054.99	3.77
防护服装	76.70	95.15	120.03	137.39	125.86	133.19	140.81	148.51	156.46	164.63	8.86
呼吸防护装备	93.71	118.47	151.85	177.10	165.12	177.98	191.17	204.78	218.81	233.49	10.68
眼／面部防护装备	43.59	55.19	70.75	82.43	76.98	82.82	89.01	95.44	102.27	109.44	10.77
听力保护装备	30.81	38.71	49.47	57.32	53.31	57.14	61.23	65.47	69.93	74.60	10.32
头部保护装备	36.05	45.24	57.52	66.55	61.39	65.50	69.68	73.96	78.40	83.03	9.71
坠落防护装备	42.19	51.46	63.66	71.70	64.46	67.49	70.39	73.21	75.98	78.78	7.19
其他（手套和鞋靴）	199.43	250.30	318.86	369.01	342.18	366.72	392.43	419.31	447.24	476.44	10.16
总计	1 278.40	1 554.67	1 917.36	2 146.67	1 924.51	1 990.88	2 059.13	2 128.95	2 201.03	2 275.40	6.62

(1) 2007—2008年数据由权威机构估计得出，2009—2010年数据系预测得出；
(2) 本表数据的误差宽容度为±10%；
(3) 2001—2005年欧洲市场的复合年增长率（CAGR）相对较高，反映出欧元和美元的汇率波动；由于未对历史市场数据（1994—2000年）进行汇率波动处理，导致2000—2001年的增长显现出了一个更高的偏差；用于2001—2004年的近似汇率为：1欧元＝0.89美元（2001年），1.05美元（2002年），1.26美元（2003年），1.36美元（2004年）；
(4) 用于商标中数据进行标准化的汇率为：1美元＝0.67欧元；
(5) 数据没有进行通胀因素处理，通胀率以名义上的期限进行报告；
(6) 数据是以制造商的水平进行报告的；
(7) 当前数据采用2008年2月1日的货币价值进行了标准化处理。

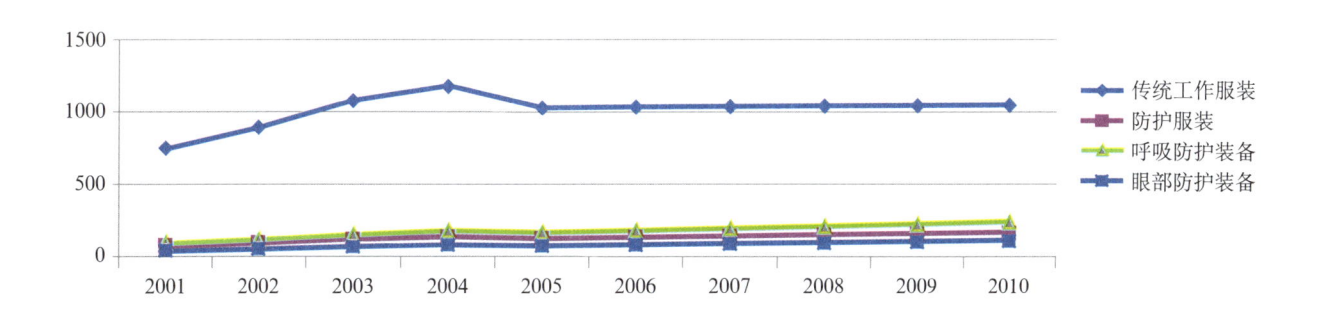

2011—2015年其他欧洲国家个人防护装备产品细分市场预测：产品细分市场按传统工作服装、防护服装、呼吸防护装备、眼/面部防护装备、听力保护装备、头部保护装备、坠落防护装备、其他个人防护装备（手套和鞋靴）等8类产品的细分市场进行分析。预测数据为2011—2015年的年度销售额，单位为百万美元。

产品细分市场	2011	2012	2013	2014	2015	复合年增长率（CAGR）%
传统工作服装	1 057.42	1 059.32	1 060.80	1 062.07	1 062.92	0.13
防护服装	173.34	182.70	192.82	203.83	215.67	5.61
呼吸防护装备	249.41	266.84	286.08	307.34	330.64	7.30
眼/面部防护装备	117.32	126.03	135.60	146.08	157.63	7.66
听力保护装备	79.74	85.38	91.54	98.26	105.57	7.27
头部保护装备	88.05	93.54	99.55	106.24	113.62	6.58
坠落防护装备	81.73	84.92	88.41	92.17	96.21	4.16
其他（手套和鞋靴）	507.79	542.02	579.91	622.53	670.40	7.19
总计	2 354.80	2 440.75	2 534.71	2 638.52	2 752.66	3.98

（1）2011—2015年数据为权威机构研究预测得出；
（2）本表数据的误差宽容度为±10%；
（3）用于商标中数据进行标准化的汇率为：1美元=0.67欧元；
（4）数据没有进行通胀因素处理，通胀率以名义上的期限进行报告；
（5）数据是以制造商的水平进行报告的；
（6）当前数据采用2008年2月1日的货币价值进行了标准化处理。

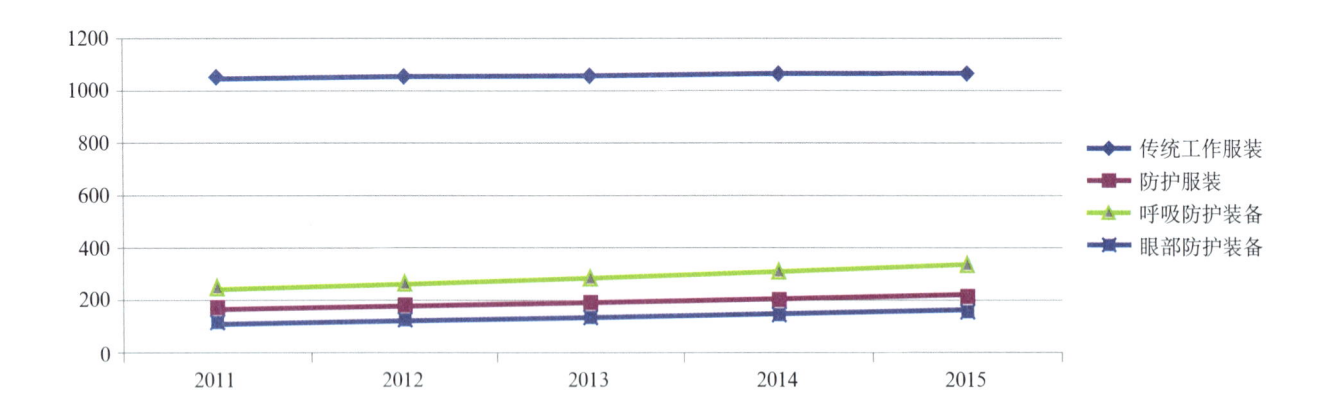

第十一部分　世界主要国家个人防护装备市场

其他欧洲国家个人防护装备产品细分市场历史数据分析（1994—2000年）：产品细分市场按传统工作服装、防护服装、呼吸防护装备、眼／面部防护装备、听力保护装备、头部保护装备、坠落防护装备、其他个人防护装备（手套和鞋靴）等8类产品的细分市场进行分析。历史数据为1994—2000年的年度销售额，单位为百万美元。

产品细分市场	1994	1995	1996	1997	1998	1999	2000	复合年增长率（CAGR）%
传统工作服装	802.11	807.39	819.16	827.18	835.90	845.74	858.11	1.13
防护服装	86.06	93.83	100.99	107.18	118.58	126.58	137.35	8.10
呼吸防护装备	70.77	75.32	80.45	85.93	92.15	98.64	105.48	6.88
眼／面部防护装备	32.57	34.68	37.30	40.02	42.58	45.65	49.28	7.15
听力保护装备	23.99	25.37	27.09	28.72	30.42	32.64	34.86	6.43
头部保护装备	28.64	30.60	32.31	34.15	34.69	37.86	40.54	5.96
坠落防护装备	39.99	40.48	40.79	41.40	42.09	42.84	43.66	1.47
其他（手套和鞋靴）	173.86	178.62	192.59	203.73	215.07	227.61	240.69	5.57
总计	1 257.99	1 286.29	1 328.68	1 368.31	1 411.48	1 457.56	1 509.97	3.09

（1）本表数据的误差宽容度为±10%；
（2）数据是以制造商的水平进行报告的；
（3）报告的历史数据未按2007年的货币价值进行标准化处理。

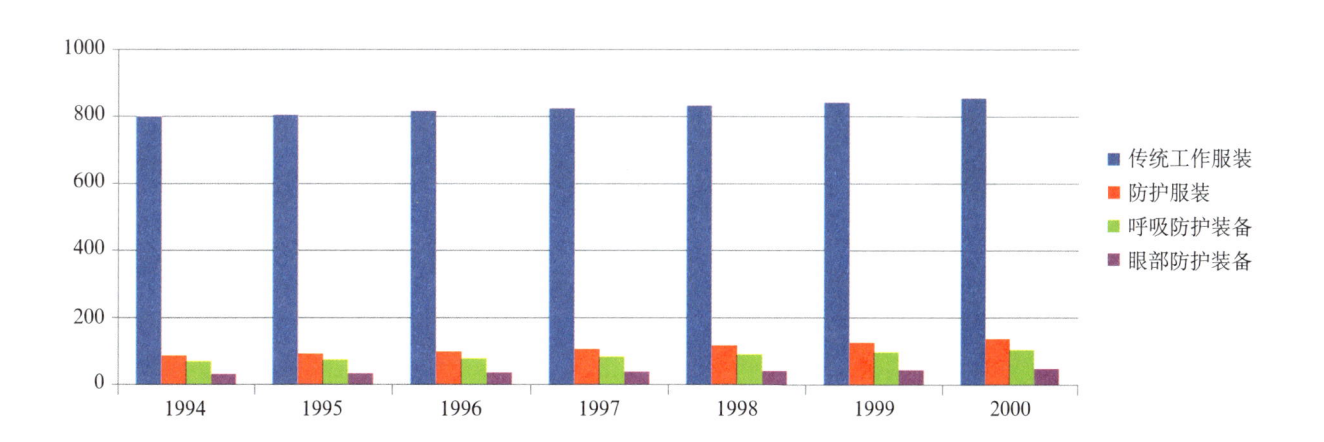

其他欧洲国家个人防护装备产品细分市场15年透视：产品细分市场按传统工作服装、防护服装、呼吸防护装备、眼/面部防护装备、听力保护装备、头部保护装备、坠落防护和装备、其他个人防护装备（手套和鞋靴）等8类产品的细分市场进行分析。数据为1998年、2008年和2012年各细分产品市场年度销售额占当年度美国个人防护装备市场总额的比例。

产品细分市场	1998	2008	2012
传统工作服装	59.21	49.23	43.40
防护服装	8.40	6.98	7.49
呼吸防护装备	6.53	9.62	10.93
眼/面部防护装备	3.02	4.48	5.16
听力保护装备	2.16	3.08	3.50
头部保护装备	2.46	3.47	3.83
坠落防护装备	2.98	3.44	3.48
其他（手套和鞋靴）	15.24	19.70	22.21
总计	100.00	100.00	100.00

数据是以制造商的水平进行报告的。

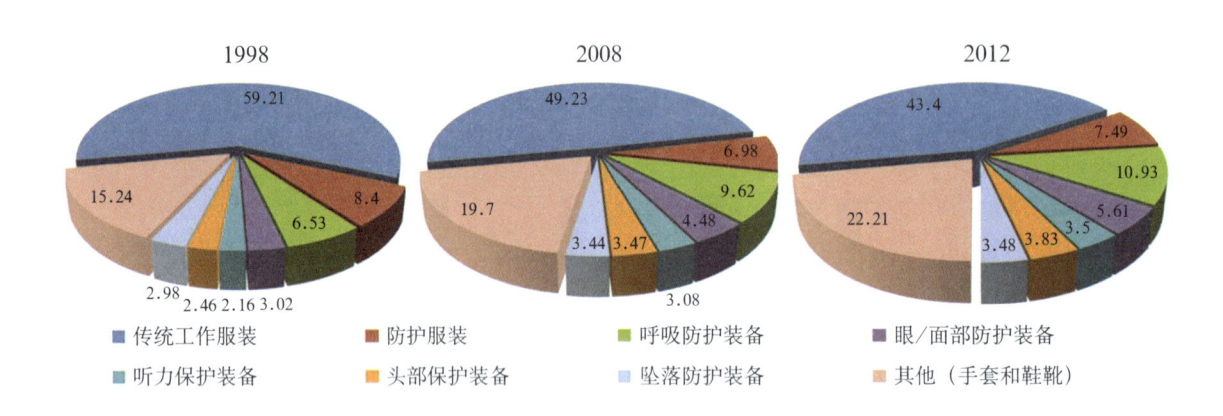

五、亚太地区个人防护装备市场

(一) 市场分析

1. 当前与未来分析 2007年，亚太地区个人防护装备市场容量为29亿9仟万美元（USD2 990 000 000），2008年约为31亿1仟万美元（USD3 110 000 000）。至2010年，销售额预计将达到33亿4仟2佰万美元（USD3 342 000 000），2001—2010年的复合年增长率（CAGR）将为3.77%。

2. 关键市场评价

(1) 中国

关键统计数据

- 职工队伍总数约为2亿人，是欧洲职工总数的4倍。
- 职业健康危害导致每年大约96亿美元的损失。
- 经济增长导致新产业的出现，如核工业、重金属工业等。
- 在提供作业场所的安全防护措施方面，政府扮演着非常积极的角色。
- 超过63%的职业病病人源于制造产业。

建筑与制造业的兴旺刺激着需求：中国每年出口价值30亿美元的个人防护装备，主要销往美国和欧洲市场。与其他许多国家不同，中国拥有一个强大且成本非常低廉的个人防护装备制造基础。经济的振兴，特别是建筑与制造业的兴旺，为个人防护装备制造商提供了巨大的机遇。

中国加入WTO的影响：中国加入世界贸易组织（WTO）使其将自己的劳动力标准被置于显微镜下。中国也在降低外国产品进入其市场的门槛，以符合WTO规则的规定。国际企业在中国建立基地，并与当地企业共同运营。由于具有复杂的设备、优良的品质和先进的技术，海外企业在与中国本土企业的竞争中处于优势地位。这些优势使得国际个人防护装备制造商获得了市场。

在鼓励个人防护装备使用方面政府所发挥的作用：经济的增长使得政府可以拥有更多的资源去应对职业安全与健康方面的问题。在这方面，中国政府正在：

- 建立和提升应急控制信息系统和安全信息网络。
- 加强关键技术的科学研究。
- 促进技术转移。
- 强调在安全技术的相关领域内开展广泛的技术开发。

新标准的执行：中国国家经济贸易委员会（The China National Trading and Economic Committee）主持起草了《职业健康与卫生管理系统标准（Occupational Health and Hygiene Administration System Standards）》。中国起草的这些标准是对1999年版的《美国职业健康与安全管理体系（Occupational Health and Safety Management Systems，OHSMS）》标准的采标。《美国职业健康与安全管理体系（OHSMS）》已在美国、英国、挪威、澳大利亚和日本得到了执行。由英国等13家国际机构于1999年提出的《职业安全卫生管理体系（OHSAS 18001）》也在几个欧盟国家中得到了执行。

(2) 印度：由于跨国公司的进入，印度制造商们正在获得个人防护装备的需求。但是，由于雇主、农场主和自谋职业者并不严格遵守安全标准，造成目前的个人防护装备使用率很低。

(3) 韩国：虽然韩国有800多家规模较大的手套制造商，但其市场并不像其他发达国家那样多样化。多数制造商只是大量生产单一尺码的手套，而且绝大多数产品是棉质的。

(4) 澳大利亚：与个人防护装备相关的增长，低水平的职业健康与安全标准是制约澳大利亚经济发展的一个主要拖累。澳大利亚急需将职业健康与安全标准与管理体系合并为一体，进而开发一套有效的方法以降低工作场所的职业风险。

目前的健康与安全法规只是基于一个单一法案，而其将全部的相关责任都推给了雇主。该法案鼓励实行安全工作体系、实施监管和培训、使用安全装备和防范措施以及对工作场所的职业安全威胁进行识别。雇员也有责任以一种安全的方式进行工作，以避免对任何个人造成伤害，并且要使用最为理想的个人防护装备。65%的职业病会导致终身伤残，其中92%与耳聋有关。工业致聋事故在以下行业中有更高的比率：工场和机器操作工、金属配件与机械加工、工业喷漆工、清洁工和组装工。机器制造和金属加工行业中的职工遭受工伤的比率最高。

小型企业的雇主们对于鉴别、评估和控制其生产场所的风险的重要性认识不足。在小企业工作的职工缺乏鉴别、评估和控制其生产场所的风险的信息以及选择工艺过程、保存法定记录的要求和教育培训等方面的信息。

3．新产品推出

2008年莫尔康母公司在印度推介Venitex®品牌的防护眼镜：莫尔康母公司（Mallcom）在印度推出了超过15款的Venitex®品牌的系列防护眼镜。通过莫尔康母公司的销售网络，该系列的防护眼镜产品在印度全国都可以买到。该系列的防护眼镜产品可以满足在危险环境中工作的劳动者的安全防护需求。

4．战略企业发展

2008年印度莫卡姆公司和法国德尔塔普拉斯公司创立合资公司：印度莫卡姆公司（Mallcom India Ltd.）和法国德尔塔普拉斯公司（Delta Plus Group of France）创立了名为"德尔塔普拉斯-莫卡姆（Delta Plus Mallcom Safety Pvt, DPMSPL）"的合资公司。这一合资公司使用Tiger Steel®、Panoply®和Venitex®三个品牌在印度次大陆从事个人防护装备的销售。

2006年雷克兰德工业公司收购Rfb乳胶产品公司：雷克兰德工业公司（Lakeland Industries）用340万美元的价格收购了Rfb乳胶产品公司（Rfb Latex Pvt, Ltd.）的乳胶手套业务和资产。Rfb乳胶产品公司在印度生产工业用乳胶手套。

2005年巴固-德洛集团公司启用新的产品和销售中心：为了进一步巩固其在亚洲市场的存在，巴固-德洛集团公司投资约200万欧元在上海市的松江园区建立了一个新的生产和销售中心。依托这一新的制造和销售中心，巴固-德洛集团公司可以向中国消费者销售新的听力、呼吸、眼／面部防护装备和防护服装。销售中心的建立也使巴固-德洛集团公司的仓储容量增加了1倍。

5．重要市场参与者

印度莫卡姆公司（Mallcom India, Ltd.）

新西兰太平洋头盔公司（Pacific Helmets, Ltd.）

马来西亚防护能手技术公司（Pro-Guard Technologies M Sdn Bhd）

印度尤尼凯亚应急装备公司（Unicare Emergency Equipment Pvt, Ltd.）

（二）市场分析数据

1. 按产品细分市场对亚太地区国家过去几年、当前和未来个人防护装备市场进行的市场分析 产品细分市场按传统工作服装、防护服装、呼吸防护装备、眼／面部防护装备、听力保护装备、头部保护装备、坠落防护装备、其他个人防护装备（手套和鞋靴）等 8 类产品的细分市场进行分析。分析使用的数据为 2001—2010 年的年度销售额，单位为百万美元。

产品细分市场	2001	2002	2003	2004	2005	2006	2007	2008	2009	2010	复合年增长率(CAGR)%
传统工作服装	654.14	665.46	676.97	688.08	698.56	707.78	716.41	724.72	732.47	739.79	1.38
防护服装	636.21	674.39	714.26	757.47	804.17	855.04	907.62	962.26	1 018.36	1 077.02	6.02
呼吸防护装备	138.43	143.61	148.92	154.54	160.50	167.15	173.94	180.81	187.72	194.82	3.87
眼／面部防护装备	61.68	63.00	64.30	65.66	67.08	68.59	69.87	71.02	72.12	73.17	1.92
听力保护装备	63.12	65.23	67.13	69.13	71.24	73.49	75.60	77.54	79.43	81.17	2.83
头部保护装备	123.85	128.73	133.75	138.79	144.15	150.14	145.24	162.10	168.07	173.68	3.83
坠落防护装备	74.60	77.39	80.25	83.81	87.60	91.64	95.56	99.55	103.45	104.27	4.12
其他（手套和鞋靴）	638.84	662.49	686.49	711.57	738.75	768.01	797.66	827.89	858.11	888.66	3.74
总计	2 390.87	2 480.30	2 572.07	2 669.05	2 772.08	2 881.84	2 992.90	3 105.89	3 219.73	3 335.58	3.77

（1）2007—2008 年数据由权威机构估计得出，2009—2010 年数据系预测得出；
（2）本表数据的误差宽容度为 ±10%；
（3）2001—2005 年欧洲市场的复合年增长率（CAGR）相对较高，反映出欧元和美元的汇率波动；由于未对历史市场数据（1994—2000 年）进行汇率波动处理，导致 2000—2001 年的增长显现出了一个更高的偏差；用于 2001—2004 年的近似汇率为：1 欧元 = 0.89 美元（2001 年），1.05 美元（2002 年），1.26 美元（2003 年），1.36 美元（2004 年）；
（4）用于商标中数据进行标准化的汇率为：1 美元 = 0.67 欧元；
（5）数据没有进行通胀因素处理，通胀率以名义上的期限进行报告；
（6）数据是以制造商的水平进行报告的；
（7）当前数据采用 2008 年 2 月 1 日的货币价值进行了标准化处理。

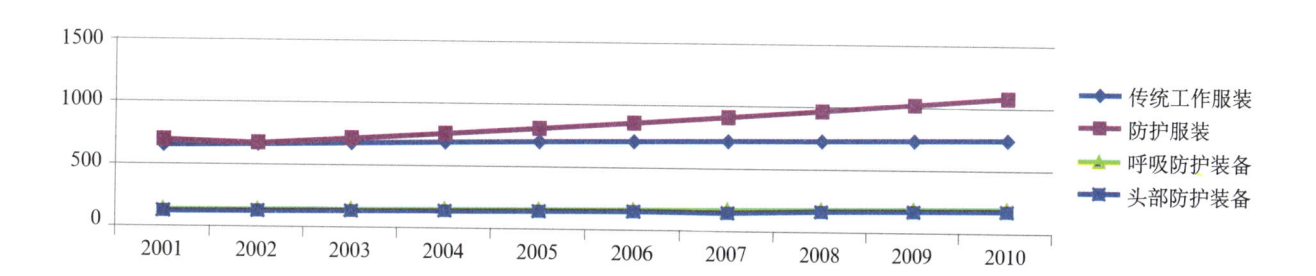

2．2011—2015年亚太地区国家个人防护装备产品细分市场预测　产品细分市场按传统工作服装、防护服装、呼吸防护装备、眼/面部防护装备、听力保护装备、头部保护装备、坠落防护装备、其他个人防护装备（手套和鞋靴）等8类产品的细分市场进行分析。预测数据为2011—2015年的年度销售额，单位为百万美元。

产品细分市场	2011	2012	2013	2014	2015	复合年增长率（CAGR）%
传统工作服装	747.48	755.63	764.17	773.19	783.09	1.17
防护服装	1 139.92	1 207.29	1 280.21	1 359.71	1 446.32	6.13
呼吸防护装备	202.32	210.33	218.79	227.76	237.21	4.06
眼/面部防护装备	74.27	75.42	76.64	77.92	79.27	1.64
听力保护装备	93.09	85.15	87.32	89.64	92.11	2.61
头部保护装备	179.97	186.65	193.72	201.29	209.34	3.85
坠落防护装备	111.49	116.03	120.85	126.05	131.63	4.24
其他（手套和鞋靴）	920.65	954.53	990.13	1 027.66	1 067.02	3.76
总计	3 459.19	3 591.03	3 731.83	3 883.22	4 045.99	4.00

(1) 2011—2015年数据为权威机构研究预测得出；
(2) 本表数据的误差宽容度为 ±10%；
(3) 用于商标中数据进行标准化的汇率为：1美元 = 0.67欧元；
(4) 数据没有进行通胀因素处理，通胀率以名义上的期限进行报告；
(5) 数据是以制造商的水平进行报告的；
(6) 当前数据采用2008年2月1日的货币价值进行了标准化处理。

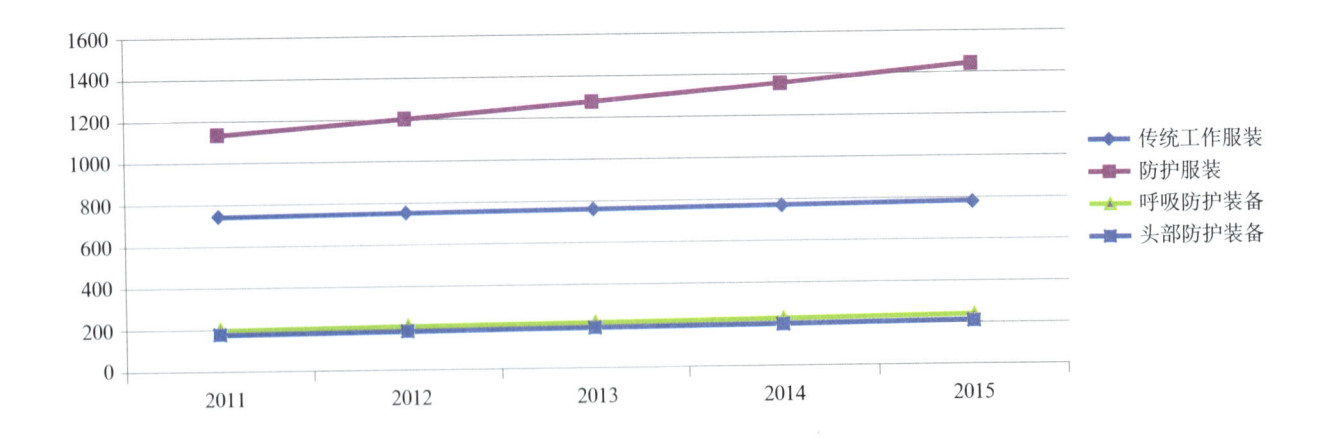

3. 亚太地区国家个人防护装备产品细分市场历史数据分析（1994—2000 年） 产品细分市场按传统工作服装、防护服装、呼吸防护装备、眼／面部防护装备、听力保护装备、头部保护装备、坠落防护装备、其他个人防护装备（手套和鞋靴）等 8 类产品的细分市场进行分析。历史数据为 1994—2000 年的年度销售额，单位为百万美元。

产品细分市场	1994	1995	1996	1997	1998	1999	2000	复合年增长率（CAGR）%
传统工作服装	577.29	586.62	597.08	608.42	619.18	630.32	642.13	1.79
防护服装	412.61	439.01	467.39	498.06	530.08	563.81	600.43	6.45
呼吸防护装备	105.05	109.37	113.82	118.39	123.07	127.93	133.17	4.03
眼／面部防护装备	53.72	54.68	55.70	56.83	57.90	59.20	60.60	2.03
听力保护装备	50.58	52.20	53.94	55.59	57.26	59.20	61.29	3.25
头部保护装备	95.08	98.66	102.52	106.65	110.89	114.85	119.58	3.90
坠落防护装备	61.29	62.91	64.45	66.30	68.16	70.06	72.12	2.75
其他（手套和鞋靴）	690.52	508.61	528.07	548.71	570.03	591.75	614.71	3.83
总计	1 846.14	1 912.06	1 982.99	2 058.95	2 136.57	2 217.12	2 304.03	3.76

（1）本表数据的误差宽容度为 ±10%；
（2）数据是以制造商的水平进行报告的；
（3）报告的历史数据未按 2007 年的货币价值进行标准化处理。

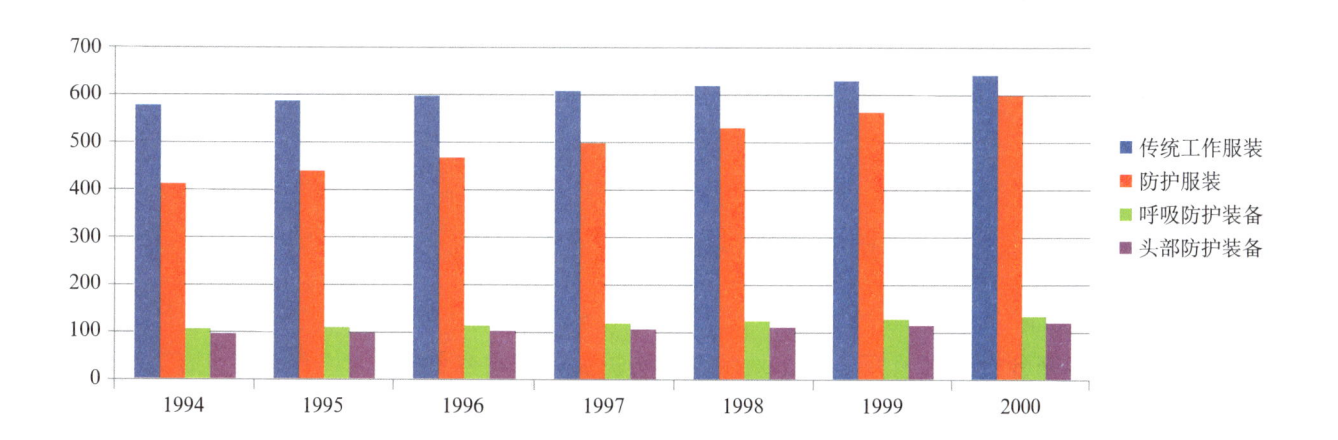

4. 亚太地区国家个人防护装备产品细分市场 15 年透视　　产品细分市场按传统工作服装、防护服装、呼吸防护装备、眼／面部防护装备、听力保护装备、头部保护装备、坠落防护装备、其他个人防护装备（手套和鞋靴）等 8 类产品的细分市场进行分析。数据为 1998 年、2008 年和 2012 年各细分产品市场年度销售额占当年度美国个人防护装备市场总额的比例。

产品细分市场	1998	2008	2012
传统工作服装	28.98	23.33	21.04
防护服装	24.81	30.97	33.62
呼吸防护装备	5.76	5.82	5.86
眼／面部防护装备	2.71	2.29	2.10
听力保护装备	2.68	2.50	2.37
头部保护装备	5.19	5.22	5.20
坠落防护装备	3.19	3.21	3.23
其他（手套和鞋靴）	26.68	26.66	26.58
总计	100.00	100.00	100.00

数据是以制造商的水平进行报告的。

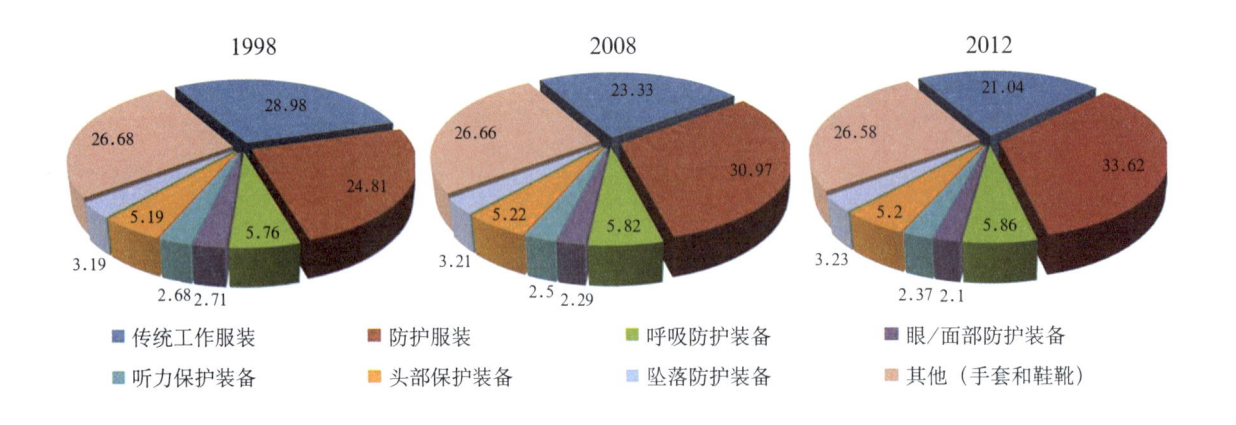

六、中东地区个人防护装备市场

(一) 市场分析

1. 当前与未来分析　　2007 年，中东地区个人防护装备市场容量为 7 亿 7 仟 6 佰 4 拾 7 万美元（USD776 470 000），2008 年约为 8 亿零 3 佰 7 拾 3 万美元（USD803 730 000）。至 2010 年，销售额预计将达到 8 亿 5 仟 8 佰 6 拾 5 万美元（USD858 650 000），2001—2010 年的复合年增长率（CAGR）将为 3.47%。

2. 战略企业发展　　2007 年国际防务工业公司获得了以色列国防部的日用品采购合同。

国际防务工业公司（Defense Industries International, Inc.）获得了以色列国防部（Israeli Defense Ministry）400 万美元的军用和民用防护装备及日用品的采购合同。该订单包括防弹衣、干燥储存装置和个人用具。

3. 重要市场参与者　　以色列国际防务工业公司（Defense Industries International, Inc.）。

（二）市场分析数据

1. 按产品细分市场对中东地区国家过去几年、当前和未来个人防护装备市场进行的市场分析　产品细分市场按传统工作服装、防护服装、呼吸防护装备、眼／面部防护装备、听力保护装备、头部保护装备、坠落防护装备、其他个人防护装备（手套和鞋靴）等 8 类产品的细分市场进行分析。分析使用的数据为 2001—2010 年的年度销售额，单位为百万美元。

产品细分市场	2001	2002	2003	2004	2005	2006	2007	2008	2009	2010	复合年增长率（CAGR）%
传统工作服	155.88	147.21	158.55	159.67	160.70	161.62	162.46	163.17	163.76	164.17	0.58
防护服装	167.12	176.74	186.79	197.51	209.09	221.51	234.40	247.76	261.61	275.92	5.73
呼吸防护装备	39.67	41.33	43.00	44.78	46.67	48.70	50.76	52.83	54.93	57.02	4.11
眼／面部防护装备	15.35	15.65	15.93	16.24	16.57	16.92	17.27	17.58	17.89	18.18	1.90
听力保护装备	16.65	17.11	17.58	18.06	18.57	19.12	19.67	20.22	20.76	21.29	2.77
头部保护装备	44.49	45.92	47.36	48.81	50.42	52.16	53.90	55.66	57.35	59.02	3.19
坠落防护装备	19.45	19.89	20.45	21.13	21.82	22.58	23.31	24.04	24.73	25.35	2.99
其他（手套和鞋靴）	172.96	179.21	185.52	192.18	199.30	206.98	214.70	222.47	230.08	237.70	3.60
总计	631.57	653.06	675.18	698.38	723.14	749.59	776.47	803.73	831.11	858.65	3.47

（1）2007—2008 年数据由权威机构估计得出，2009—2010 年数据系预测得出；
（2）本表数据的误差宽容度为 ±10%；
（3）2001—2005 年欧洲市场的复合年增长率（CAGR）相对较高，反映出欧元和美元的汇率波动；由于未对历史市场数据（1994—2000 年）进行汇率波动处理，导致 2000—2001 年的增长显现出了一个更高的偏差；用于 2001—2004 年的近似汇率为：1 欧元＝0.89 美元（2001 年），1.05 美元（2002 年），1.26 美元（2003 年），1.36 美元（2004 年）；
（4）用于商标中数据进行标准化的汇率为：1 美元＝0.67 欧元；
（5）数据没有进行通胀因素处理，通胀率以名义上的期限进行报告；
（6）数据是以制造商的水平进行报告的；
（7）当前数据采用 2008 年 2 月 1 日的货币价值进行了标准化处理。

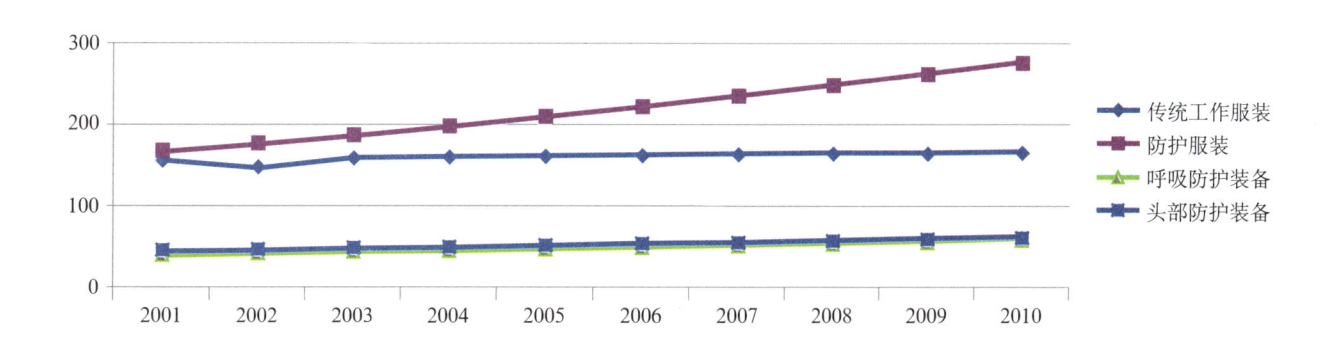

2．2011—2015年中东地区国家个人防护装备产品细分市场预测 产品细分市场按传统工作服装、防护服装、呼吸防护装备、眼／面部防护装备、听力保护装备、头部保护装备、坠落防护和装备、其他个人防护装备(手套和鞋靴)等8类产品的细分市场进行分析。预测数据为2011—2015年的年度销售额，单位为百万美元。

产品细分市场	2011	2012	2013	2014	2015	复合年增长率（CAGR）%
传统工作服装	164.48	164.71	164.89	164.99	165.04	0.09
防护服装	291.26	307.57	324.95	343.57	363.46	5.69
呼吸防护装备	59.25	61.61	64.09	66.71	69.50	4.07
眼／面部防护装备	18.49	18.81	19.15	19.50	19.87	1.82
听力保护装备	21.85	22.43	23.04	23.69	24.38	2.78
头部保护装备	60.80	62.68	64.64	66.71	68.88	3.17
坠落防护装备	26.05	26.80	27.59	28.43	29.33	3.01
其他（手套和鞋靴）	245.81	254.34	261.29	272.77	282.84	3.57
总计	887.99	918.95	951.64	986.37	1,023.30	3.61

（1）2011—2015年数据为权威机构研究预测得出；
（2）本表数据的误差宽容度为±10%；
（3）用于商标中数据进行标准化的汇率为：1美元＝0.67欧元；
（4）数据没有进行通胀因素处理，通胀率以名义上的期限进行报告；
（5）数据是以制造商的水平进行报告的；
（6）当前数据采用2008年2月1日的货币价值进行了标准化处理。

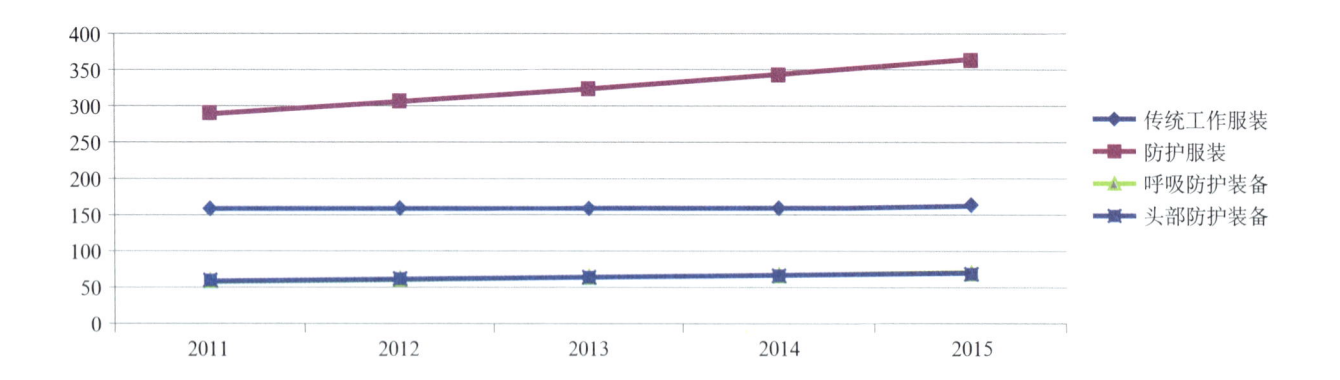

3. 中东地区国家个人防护装备产品细分市场历史数据分析（1994—2000年） 产品细分市场按传统工作服装、防护服装、呼吸防护装备、眼／面部防护装备、听力保护装备、头部保护装备、坠落防护装备、其他个人防护装备（手套和鞋靴）等8类产品的细分市场进行分析。历史数据为1994—2000年的年度销售额，单位为百万美元。

产品细分市场	1994	1995	1996	1997	1998	1999	2000	复合年增长率（CAGR）%
传统工作服装	146.79	147.81	148.98	150.25	151.63	153.16	154.56	0.86
防护服装	110.46	117.08	124.12	131.70	139.89	148.77	157.98	6.14
呼吸防护装备	29.49	30.67	31.99	33.40	34.86	36.48	38.10	4.36
眼／面部防护装备	13.42	13.65	13.89	14.16	14.44	14.74	15.04	1.92
听力保护装备	13.66	14.00	14.41	14.85	15.26	15.71	16.22	2.90
头部保护装备	35.59	36.67	37.80	39.08	40.42	41.73	43.13	3.25
坠落防护装备	16.82	17.09	17.38	17.70	18.04	18.41	18.82	1.89
其他（手套和鞋靴）	133.56	138.38	143.45	148.82	154.65	160.73	166.95	3.74
总计	499.79	515.35	532.02	549.96	569.19	589.73	610.80	3.40

（1）本表数据的误差宽容度为 ±10%；
（2）数据是以制造商的水平进行报告的；
（3）报告的历史数据未按2007年的货币价值进行标准化处理。

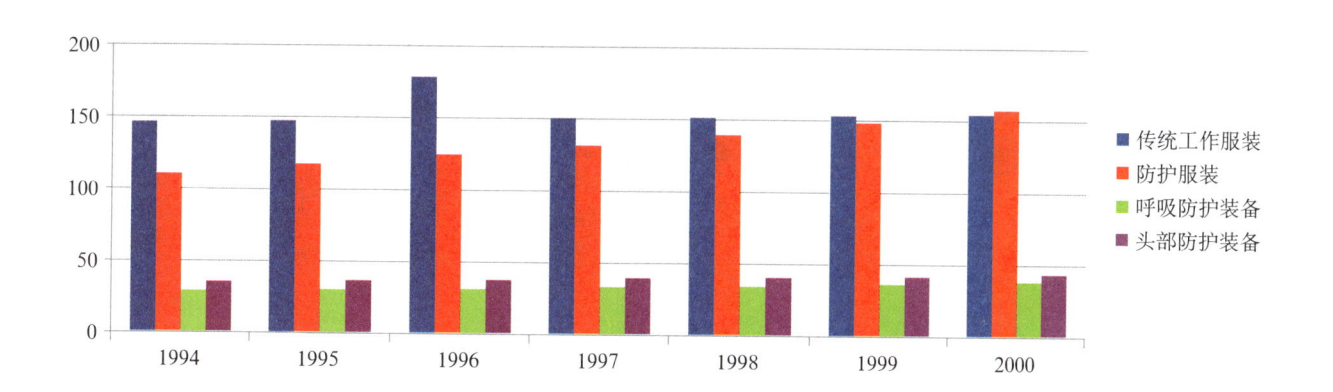

4. 中东地区国家个人防护装备产品细分市场 15 年透视　产品细分市场按传统工作服装、防护服装、呼吸防护装备、眼／面部防护装备、听力保护装备、头部保护装备、坠落防护装备、其他个人防护装备（手套和鞋靴）等 8 类产品的细分市场进行分析。数据为 1998 年、2008 年和 2012 年各细分产品市场年度销售额占当年度美国个人防护装备市场总额的比例。

产品细分市场	1998	2008	2012
传统工作服装	16.64	20.30	17.92
防护服装	24.58	30.82	33.47
呼吸防护装备	6.12	6.57	6.70
眼／面部防护装备	2.54	2.19	2.05
听力保护装备	2.68	2.52	2.44
头部保护装备	7.10	6.93	6.82
坠落防护装备	3.17	2.99	2.92
其他（手套和鞋靴）	27.17	27.68	27.68
总计	100.00	100.00	100.00

数据是以制造商的水平进行报告的。

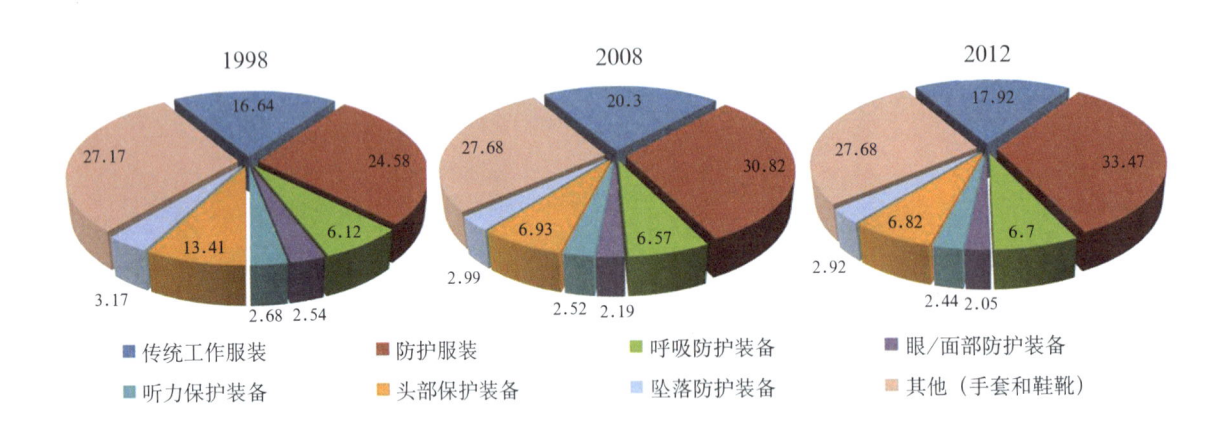

七、拉丁美洲个人防护装备市场

（一）市场分析

1．当前与未来分析 2007年，拉丁美洲个人防护装备市场容量为15亿6仟万美元（USD1 560 000 000）。至2010年，销售额预计将达到16亿9仟万美元（USD1 690 000 000），2001—2010年的复合年增长率（CAGR）将为2.89%。

2．战略企业发展

2008年雷克兰德工业公司收购夸利泰克泰尔公司　雷克兰德工业公司是世界知名的防护服装制造商，它以1 300万美元的价格收购了巴西的夸利泰克泰尔公司（Qualytextil SA）。这一收购使雷克兰德工业公司的足迹踏入了国际防护服装市场（除北美地区以外的）新的地理区域。夸利泰克泰尔公司建立于1999年，是世界领先的防护服装制造商，主要产品有：绝缘服、电弧防护服、消防战斗服、防护服装用铝质和熔融金属线、化学防护服、防水作业服和职业服装等。

2006年巴固-德洛集团公司收购巴西埃皮康公司　巴固-德洛集团公司宣布了收购巴西埃皮康公司（Epicon）的计划，埃皮康公司是生产和销售一次性口罩的专业公司。这一收购是巴固-德洛集团公司向拉丁美洲进行业务渗透计划的一部分，该公司一直为提高其在拉美市场上的制造能力和竞争力而做着不懈的努力。

2006年3M公司收购POMP医疗与职业健康产品公司的安全产品部门　3M公司收购了巴西POMP医疗与职业健康产品公司（Brazilian POMP Medical and Occupational Health Products LLC）的安全产品部门。这一收购使得3M公司得以以POMP品牌向巴西消费者销售可重复使用耳塞、护手霜和防护眼镜的产品。

3．重要市场参与者

◆ 智利智利星公司（Chilesin Company，Chile.）
◆ 哥伦比亚阿西格公司（ARSEG SA，Colombia.）

（二）市场分析数据

1．按产品细分市场对拉丁美洲国家过去几年、当前和未来个人防护装备市场进行的市场分析　产品细分市场按传统工作服装、防护服装、呼吸防护装备、眼／面部防护装备、听力保护装备、头部保护装备、坠落防护装备、其他个人防护装备（手套和鞋靴）等8类产品的细分市场进行分析。分析使用的数据为2001—2010年的年度销售额，单位为百万美元。

产品细分市场	2001	2002	2003	2004	2005	2006	2007	2008	2009	2010	复合年增长率(CAGR)%
传统工作服装	339.98	345.56	351.02	356.32	361.42	366.18	370.61	374.76	378.58	382.10	1.31
防护服装	354.43	365.76	377.17	389.17	401.97	415.67	429.22	442.65	455.97	469.15	3.16
呼吸防护装备	84.06	87.29	90.55	94.03	97.71	101.70	105.71	109.76	113.62	117.44	3.79
眼/面部防护装备	32.45	33.00	33.54	34.10	34.72	35.38	35.98	36.56	37.10	37.62	1.66
听力保护装备	35.34	36.34	37.33	38.38	39.50	40.70	41.90	43.07	44.23	45.35	2.81
头部保护装备	56.26	58.01	59.63	61.49	63.62	65.99	68.37	70.69	72.99	75.10	3.26
坠落防护装备	42.68	44.42	46.42	48.10	49.60	51.32	53.07	54.76	56.13	57.34	3.34
其他（手套和鞋靴）	366.96	380.92	385.08	409.93	425.72	442.50	459.54	476.63	493.79	510.88	3.74
总计	1 312.16	1 351.30	1 390.74	1 431.52	1 474.26	1 519.44	1 564.40	1 608.88	1 652.41	1 694.98	2.89

（1）2007—2008 年数据由权威机构估计得出，2009—2010 年数据系预测得出；
（2）本表数据的误差宽容度为 ±10%；
（3）2001—2005 年欧洲市场的复合年增长率（CAGR）相对较高，反映出欧元和美元的汇率波动；由于未对历史市场数据（1994—2000 年）进行汇率波动处理，导致 2000—2001 年的增长显现出了一个更高的偏差；用于 2001—2004 年的近似汇率为：1 欧元 = 0.89 美元（2001 年），1.05 美元（2002 年），1.26 美元（2003 年），1.36 美元（2004 年）；
（4）用于商标中数据进行标准化的汇率为：1 美元 = 0.67 欧元；
（5）数据没有进行通胀因素处理，通胀率以名义上的期限进行报告；
（6）数据是以制造商的水平进行报告的；
（7）当前数据采用 2008 年 2 月 1 日的货币价值进行了标准化处理。

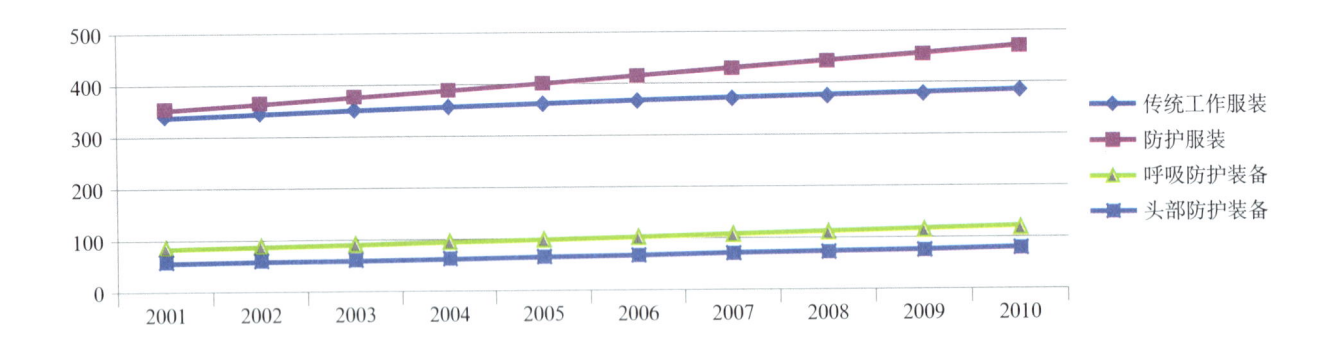

2. 2011—2015 年拉丁美洲国家个人防护装备产品细分市场预测：产品细分市场按传统工作服装、防护服装、呼吸防护装备、眼/面部防护装备、听力保护装备、头部保护装备、坠落防护装备、其他个人防护装备（手套和鞋靴）等 8 类产品的细分市场进行分析。预测数据为 2011—2015 年的年度销售额，单位为百万美元。

产品细分市场	2011	2012	2013	2014	2015	复合年增长率（CAGR）%
传统工作服装	385.42	388.58	391.49	394.23	396.75	0.73
防护服装	483.08	497.72	513.00	529.06	546.10	3.11
呼吸防护装备	121.52	125.81	130.31	135.07	140.14	3.63
眼/面部防护装备	38.18	38.77	39.39	40.04	40.72	1.62
听力保护装备	46.55	47.83	49.16	50.56	52.02	2.82
头部保护装备	77.40	79.88	82.53	85.33	88.27	3.34
坠落防护装备	58.69	60.17	61.76	63.43	65.17	2.65
其他（手套和鞋靴）	529.37	549.17	570.20	592.84	616.79	3.89
总计	1 740.21	1 787.93	1 837.84	1 890.56	1 945.96	2.83

（1）2011—2015 年数据为权威机构研究预测得出；
（2）本表数据的误差宽容度为 ±10%；
（3）用于商标中数据进行标准化的汇率为：1 美元 = 0.67 欧元；
（4）数据没有进行通胀因素处理，通胀率以名义上的期限进行报告；
（5）数据是以制造商的水平进行报告的；
（6）当前数据采用 2008 年 2 月 1 日的货币价值进行了标准化处理。

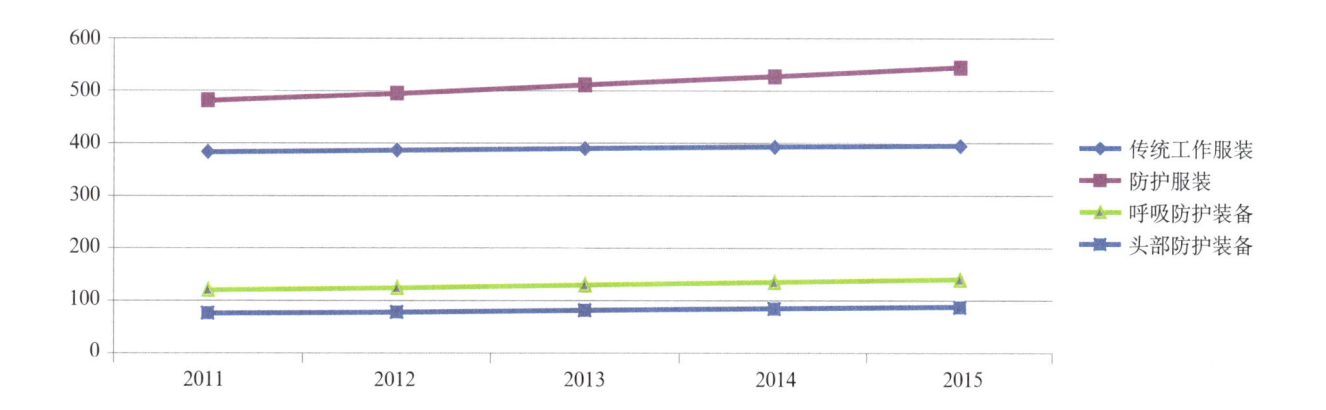

3. 拉丁美洲国家个人防护装备产品细分市场历史数据分析（1994—2000年） 产品细分市场按传统工作服装、防护服装、呼吸防护装备、眼／面部防护装备、听力保护装备、头部保护装备、坠落防护装备、其他个人防护装备（手套和鞋靴）等 8 类产品的细分市场进行分析。历史数据为 1994—2000 年的年度销售额，单位为百万美元。

产品细分市场	1994	1995	1996	1997	1998	1999	2000	复合年增长率(CAGR)%
传统工作服装	303.61	308.00	312.84	317.80	323.11	328.88	334.34	1.62
防护服装	282.85	291.56	300.75	310.53	320.97	332.19	343.45	3.29
呼吸防护装备	64.20	66.52	69.00	71.75	74.68	77.80	80.99	3.95
眼／面部防护装备	28.81	29.29	29.68	30.22	30.80	31.29	31.89	1.71
听力保护装备	28.92	29.61	30.47	31.38	32.35	33.38	34.42	2.94
头部保护装备	45.09	46.51	48.00	49.54	51.27	53.01	54.85	3.32
坠落防护装备	36.66	37.25	37.96	38.67	39.49	40.36	41.35	2.03
其他（手套和鞋靴）	279.35	289.93	301.19	313.30	326.09	339.68	353.58	4.01
总计	1 069.49	1 098.67	1 129.89	1 163.19	1 198.76	1 236.59	1 274.87	2.97

（1）本表数据的误差宽容度为 ±10%；
（2）数据是以制造商的水平进行报告的；
（3）报告的历史数据未按 2007 年的货币价值进行标准化处理。

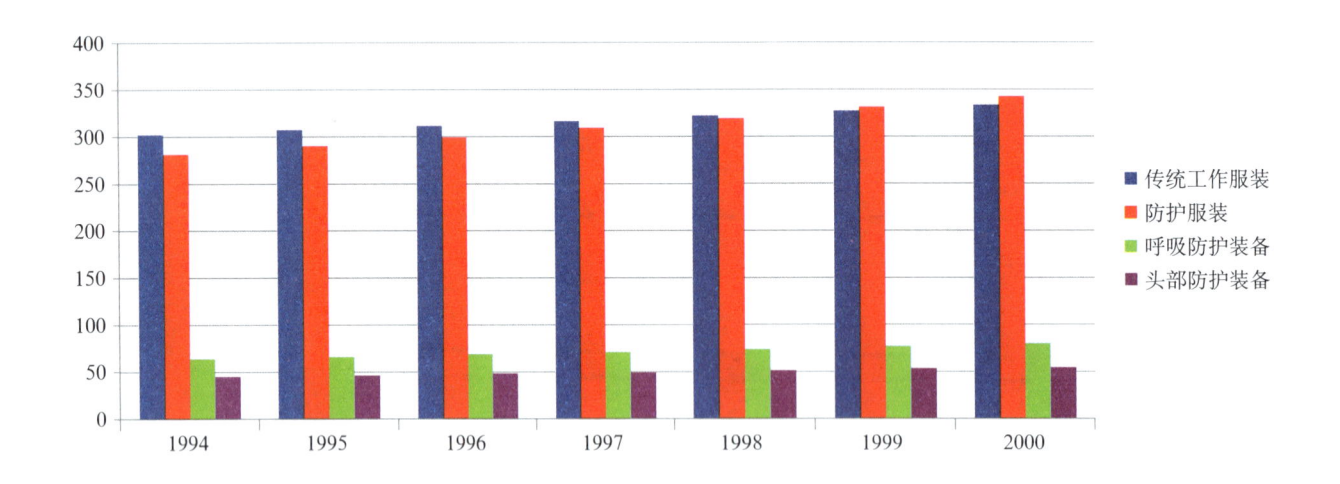

4．拉丁美洲国家个人防护装备产品细分市场 15 年透视　　产品细分市场按传统工作服装、防护服装、呼吸防护装备、眼/面部防护装备、听力保护装备、头部保护装备、坠落防护装备、其他个人防护装备（手套和鞋靴）等 8 类产品的细分市场进行分析。数据为 1998 年、2008 年和 2012 年各细分产品市场年度销售额占当年度美国个人防护装备市场总额的比例。

产品细分市场	1998	2008	2012
传统工作服装	26.95	23.29	21.73
防护服装	26.78	27.51	27.84
呼吸防护装备	6.23	6.82	7.04
眼/面部防护装备	2.57	2.27	2.17
听力保护装备	2.70	2.68	2.68
头部保护装备	4.28	4.39	4.47
坠落防护装备	3.29	3.40	3.37
其他（手套和鞋靴）	27.20	29.64	30.70
总计	100.00	100.00	100.00

数据是以制造商的水平进行报告的。

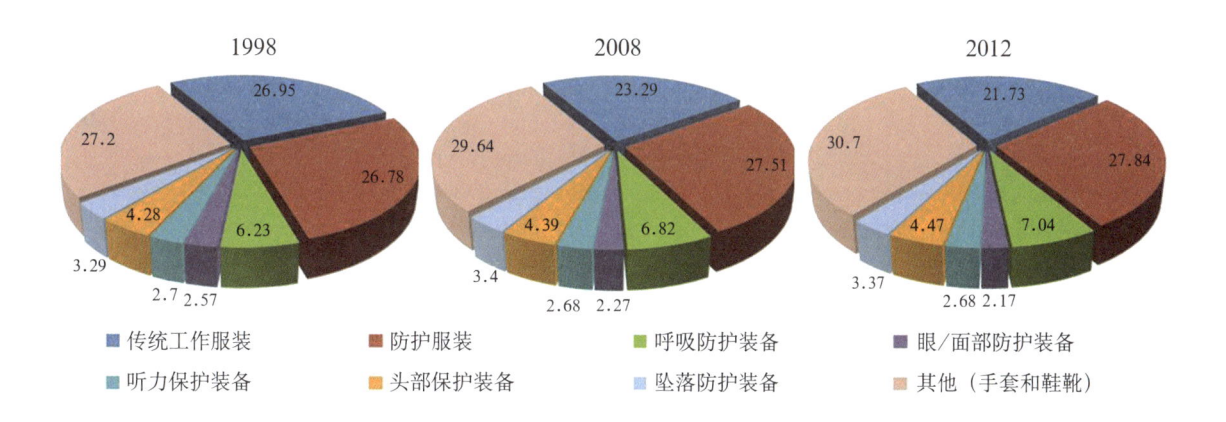

参考资料

1. http://www.ilo.org/global/lang-en/index.htm
2. http://ioha.net/
3. http://www.icohweb.org/site_new/ico_homepage.asp
4. http://www.who.int/occupational_health/en/
5. http://www.osha.gov
6. http://www.cdc.gov/niosh/
7. http://www.msha.gov
8. http://www.ansi.org/
9. http://osha.europa.eu/en
10. http://www.csa.ca/cm/ca/en/home
11. http://www.bsigroup.com/
12. http://www.jniosh.go.jp/en/
13. http://www.jniosh.go.jp/icpro/jicosh-old/english/
14. http://www.kensaibou.or.jp/english/
15. http://safeworkaustralia.gov.au/
16. http://solutions.3m.com/
17. http://www.aearo.com/
18. http://www.alphaprotech.com/
19. http://www.ansellhealthcare.com/
20. http://www.avon-isi.com/
21. http://www.davidclark.com/
22. http://www.bullard.com/
23. http://www.elvex.com/
24. http://www.elvex.com/
25. http://www.honeywelllifesafety.com/
26. http://www.jacksonsafety.com/
27. http://www.lakeland.com/
28. http://www.gersonco.com/
29. http://www.filtronafibertec.com/en/home
30. http://www.mcrsafety.com/
31. http://www.msanet.com/
32. http://www.moldex.com/
33. www.nctgroupinc.com
34. http://www.pyramexsafety.com/site_region/select
35. http://www.radians.com/main/default.aspx
36. http://www.saftgard.com/
37. http://www.scotthealthsafety.com/
38. http://www.sellstrom.com/
39. http://www.sperianprotection.com/index.asp
40. http://www.sea.com.au/index.html
41. http://www.tascocorp.com/
42. http://www.wellslamontindustry.com/
43. http://www.onguardonline.gov/
44. http://www.kompass.com/
45. http://www.onguardsafetytraining.com/
46. http://www.koken-ltd.co.jp/
47. http://www.bollesafety.com.au/
48. http://www.deltaplus.fr/
49. http://www.jallatte.fr/
50. http://www.mapaglove.com/
51. http://www.bartels-rieger.de/
52. http://www.draeger.com/
53. http://www.eurodress.de/
54. http://www.kcl.de/
55. http://www.schuberth.com/
56. http://www.skylotec.de/
57. http://www.uvex.com/
58. http://www.alexandra.co.uk/
59. http://www.capitalsafety.com/
60. http://www.centurionsafety.co.uk/
61. http://www.jsp.co.uk/
62. http://www.latchways.com/
63. http://www.ppsafety.co.uk/
64. http://www.respire.co.uk/
65. http://www.spanset.co.uk/
66. http://www.heightec.com/
67. http://www.bataindustrials.com/
68. http://www.bekina.be/
69. http://www.bjornklader.se/
70. http://www.interspiro.com/
71. http://www.korel.info/
72. http://www.kwintet.com/
73. http://www.silenta.com/
74. http://www.sioen.com/
75. http://www.srsafety.se/
76. http://www.tractel.com/
77. http://vostok-service.com/
78. http://www.mallcomindia.com/
79. http://www.pacifichelmets.com/
80. http://www.proguardsafety.com/
81. http://www.safetyequipments.net/